建筑构造与识图

杨福云　主编

中国建材工业出版社

图书在版编目(CIP)数据

建筑构造与识图/杨福云主编. — 北京:中国
建材工业出版社,2011.10(2014.7 重印)
ISBN 978-7-80227-998-8

Ⅰ. ①建… Ⅱ. ①杨… Ⅲ. ①建筑构造—
高等职业教育—教材②建筑制图—识图—高等职业
教育—教材 Ⅳ. ①TU22②TU204

中国版本图书馆 CIP 数据核字(2011)第 163311 号

内 容 简 介

本书共 16 章,内容围绕建筑构造知识与识图、制图设计展开,由建筑制图的基本知识开始逐步深入,进而扩展到建筑构造中的每一个独立单元,配以建筑工程图形设计与应用作为知识的补充,是建筑制图类书籍中内容与知识点都较为详实的一本教材。

本书根据高职教学大纲编写,内容较为充实,知识点层次分明,难度由浅入深,使读者在学习中较易入手。

建筑构造与识图
杨福云 主编

出版发行:中国建材工业出版社
地 址:北京市西城区车公庄大街 6 号
邮 编:100044
经 销:全国各地新华书店
印 刷:北京雁林吉兆印刷有限公司
开 本:787mm×1092mm 1/16
印 张:20 插页:7
字 数:490 千字
版 次:2011 年 10 月第 1 版
印 次:2014 年 7 月第 4 次
书 号:ISBN 978-7-80227-998-8
定 价:46.00 元

本社网址:www.jccbs.com.cn
本书如出现印装质量问题,由我社发行部负责调换。联系电话:(010)88386906

本书编写组

主　　编：杨福云

副主编：王伟玲　　陈久权

参　　编：王小薇　　孙华峰　　白学敏

　　　　　计凌峰　　林　立　　温冬梅

　　　　　赵　萍　　杨　明　　陈铁军

　　　　　孟庆昕　　万红灵　　高　磊

前　言

建筑制图与识图是建筑设计和施工的基础,建筑构造是建筑设计的重要组成部分,也是建筑施工中必须重视的重要环节,构造好坏不仅影响建筑的质量,同时也影响到建筑的使用价值和艺术价值。另一方面,随着我国建筑业的迅速发展,新材料、新技术、新工艺及新机具不断得到应用,与建筑施工密切相关的标准、规范也在不断修订和发布。由住房和城乡建设部颁发的各项质量指标对工程技术人员和工人的技术素质及管理水平有了更高的要求。

本书以近年来出版的多种版本的《房屋建筑学》、《建筑识图与构造》教材为参考,在编写中以"够用为度"为原则,力求简明扼要、通俗易懂、层次分明。本书对建筑识图和建筑构造的内容进行了有机组织,强调相关内容之间的衔接和呼应,以培养学生的专业观念、岗位应用能力为目的。本书共包括建筑识图和建筑构造两部分以及附录(砖混结构建筑施工图一套)。建筑识图部分介绍了识图基础知识,并结合实例介绍了民用建筑的建筑施工图、结构施工图。建筑构造部分重点介绍了民用建筑的基本组成以及各组成部分的构造原理和做法,并对单层工业厂房构造做了简介。附录结合高职的特点,选取一套完整住宅楼建筑施工图以便于学生进行综合训练。本书在每章后附有章节总结、复习思考题和综合实训,以便于读者自学和应用。

本书可作为高职高专建筑类专业教材,同时可作为生产一线工程技术人员的参考书,也可作为建筑类基础课程的培训教材和自学教材,具有较强的实用性。

全书共16章。其中第1章由河北建材职业技术学院陈铁军老师编写;第2章由河北建材职业技术学院白学敏老师编写;第3章由河北建材职业技术学院赵萍老师编写;第4章4.1~4.3由河北建材职业技术学院孟庆昕老师编写;4.4~4.5由河北建材职业技术学院杨明老师编写;第5章由河北建材职业技术学院温冬梅老师编写;第6章由河北建材职业技术学院王小薇老师编写;第7章7.1~7.2由河北建材职业技术学院孙华峰老师编写;7.3由河北建材职业技术学院林立老师编写;第8章~第10章由河北建材职业技术学院王伟玲老师编写;第11章、第12章12.1~12.2由河北建材职业技术学院陈久权老师编写;12.3由河北省河间市第一建筑安装工程公司高磊编写;第13章~第15章、第16章16.1~16.2由河北建材职业技术学院杨福云老师编写;16.3~16.4由河北建材职业技术学院计凌峰老师编写;16.5由秦皇岛耀华设计院有限公司万红灵编写;附录由河北建材职业技术学院杨明老师编写。全书由杨福云老师统稿。

在编写过程中,得到了同行的大力帮助,在此谨表感谢!同时对参阅文献的作者表示衷心的感谢!

限于时间仓促和编者水平,书中难免存在错误和不足,恳请广大读者批评指正。

编者
2011年6月

目　　录

第1章 建筑制图基本知识

学习目标要求

1. 了解建筑制图的基本方法;
2. 掌握建筑制图的基本规定;
3. 了解建筑制图的工具及使用方法。

学习重点和难点

本章学习重点:制图基本规定的掌握;绘图工具的使用。
本章学习难点:遵守制图基本规定。

1.1 制图基本规定

工程图纸是施工过程中最重要的技术文件,是工程界的语言。为了便于技术交流和表达,必须有一个统一的规定作为制图和识图的依据,这就是制图标准。

有关房屋建筑制图的标准有:《房屋建筑制图统一标准》(GB/T 50001—2010)、《总图制图标准》(GB/T 50103—2010)、《建筑制图标准》(GB/T 50104—2010)、《建筑结构制图标准》(GB/T 50105—2010)、《给水排水制图标准》(GB/T 50106—2010)、《暖通空调制图标准》(GB/T 50114—2010)。

1.1.1 图纸的幅面规格

图纸幅面的基本尺寸规定有五种,见表1-1。

表1-1 幅面及图框尺寸(mm)

幅面代号 尺寸代号	A0	A1	A2	A3	A4
$b \times l$	841 × 1189	594 × 841	420 × 594	297 × 420	210 × 297
c			10		5
a			25		

图纸幅面尺寸相当于 $\sqrt{2}$ 系列,即 $l = \sqrt{2}b$,l 为长边长,b 为短边长。A0 号图幅的面积为 $1m^2$,是 A1 号图幅面积的 2 倍,A1 号图幅面积是 A2 号的 2 倍,其他图幅面积以此类推。A0 ~ A3 号图纸可横式或立式使用,A4 号图纸只能立式使用。图 1-1 所示为图纸的幅面格式。

一项工程中所用图纸幅面不宜多于两种。

必要时,图纸幅面的长边可按表 1-2 加长,特殊情况下,还可使用 841mm × 891mm、1189mm × 1261mm 两种图纸。

1

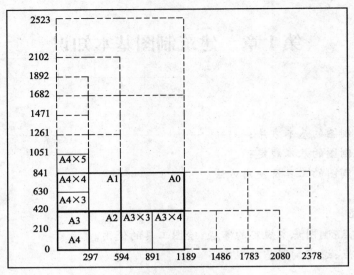

图 1-1　图纸的幅面格式

表 1-2　图纸长边加长尺寸（mm）

幅面代号	长边尺寸	长边加长后的尺寸				
A0	1189	1486（A0 + 1/4*l*）　1635（A0 + 3/8*l*）　1783（A0 + 1/2*l*）　1932（A0 + 5/8*l*）　2080（A0 + 3/4*l*） 2230（A0 + 7/8*l*）　2378（A0 + *l*）				
A1	841	1051（A1 + 1/4*l*）　1261（A1 + 1/2*l*）　1471（A1 + 3/4*l*）　1682（A1 + *l*）　1892（A1 + 5/4*l*） 2102（A1 + 3/2*l*）				
A2	594	743（A2 + 1/4*l*）　891（A2 + 1/2*l*）　1041（A2 + 3/4*l*）　1189（A2 + *l*）　1338（A2 + 5/4*l*） 1486（A2 + 3/2*l*）　1635（A2 + 7/4*l*）　1783（A2 + 2*l*）　1932（A2 + 9/4*l*）　2080（A2 + 5/2*l*）				
A3	420	630（A3 + 1/2*l*）　841（A3 + *l*）　1051（A3 + 3/2*l*）　1261（A3 + 2*l*）　1471（A3 + 5/2*l*） 1682（A3 + 3*l*）　1892（A3 + 7/2*l*）				

注：有特殊需要的图纸，可采用 $b \times l$ 为 841mm×891mm 与 1189mm×1261mm 的幅面。

　　每张图纸的右下角都应设有标题栏。需要会签的图纸，在其左侧上方图框线外有会签栏，如图 1-2 所示为图纸标题栏与会签栏示例。如图 1-3 所示为学生制图作业的标题栏形式。

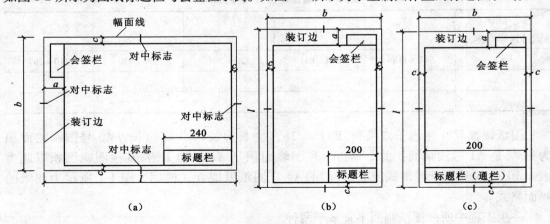

图 1-2　图纸标题栏与会签栏示例
（a）A0～A3 横式幅面；（b）A0～A3 立式幅面；（c）A4 立式幅面

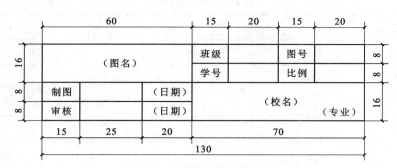

图 1-3 学生制图作业的标题栏形式

1.1.2 图线

1. 线型与线宽

工程图纸中采用不同的线型、不同的线宽来表示不同的内容。

国标规定的工程图纸中常用的图线名称、线型、线宽和一般用途列于表 1-3 中。

表 1-3 工程图纸中常用的图线名称、线型、线宽和用途

名　称		线　型	线　宽	用　途
实线	粗		b	主要可见轮廓线
	中粗		$0.7b$	可见轮廓线
	中		$0.5b$	可见轮廓线、尺寸线、变更云线
	细		$0.25b$	图例填充线、家具线
虚线	粗		b	见各有关专业制图标准
	中粗		$0.7b$	不可见轮廓线
	中		$0.5b$	不可见轮廓线、图例线
	细		$0.25b$	图例填充线、家具线
单点长画线	粗		b	见各有关专业制图标准
	中		$0.5b$	见各有关专业制图标准
	细		$0.25b$	中心线、对称线、轴线等
双点长画线	粗		b	见各有关专业制图标准
	中		$0.5b$	见各有关专业制图标准
	细		$0.25b$	假想轮廓线、成型前原始轮廓线
折断线	细		$0.25b$	断开界线
波浪线	细		$0.25b$	断开界线

表中线宽应根据图纸的复杂程度合理选择。表 1-4 为线条宽度表,在同一张图纸中,相同比例的图纸应选择相同的线宽组。图框线、标题栏线宽度可从表 1-5 中选用。

表1-4　线宽组(mm)

线　宽　比	线　　宽　　组			
b	1.4	1.0	0.7	0.5
$0.7b$	1.0	0.7	0.5	0.35
$0.5b$	0.7	0.5	0.35	0.25
$0.25b$	0.35	0.25	0.18	0.13

表1-5　图框线、标题栏的线宽(mm)

幅面代号	图框线	标题栏外框线	标题栏分格线
A0、A1	b	$0.5b$	$0.25b$
A2、A3、A4	b	$0.7b$	$0.35b$

2.图线的画法

相互平行的两条线的间隙不宜小于图内粗线的宽度,且不宜小于0.7mm。虚线、单点长画线、双点长画线的线段长度宜相等,一般虚线线段长度为3~6mm,间距约1mm;单点长画线的线段长度为10~20mm,间距(含单点)2~3mm;双点长画线的线段长度为10~20mm,间距(含双点)3~5mm。虚线与虚线或其他图线相交时,应交于线段处;虚线为实线的延长线时,不得与实线连接。单点长画线与单点长画线或其他图线相交时,也应交于线段处,单点长画线和双点长画线的端部不应是点。图形较小时,单点长画线和双点长画线可用细实线代替。各种图线相交画法正误如表1-6所示。

表1-6　各种图线相交画法正误表

说　　明	正　　确	错　　误
虚线与虚线相交		
虚线与实线相交		
中心线相交		

续表

说　　明	正　　确	错　　误
虚线圆与中心线相交		

1.1.3　字体

为保证图纸的规范性和通用性,工程图纸中的各种字体,如汉字、数字、字母等,要求字体端正、笔画清晰、排列整齐、间隔均匀。

1. 汉字

图中的汉字宜采用长仿宋体,并应符合国家公布的《汉字简化方案》的规定。字的宽度与高度的关系应符合表 1-7 的规定,字体的号数用字体的高度表示。如需写更大的字,其高度应按 $\sqrt{2}$ 的比例增加。

表 1-7　长仿宋字高宽关系(mm)

字高	20	14	10	7	5	3.5
字宽	14	10	7	5	3.5	2.5

长仿宋字的书写要领是:横平竖直,起落分明,结构匀称,填满方格。

如图 1-4 所示为长仿宋字体示例。

长仿宋字的结构布局

10号字

字体工整　笔画清楚　间隔均匀　排列整齐

7号字

横平竖直注意起落结构均匀填满方格

5号字

技术制图机械电子汽车航空船舶土木建筑矿山井坑港口纺织服装

图 1-4　长仿宋字体示例

5

2. 数字与字母

数字、字母有斜体、正体两种。斜体数字与字母的字头向右倾斜，与水平线约成75°。如图1-5所示为数字与字母示例。

（1）拉丁字母

（2）阿拉伯数字

（3）罗马数字

$$\text{I II III IV V VI VII VIII IX X}$$

图1-5　数字与字母示例

1.1.4　比例

比例就是工程图纸中的图形与实物对应线型尺寸之比，比例的大小即比值的大小。如：建筑物的结构尺寸为25m，落实在图纸上的长度为0.25m，则它的比例为：

比例 = 图纸上线段的长度/实物上相应线段的长度 = 0.25/25 = 1/100

比例通常注写在图名的右方，与文字的基准线平齐，字高比图名小一或两号，如图1-6所示。

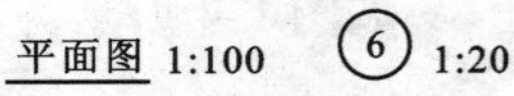

图所用的比例，应根据工程图纸的用途与被绘物体的复杂程度，从表1-8中选用，并优先选用常用比例。

平面图 1:100　⑥ 1:20

图1-6　比例的注写

表1-8　绘图所用的比例

常用比例	1:1、1:2、1:5、1:10、1:20、1:30、1:50、1:100、1:150、1:200、1:500、1:1000、1:2000
可用比例	1:3、1:4、1:6、1:15、1:25、1:40、1:60、1:80、1:250、1:300、1:400、1:600、1:5000、1:10000、1:20000、1:50000、1:100000、1:200000

1.1.5　尺寸标注

工程图纸必须严格遵守国家标准中尺寸注法的有关规定，准确、详尽、清晰地标注出各部分的实际尺寸。

图样上的尺寸由尺寸线、尺寸界线、尺寸起止符号和尺寸数字组成，如图1-7所示。

1. 尺寸界线

尺寸界线用细实线绘制。线型尺寸的尺寸界线应垂直于尺寸线，其一端离开图样轮廓线的间距不小于2mm，另一端超出尺寸2~3mm。图样轮廓线、轴线和中心线可以作为尺寸界线。

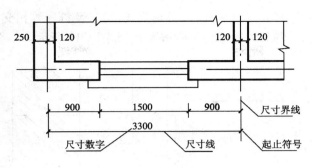

图 1-7　尺寸的组成

2. 尺寸线

尺寸线也用细实线绘制,应与所要标注的轮廓线平行,且不能超出尺寸界线。尺寸线与图样最外轮廓线的间距不应小于 10mm,相互平行的尺寸线应从被注图样轮廓线由近向远整齐排列,小尺寸在内,大尺寸在外,间距应大于 7mm。

3. 尺寸起止符号

尺寸起止符号一般为 45°倾斜的中粗短线,其长度一般为 2~3mm,方向为尺寸界线顺时针方向旋转 45°。半径、直径、角度和弧长的尺寸起止符号应用箭头表示,箭头的画法如图 1-8 所示。

图 1-8　箭头的画法
(a)涂黑箭头;(b)不涂黑箭头

4. 尺寸数字

尺寸数字必须用阿拉伯数字注写。"国标"规定,总平面图上的尺寸标注和标高标注以"m"为单位,其余尺寸标注均以"mm"为单位。尺寸线为水平线时,尺寸数字注写在尺寸线的上方,字头向上;尺寸线是竖线时,尺寸数字注写在尺寸线的左方,字头向左。其他方向的尺寸线注写方向如图 1-9 所示。

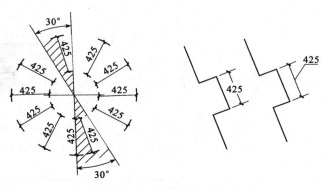

图 1-9　尺寸数字的注写方向

尺寸数字应标注在图样轮廓线之外,不得与图线、文字及符号等相交;图线不得穿过尺寸数字,若不可避免时,应将尺寸数字处的图线断开,如图1-10所示。

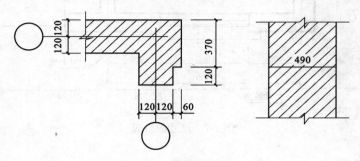

图1-10 尺寸数字的注写

同一张图纸上的所有尺寸数字的大小应一致。

表1-9所列为常见的尺寸标注错误,标注时应注意避免。

表1-9 尺寸标注的常见错误

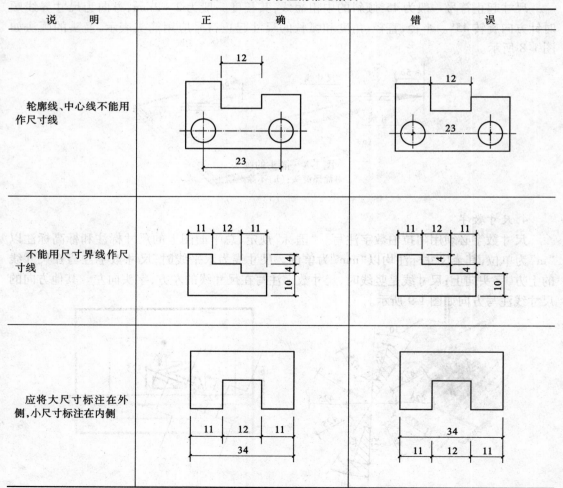

说 明	正 确	错 误
轮廓线、中心线不能用作尺寸线		
不能用尺寸界线作尺寸线		
应将大尺寸标注在外侧,小尺寸标注在内侧		

续表

说 明	正 确	错 误
尺寸线为水平线,尺寸数字应在尺寸线上方中部;尺寸线为竖线,尺寸数字应在尺寸线左侧	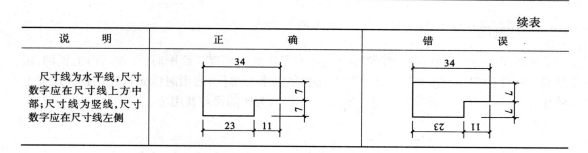	

1.2 常用制图工具

1.2.1 图板、丁字尺

图板的作用是固定图纸,图板面应光滑平整且有一定的弹性,边框必须平直。常用的图板规格有 0 号、1 号、2 号等,可根据需要选用。

丁字尺由尺头和尺身组成,主要用于画水平线。使用时,左手紧握尺头使其紧贴板边,上下推移至所需位置,右手自左至右画出不同位置的水平线。如图 1-11 所示为图板与丁字尺的用法。

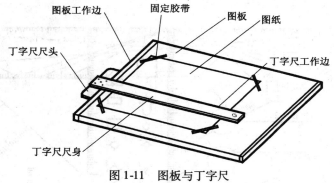

图 1-11 图板与丁字尺

1.2.2 三角板

每副三角板有两块,常与丁字尺配合使用。使用时,左手按住三角板和丁字尺,右手画线。如图 1-12 所示为三角板的用法。

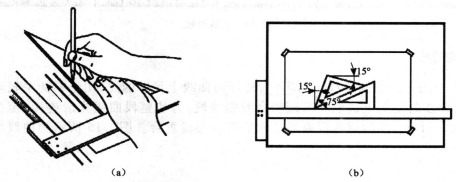

(a) (b)

图 1-12 三角板与丁字尺的配合使用

(a)三角板和丁字尺配合使用画竖线;(b)三角板和丁字尺配合使用画斜线

1.2.3 比例尺

比例尺为三棱柱状,每一面都刻有两种不同比例的刻度。绘图时,可按所需的比例,用尺身上标注的刻度直接量取。比例尺上的数字以米为单位,绘图时应先选定比例。尺面上的比例还可以缩小或放大来使用。如图 1-13 所示为比例尺及其用法。

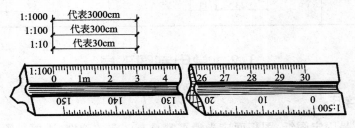

图 1-13　比例尺及其用法

1.2.4 建筑模板

建筑模板用来画各种建筑图例和常用符号,如柱、预留洞口、标高符号、详图牵引符号、定位轴线圆等。图 1-14 所示为建筑模板。

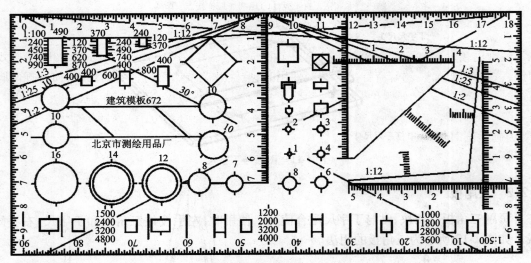

图 1-14　建筑模板

1.2.5 曲线板

曲线板用于画非圆曲线。绘图时,先画出曲线上足够的点,用铅笔徒手轻轻连成曲线,然后在曲线板上选取与其最吻合的曲线段,为使整段曲线光滑连接,至少要通过曲线上三个点,且前后两段曲线之间应有一小段重合。图 1-15 所示为曲线板及其用法。

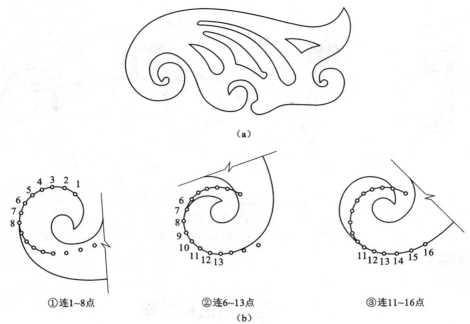

图 1-15　曲线板的使用

(a)复式曲线板;(b)用曲线板连接点

1.2.6　圆规和分规

圆规的铅芯应磨削成约75°斜面,并使斜面向外,如图1-16(a)所示。图1-16(b)为圆规的针,一端为锥形,一端带有针尖。圆规使用时,应注意调整铅芯与针尖的长度,使圆规两脚靠拢时,两尖对齐。画较大的圆时,要使圆规两脚基本与纸面垂直,如图1-16(c)所示。

分规的两脚均为针,其作用是截取长度或等分线段。图1-16(a)为圆的画法。图1-16(e)为画大圆时加延伸杆。

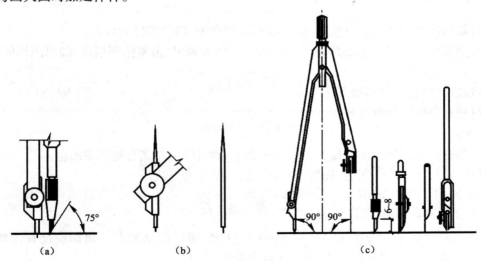

图 1-16　圆规的用法(一)

(a)圆规钢针略长于铅芯;(b)圆规上的钢针;(c)圆规及其插脚;

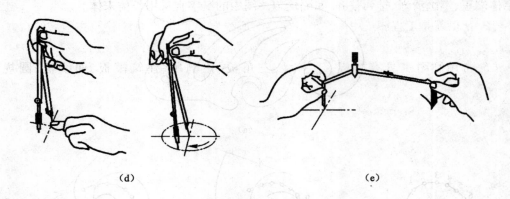

（d）   （e）

图 1-16　圆规的用法（二）

（d）圆的画法；（e）画大圆时加延伸杆

1.2.7　铅笔

1.3　作图的方法和步骤

1. 作图方法

作图的基本方法是从整体到细部，先作出图样中各构件的定位轴线，再绘制细部轮廓和构造线，先打底再加重。

为了提高绘图速度，保证绘图质量，使图面干净、整齐、匀称、美观，绘图前应仔细阅读图样，做到心中有数，并准备好必备的工具。

2. 打底

（1）将选好的图纸用胶带纸固定在图板上。根据制图标准要求，先画出图框和标题栏。

（2）根据所画图形的实际情况选择比例，合理布图，确定图样的位置。

（3）画出图样的主要轮廓线，然后由大到小、由外到里、由整体到局部，画出图形的所有轮廓线。

（4）画尺寸线、尺寸界线等。

（4）检查、修改、整理底稿。

3. 加重

（1）加重图线。同类图线按水平线从上到下、垂直线从左到右的顺序加粗。

（2）标注尺寸、文字、图名、比例，填写标题栏，加重图框线。

本 章 总 结

1. 图纸幅面的基本尺寸规定有五种 A0～A4 号，每张图纸的右下角都应设有标题栏。需要会签的图纸，在其左侧上方图框线外有会签栏。

工程图纸中常用的图线名称、线型、线宽和一般用途要符合国标规定。

2. 为保证图纸的规范性和通用性，工程图纸中的各种字体，如汉字、数字、字母等，要求字体端正、笔画清晰、排列整齐、间隔均匀。图中的汉字宜采用长仿宋体。

3.比例就是工程图纸中的图形与实物对应线型尺寸之比,通常注写在图名的右方。

4.图样上的尺寸由尺寸线、尺寸界线、尺寸起止符号和尺寸数字组成。

5.常用制图工具有图板、丁字尺、三角板、比例尺、建筑模板、曲线板、圆规和分规等。

第2章　投影的基本知识

学习目标要求

1. 了解三面投影体系的形成；
2. 了解投影及其特性；
3. 了解投影图特性；
4. 掌握三面正投影规律。

学习重点和难点

本章学习重点：1.投影方法的分类；2.投影图的分类；3.正投影图的特性；4.投影体系的形成。

本章学习难点：三面正投影图的形成。

2.1　投影及其分类

2.1.1　投影的概念

如图 2-1(a)所示，在光线(阳光或灯光)的照射下，物体就会在地面上或墙面上投下影子。影子能反映物体的简单轮廓，但不能反映其具体形状的实际大小。将这种现象科学地抽象总结，假设所有物体都是透明的，光线能够穿过物体，将发光的光源称为投射中心，光线称为投影线，承影的平面称为投影面，影子则称为投影，如图 2-1(b)所示。

要产生投影必须具备三个条件：(1)光线(投影线)；(2)投影面；(3)空间几何元素或形体。这三个条件又称为投影三要素，如图 2-1(b)所示。

这种研究空间形体与其投影之间关系的方法称为投影法。工程上常用各种投影法来绘制图样。

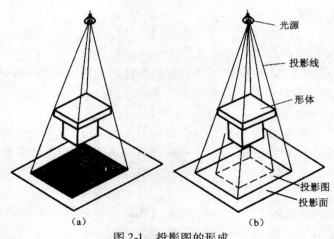

图 2-1　投影图的形成

(a)投影现象；(b)投影原理

2.1.2　投影法的分类

根据投影线、形体和投影面之间的关系,投影法分类如下:

1. 中心投影法

如图 2-2(a)所示,投影中心距离投影面为有限远,所有的投影线都交汇于一点(即投影中心),这种投影法称为中心投影法。中心投影法作出的投影图的大小与原形体不相等,但具有较强的立体感,常用于作透视图。

2. 平行投影法

投影中心距离投影面为无限远,所有的投影线都相互平行,这种投影法称为平行投影法,如图 2-2(b)、(c)所示。根据投影线与投影面之间角度的不同,平行投影又可分为正投影和斜投影。

斜投影的投影线倾斜于投影面,如图 2-2(b)所示;正投影的投影线与投影面垂直,如图 2-2(c)所示。

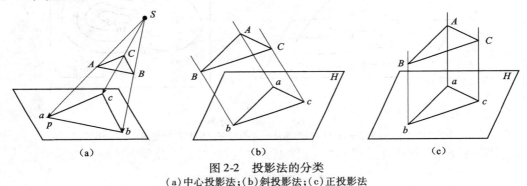

图 2-2　投影法的分类
(a)中心投影法;(b)斜投影法;(c)正投影法

2.2　工程图的分类

同一座建筑物,采用不同的投影法,可以得到不同的投影图。建筑工程中常用的投影图有以下四种:

1. 透视图

图 2-3(a)所示,用中心投影法将形体投影到一个投影面上所得到的图形称为透视图。透视图的特点是直观性强、立体感强,但不能反映形体的确切形状和尺寸,绘制比较繁琐。

透视图常用作建筑设计方案的比较和工艺美术、广告宣传等,不能作为施工依据。

2. 轴测图

选择合适的方向将形体用平行投影法投影到一个投影面上,就可得到形体的轴测投影图。它能在一个图中反映出形体的长、宽、高三个向度,具有一定的立体感,非常直观,如图 2-3(b)所示。但其也不能完整地表达形体的形状,且作图过程繁琐,在工程中常用作辅助图样。

3. 正投影图

用正投影法,在两个或两个以上的投影面上,作出形体的多面正投影图,即为形体的正投影图,如图 2-3(c)所示。正投影法作图简便,便于度量和标注尺寸,在工程上应用最为广泛。但没有立体感,需经过训练才能看懂。

4. 标高投影图

标高投影图是一种带有数字标记的单面正投影图。在工程中常用来表示地面的形状，如图 2-3(d) 所示。

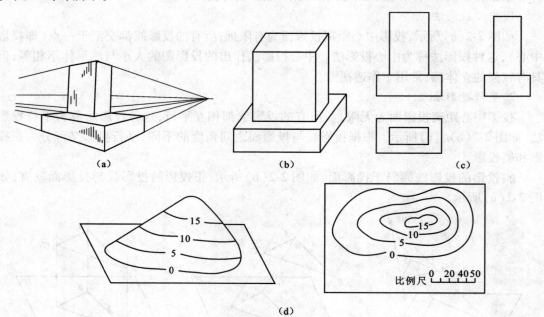

图 2-3　工程图的分类
(a)透视图；(b)轴测图；(c)正投影图；(d)标高投影图

2.3　正投影的特性

1. 实形性

当直线和平面图形平行于投影面时，则其在该投影面上的投影反映实长或实形，如图 2-4 所示。

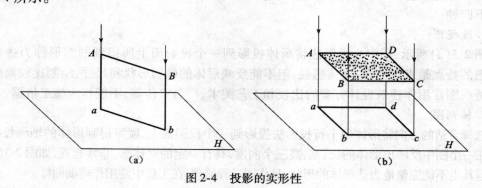

图 2-4　投影的实形性

2. 积聚性

当直线或平面图形垂直于投影面时，则其在该投影面上的投影积聚为一点或一条直线，如图 2-5 所示。

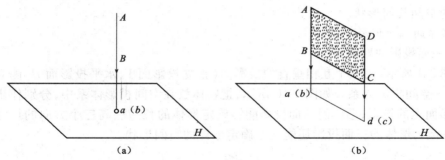

图 2-5　投影的积聚性

3．类似性

当直线和平面图形与投影面倾斜时,直线的投影仍为直线,但比本身短;平面的投影仍为平面,但形状和大小都发生变化,如图 2-6 所示。

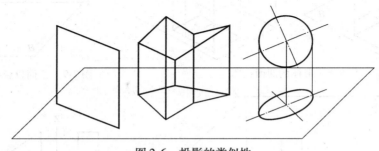

图 2-6　投影的类似性

2.4　三面投影图

2.4.1　物体三面投影体系的建立

工程上用的投影图,必须能确切、唯一地反映形体的几何形状。怎样才能在一张平面图纸上表达具有长、宽、高三个向度形体的真实形状与大小呢?

1．形体的单面投影

如图 2-7 所示,两个不同形状的形体的水平投影是相同的,所以,形体的单面投影不能唯一确定形体的几何形状。

2．形体的两面投影

如图 2-8 所示,在空间建立两个相互垂直的投影面,分别称为正立投影面(用 V 来标记)和水平投影面(用 H 标记),V 面与 H 面的交线 OX 称为投影轴(又称 X 轴),并分别作出形体的两面投影。由图可知,两面投影能够将形体的长度、宽度和高度全部反映出来,但还不能唯一确

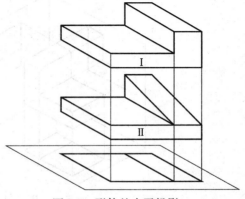

图 2-7　形体的水平投影

定形体的空间几何形状。

3. 形体的三面投影

（1）三面投影的形成

如图 2-9 所示，用三个互相垂直的投影面（正立投影面 *V*、水平投影面 *H*、侧立投影面 *W*）构成一空间投影体系。如图 2-10 所示，把物体放在空间投影体系中，分别作出物体在三个投影面上的投影，形体的三面投影能够确定形体的长、宽、高三个方向的尺寸。又如图 2-11 所示，形体的三面投影还能唯一确定形体的空间形状。

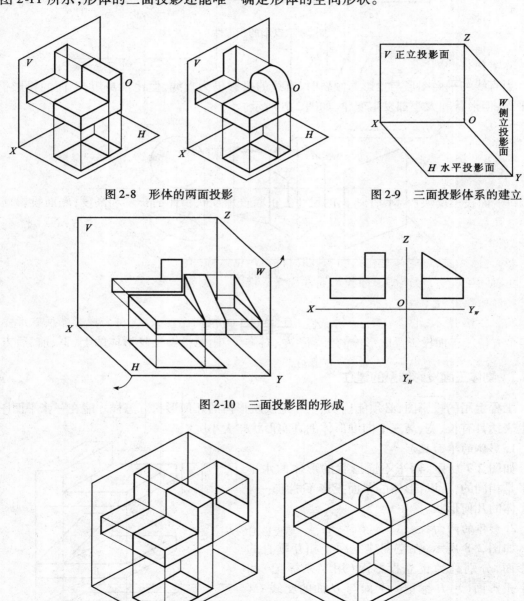

图 2-8　形体的两面投影　　　　图 2-9　三面投影体系的建立

图 2-10　三面投影图的形成

图 2-11　形体的三面投影图

为在同一张图纸上画出物体的三个视图,国家标准规定了其展开方法:V 面不动,将 OY 轴一分为二,H 面绕 OX 轴向下旋转 90°与 V 面重合;W 面绕 OZ 轴向后旋转 90°与 V 面重合,这样,便把三个互相垂直的投影面展平在同一张图纸上了。三面投影的配置为以正面投影为基准,水平投影在正面投影的下方;侧面投影在正面投影的右方。

如图 2-12 所示为投影面的展开,如图 2-13 所示为三面投影图及其规律。

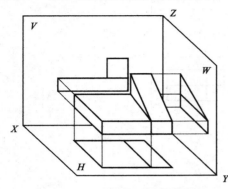

图 2-12　三面投影体系的展开

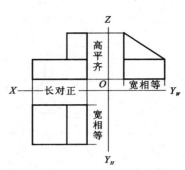

图 2-13　三面投影图及其投影规律

(2)投影规律

每一面投影反映物体两个方向的尺寸。正面投影反映物体的长度和高度;侧面投影反映宽度和高度;水平投影反映长度和宽度。按照三面投影的配置,其投影规律为:长对正,高平齐,宽相等。

三面投影的投影规律是在画图、看图时都须严格遵守的。

在实际工程中,形体的三面投影通常称为三视图。

4.形体的空间方位

如图 2-14 所示,形体有上、下、左、右、前、后六个方向的位置关系,每个投影图反映形体的四个方位。正面投影反映形体的上、下、左、右方位,侧面投影反映形体的上、下、前、后方位,水平投影反映形体的前、后、左、右方位。

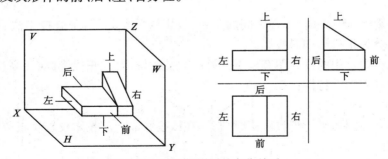

图 2-14　三面投影图的方位关系

2.4.2　三面投影图的作图方法

根据形体或立体图画三面投影图时,应把形体摆平放正,选择形体主要特征明显的方向作为主视图的投影方向,画图方法如下(图 2-15):

（1）量取形体的长度和宽度，在水平投影面上作水平投影。

（2）量取形体的长度和高度，利用"长对正"的关系作正面投影。

（3）量取形体的宽度和高度，根据"高平齐、宽相等"的关系作侧面投影。

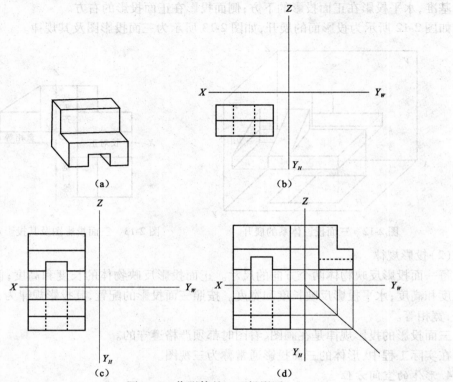

图 2-15　作形体的三面投影图
(a)立体图；(b)作水平投影；(c)作正面投影；(d)作侧面投影并加粗

本 章 总 结

1．根据投影线、形体和投影面之间的关系，投影法分类如下：中心投影法、平行投影法，平行投影又可分为正投影和斜投影。

2．建筑工程中常用的投影图有以下四种：透视图、轴测图、正投影图、标高投影图。

3．正投影具有如下特性：

① 实形性

当直线和平面图形平行于投影面时，则其在该投影面上的投影反映实长或实形。

② 积聚性

当直线或平面图形垂直于投影面时，则其在该投影面上的投影积聚为一点或一条直线。

③ 类似性

当直线和平面图形与投影面倾斜时，直线的投影仍为直线，但比本身短；平面的投影仍为平面，但形状和大小都发生变化。

4．按照三面投影的配置，其投影规律为：长对正，高齐平，宽相等。

习 题

试画出下面立体的三面投影图。

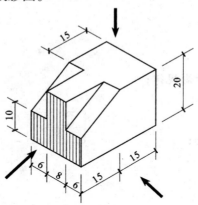

第3章 点、直线、平面的投影

学习目标要求

1. 掌握点、直线、平面的投影规律；
2. 掌握两点的相对位置；
3. 了解重影点的概念；
4. 掌握直线与平面的分类；
5. 掌握直角定理的应用。

学习重点与难点

本章学习重点：1.点、直线、平面的投影规律；2.两点的相对位置；3.两直线的相对位置；直线与平面的分类。

本章学习难点：1.判断两直线的相对位置；2.直角定理的应用。

点、直线、平面是构成形体的最基本的几何元素，因此，要了解形体的投影规律，首先应了解点、直线、平面的投影规律。

3.1 点 的 投 影

1. 点的投影

如图 3-1 所示，点的一面投影不能唯一确定其空间位置。确定点的空间位置，至少需要两面投影。

如图 3-2 所示为点的两面投影，它可以反映点到正投影面和水平投影面的距离。

点的三面投影如图 3-3 所示。

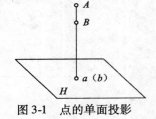

图 3-1 点的单面投影

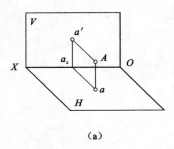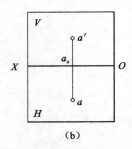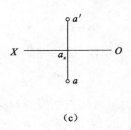

    (a)   (b)   (c)

图 3-2 点的两面投影
(a)立体图；(b)展开图；(c)去掉投影面边框

在图 3-3(a)中,过空间点 A 分别作三个投影面的投射线,投射线与投影面的交点即为 A 点的三面投影。空间点用大写字母表示,如空间点 A;该空间点的三面投影用其同名小写字母表示,H、V、W 投影分别记为 a、a'、a''。

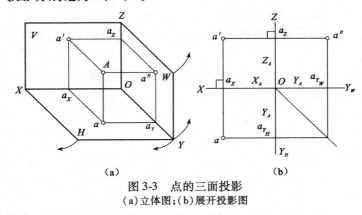

(a)　　　　　　　　　　　　(b)

图 3-3　点的三面投影
(a)立体图;(b)展开投影图

如图 3-3(b)所示为 A 点的三面投影图。由图可知,点的三面投影有如下的关系:

(1)点的投影的连线垂直于投影轴,即

$aa' \perp OX$,即"长对正";

$a'a'' \perp OZ$,即"高平齐";

$aa_Y \perp OY_H$,$a''a_Y \perp OY_W$,即"宽相等"。

(2)投影点到投影轴的距离等于该点到相应的投影面的距离。

可知,点的两面投影即可确定点的空间位置;只要给出点的两面投影,就可以求出其第三面投影。

2.各种位置的点的投影

【例3-1】　如图 3-4(a)所示,已知空间点 A 的两面投影 a、a',求其侧面投影 a''。

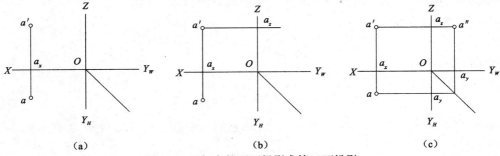

(a)　　　　　　　　(b)　　　　　　　　(c)

图 3-4　已知点的两面投影求第三面投影
(a)已知点 A 的 H、V 面投影;(b)过 a' 作 OZ 轴的垂线 $a'a_z$;
(c)在 $a'a_z$ 的延长线上截取 $a''a_z = aa_x$,a'' 即为所求

解:可根据点的投影规律求得点 A 的第三投影。

(1)根据"高平齐"的规律,过 A 点的正面投影 a' 引一条直线垂直于 OZ 轴,如图 3-4(b)所示。

(2)根据"宽相等"的规律,过 O 点向右下方引 45°斜线,再过 A 点的水平投影 a 引一条直线垂直于 OY_H 轴,与 45°斜线相交,过该交点向上引直线垂直于 OY_W 轴并延长与过 a' 点所

作的 OZ 轴的垂线相交,交点即为所求,如图 3-4(c)所示。

图 3-5 所示为各种位置的点及其投影。图中,A 为 V 投影面上的点,B 为 H 投影面上的点,C 为投影轴上的点。由 3 – 5 图可知,各种位置的点的投影特性是:

(1)一般位置的点的三面投影分别在三个投影面上。

(2)投影面上的点,一面投影在该投影面上并与其自身重合,另两面投影位于投影轴上。

(3)投影轴上的点,一面投影在原点,另两面投影在该投影轴上并与自身重合。

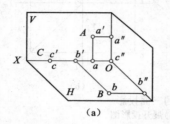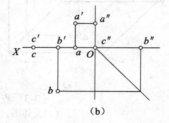

图 3-5　各种位置的点
(a)立体图;(b)投影图

3. 点的投影与直角坐标

将三面投影体系中的三个投影轴看作空间三维直角坐标系,点的三面投影即可用三维直角坐标来表示,如图 3-6 所示。

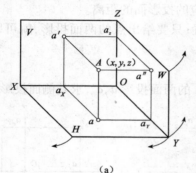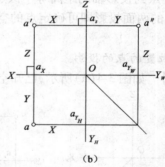

图 3-6　点的坐标
(a)直观图;(b)投影图

若空间点 A 的三维直角坐标为 (x,y,z),则它的三面投影的坐标分别为 $a(x,y)$、$a'(x,z)$、$a''(y,z)$。

点到三个投影面的距离也可以用坐标值表示,X 坐标表示点到侧立面的距离,Y 坐标表示点到正立面的距离,Z 坐标表示点到水平面的距离。

【例 3-2】 已知:B 点坐标为 $(25,17,20)$(长度取 mm),求它们的三面投影。

解:据已知条件,可在 X 轴上量出 25mm 得 b_x,Y 轴上量 17mm 得 b_y,Z 轴上量 20mm 得 b_z,分别过 b_x、b_y、b_z 作所在轴的垂线,它们的交点即为三个面上的投影点,如图 3-7 所示。三个坐标值 X、Y、Z 分别代表了空间点到 W、V、H 三个投影面的距离。

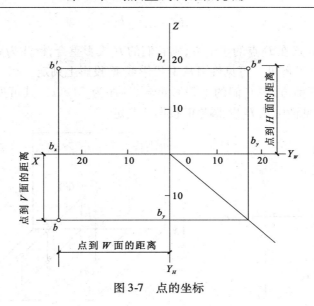

图 3-7　点的坐标

4. 点的相对位置及重影点

（1）点的相对位置

空间两点的位置关系有前后、上下、左右，可根据它们同名投影的相对位置来判定。

在三面投影中，规定 OX 轴向左、OY 轴向前、OZ 轴向上为正。比较两点的 H 投影可判定其左右、前后关系；比较两点的 V 投影可判定其左右、上下的关系；比较两点的 W 投影可判定其前后、上下的关系。

如图 3-8 所示，由水平投影可知，A 点在 B 点的左、前方，由正面投影可知，A 点在 B 点的左、上方，因此可判定，A 点在 B 点的左、前、上方。

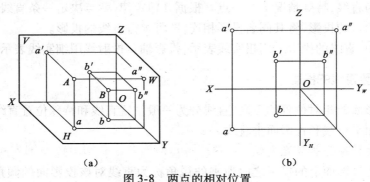

（a）　　　　　　　　　　　　　　　（b）

图 3-8　两点的相对位置
（a）直观图；（b）投影图

空间两点的相对位置也可以通过比较其同名投影的坐标来判定。

如有两点：$A(10,15,5)$，$B(5,10,15)$，则由两点的坐标判定如下：

因 $x_A > x_B$，所以 A 点在 B 点的左方；

因 $y_A > y_B$，所以 A 点在 B 点的前方；

因 $z_A < z_B$，所以 A 点在 B 点的下方。

可知，A 点在 B 点的左、前、下方（或 B 点在 A 点的右、后、上方）。

（2）重影点

如图 3-9 所示，C 点在 D 点的正上方，则它们的 H 投影重合，标注为 $c(d)$。其可见性判定规则为：上可见，下不可见。可见性可从 V 投影或 W 投影上判定。

F 点在 E 点的正前方，则它们的 V 投影重合，标注为 $f'(e')$。其可见性判定规则为：前可见，后不可见。可见性可从 H 投影或 W 投影上判定。

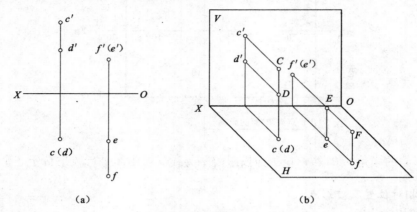

（a）   （b）

图 3-9　重影点的投影
（a）投影图；（b）立体图

3.2　直线的投影

空间直线是无限长的，为便于绘图，在投影图中一般用有限长的线段来表示直线。直线的投影一般仍为直线，特殊情况下为一点。根据几何定律，两点决定一条直线，所以，只要作出直线上任意两点的投影，将其同名投影相连，即可求得直线的投影。

在投影图中，直线的投影应用粗实线表示，投影轴及投射线用细实线表示。

3.2.1　各种位置直线的投影

根据与投影面的相对位置的不同，直线分为一般位置直线和特殊位置直线，特殊位置直线又分为投影面平行线和投影面垂直线。

1. 直线的倾角及一般位置直线

直线与它在投影面上的投影之间所夹的锐角称为直线对该投影面的倾角。分别用 α、β、γ 表示直线对 H、V、W 面的倾角。

对三个投影面都倾斜的直线称为一般位置直线。

一般位置直线的投影如图 3-10 所示。

一般位置直线的投影特性是：

（1）三面投影均短于实长；

（2）三面投影均倾斜于投影轴，与投影轴的夹角不反映直线对投影面的倾角。

只要直线的任意两面投影呈倾斜状态，就可以判定该直线为一般位置直线。

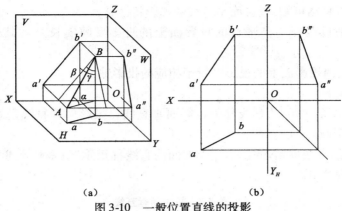

（a）　　　　　　　　　　　　（b）

图 3-10　一般位置直线的投影

（a）立体图；（b）投影图

2. 投影面平行线

对投影面的倾角为 0° 的直线称为投影面平行线。投影面平行线平行于一个投影面，但倾斜于另两个投影面。

平行于 H 面的直线称水平线；平行于 V 面的直线称正平线；平行于 W 面的直线称侧平线。它们的投影见表 3-1。

表 3-1　投影面平行线

名称	正　平　线	水　平　线	侧　平　线
直观图			
投影图			
投影特性	1. $ab//OX$ 　$a''b''//OZ$ 2. $a'b'=AB$ 　反映 α、β 夹角	1. $a'b'//OX$ 　$a''b''//OY_W$ 2. $ab=AB$ 　反映 β、γ 夹角	1. $a'b'//OZ$ 　$ab//OY_H$ 2. $a''b''=AB$ 3. 反映 α、β 夹角

由表3-1分析总结可知,投影面平行线的投影特性是:

(1)投影面平行线在与其平行的投影面上的投影反映实长及对其他两个投影面的倾角;

(2)在其他个两投影面上的投影平行于相应的投影轴。

3. 投影面垂直线

对投影面的倾角为90°的直线称为投影面垂直线。投影面垂直线垂直于一个投影面,平行于另两个投影面。

垂直于 *H* 面的直线称铅垂线;垂直于 *V* 面的直线称正垂线;垂直于 *W* 面的直线称侧垂线。它们的投影见表3-2。

表3-2　投影面垂直线

名称	正　垂　线	铅　垂　线	侧　垂　线
直观图	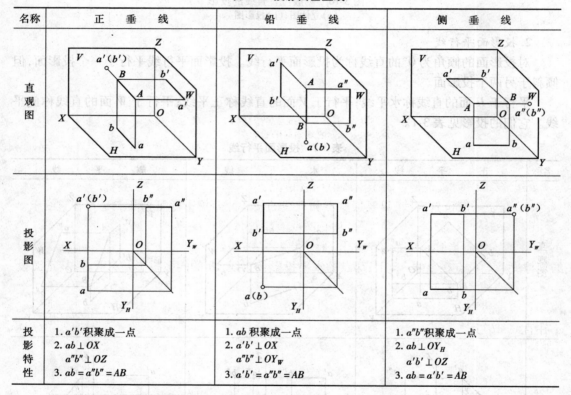		
投影图			
投影特性	1. a′b′积聚成一点 2. ab⊥OX 　a″b″⊥OZ 3. ab = a″b″ = AB	1. ab 积聚成一点 2. a′b′⊥OX 　a″b″⊥OY_W 3. a′b′ = a″b″ = AB	1. a″b″积聚成一点 2. ab⊥OY_H 　a′b′⊥OZ 3. ab = a′b′ = AB

由表3-2分析可得投影面垂直线的投影特性:

(1)投影面垂直线在与其垂直的投影面上的投影积聚为一点;

(2)在另两面上的投影平行于同一条投影轴,且反映实长。

3.2.2　直线上的点

1. 直线上的点的投影

(1)从属性

若点在直线上,则点的投影必在直线的同名投影上且符合点的投影规律。反之,若点的各个投影均在直线的同名投影上且符合投影规律,则该点必在此直线上。

（2）定比性

直线上两线段的长度之比等于它们的同名投影长度之比。

直线上的点的投影如图 3-11 所示。

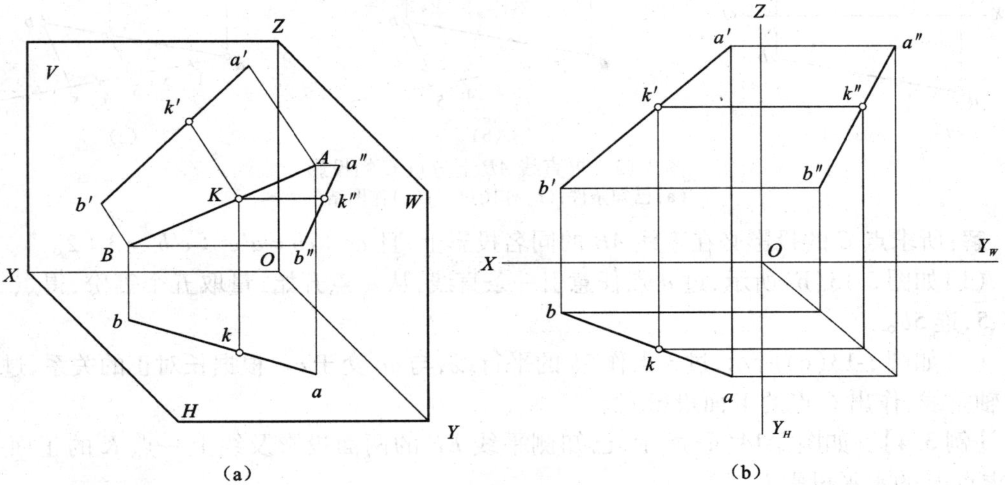

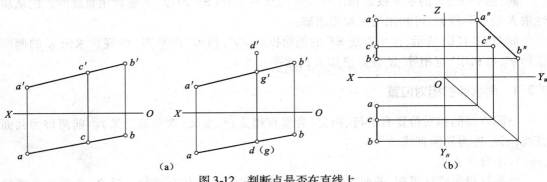

图 3-11　直线上点的投影
(a)直观图；(b)投影图

2. 判断点是否在直线上

根据投影图判断点是否属于直线有两种情况：

（1）对于一般位置直线，只要根据点和直线的任意两面投影即可判断点是否在直线上。

（2）对于投影面平行线，则需求出第三投影或根据定比关系来判断。如图 3-12（a）所示，C 点的水平投影和正面投影 c、c' 分别在直线 AB 的同名投影 ab、$a'b'$ 上，且符合"长对正"的规律，所以，C 点在直线 AB 上；D 点的水平投影在直线 AB 的同名投影 $a'b'$ 上，但其正面投影 d' 不在直线 AB 的同名投影 $a'b'$ 上，所以，D 点不在直线 AB 上。图 3-12(b)中 C 点的水平投影和正面投影分别在直线 AB 的同名投影上，但侧面投影不在 AB 的侧面投影上，则 C 点不在直线 AB 上。

图 3-12　判断点是否在直线上
（a）一般位置直线；（b）侧平线

【例 3-3】　如图 3-13（a）所示，已知直线 AB 的两面投影，在 AB 上有一点 C，且 $AC：CB = 3：2$，求点 C 的投影。

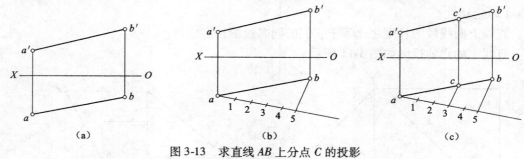

图 3-13 求直线 AB 上分点 C 的投影
(a)已知条件;(b)作图过程;(c)作图结果

解: 所求点 C 的投影必在直线 AB 的同名投影上,且 $ac:cb = a'c':c'b' = 3:2$。

(1)如图 3-13(b)所示,过 a 点任意引一条直线,从 a 点开始,量取五个等份,得点 1、2、3、4、5,连 5b。

(2)如图 3-13(c)所示,过 3 点作 5b 的平行线,与 ab 交于 c。根据长对正的关系,过 c 作 OX 轴垂线,作出 C 点的 V 面投影 c'。

【例 3-4】 如图 3-14(a)所示,已知侧平线 EF 的两面投影及线上一点 K 的正面投影 k',求点 K 的水平投影 k。

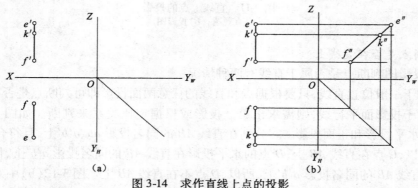

图 3-14 求作直线上点的投影
(a)已知;(b)作图过程

解: 侧平线 EF 的水平投影和正面投影均垂直于 OX 轴,所以,不能利用直线的点的从属性求 K 的水平投影,可利用第三投影求解。

如图 3-14(b)所示,作出直线 EF 的侧面投影 e″f″,利用"高平齐"的规律求出 K 的侧面投影 k″,再利用"宽相等"的规律求作 K 的水平投影 k。

3.2.3 两直线的相对位置

空间直线的相对位置有平行、相交(含垂直相交)和交叉(含垂直交叉)。前两种为共面直线,后一种为异面直线。

1. 平行两直线

由平行投影特性可知:若两直线平行,则其同名投影必相互平行。反之,若有两直线的各组同名投影相互平行,则这两条直线平行。如图 3-15 所示为两平行直线的投影及平行关系的判断。

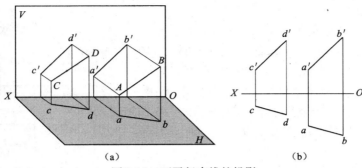

图 3-15　两平行直线的投影
（a）立体图；（b）投影图

　　一般情况下，由直线的两组投影即可判定两直线是否平行。但也有例外，如图 3-16 所示，两条侧平线 DE、FG 的水平投影和正面投影均相互平行，从作出的侧面投影来看，$d''e''$ 与 $f''g''$ 并不平行，所以 DE、FG 并非两平行直线，它们为异面直线即交叉直线。

　　2. 相交两直线

　　两直线相交，必有一个交点，且交点的投影必是两直线同名投影的交点，且符合点的投影规律。如图 3-17（a）、图 3-17（b）所示，直线 AB、CD 交于 K 点，ab 与 cd 交于 k 点，$a'b'$ 与 $c'd'$ 交于 k' 点，且 k 与 k' 点之间符合长对正的投影规律。

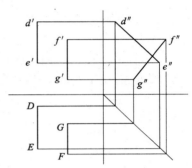

图 3-16　两直线平行关系判断

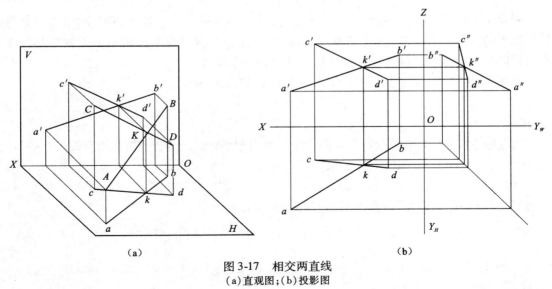

图 3-17　相交两直线
（a）直观图；（b）投影图

　　在图 3-18 中，一般位置直线 CD 和侧平线 AB 的水平投影和正侧投影均相交于 E 点，但从侧面投影来看，E 点只属于 CD 而不属于 AB，所以，AB 和 CD 不相交（也不平行，是交叉两直线）。

3. 交叉两直线

如图 3-19(a)所示的两条直线 AB 和 CD,其水平投影相互平行,但正面投影相交于一点;如图 3-19(b)、(c)所示的两条直线 AB 和 CD,其水平投影和正面投影均相交,但交点的投影不符合投影规律,所以它们即不符合平行直线的投影规律,也不符合相交直线的投影规律,故应为交叉关系,即为异面直线。

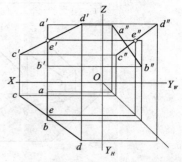

图 3-18　判断 AB 和 CD 两直线相对位置

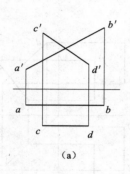
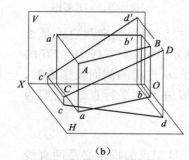
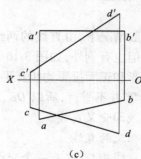

(a)　　　　　　　　　　(b)　　　　　　　　　　(c)

图 3-19　交叉两直线
(a)交叉两直线投影图;(b)直观图;(c)投影图

3.2.4　直角定理

相互垂直的两直线,不管是相交还是交叉,其中一条平行于某投影面时,则两直线在该投影面上的投影仍然垂直,这就是直角定理。反之,若两直线在某投影面上的投影相互垂直,且其中一条直线平行该投影面,则此两直线必相互垂直。

如图 3-20 所示,直线 $AB \perp AC$,且 $AB /\!/ H$ 面,则有 $ab \perp ac$。

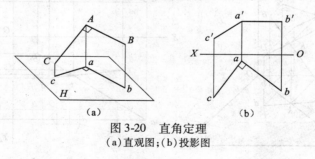

(a)　　　　　　　　　　(b)

图 3-20　直角定理
(a)直观图;(b)投影图

3.3　平面的投影

3.3.1　平面的表示法

用几何元素表示平面的方法有以下几种:

(1)用不在同一直线上的三个点表示,如图 3-21(a)所示;

（2）用一条直线和直线外一点表示，如图 3-21（b）所示；

（3）用两条相交直线表示，如图 3-21（c）所示；

（4）用两条平行直线表示，如图 3-21（d）所示；

（5）用平面图形表示，如图 3-21（e）所示。

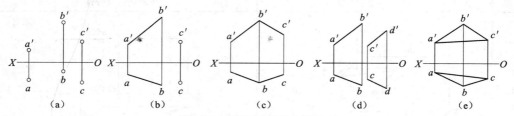

图 3-21　用几何元素表示平面

（a）不在同一直线上的三点；（b）一直线和直线外一点；
（c）相交两直线；（d）平行两直线；（e）平面图形

平面还可以用迹线来确定其空间位置。迹线就是平面与投影面的交线，平面与水平面的交线称为水平迹线，用 P_H 标记；与正立面的交线称为正面迹线，用 P_V 标记。用迹线来确定其位置的平面称为迹线平面，如图 3-22 所示。

3.3.2　各种位置平面的投影特性

平面按相对于某一投影面的位置分为一般位置平面和特殊位置平面，特殊位置又分为投影面垂直面和投影面平行面。

图 3-22　用迹线表示平面

平面对水平面、正立面、侧立面的倾角分别用 α、β、γ 来表示。

1. 一般位置平面

一般位置平面是指对三个投影面均倾斜的平面，其 α、β、γ 角均在 0°～90°之间。

图 3-23 所示为一般位置平面的投影。

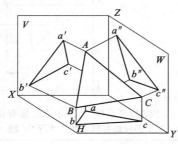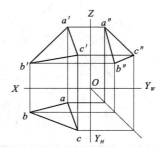

图 3-23　一般位置平面的投影

由图 3-23 可知，一般位置平面的投影特性为：

（1）三面投影均保持原几何形状不变，但面积均小于实形；

（2）三面投影都不能反映平面对投影面的倾角。

2. 投影平行面

投影面平行面平行于某一投影面而与另两个投影面垂直。平行于水平面、正立面、侧立面的投影面平行面分别称为水平面、正平面、侧平面。

投影面平行面的投影特性列于表 3-3 中。

表 3-3 投影面平行面

名称	轴 测 图	投影图及其特性
水平面	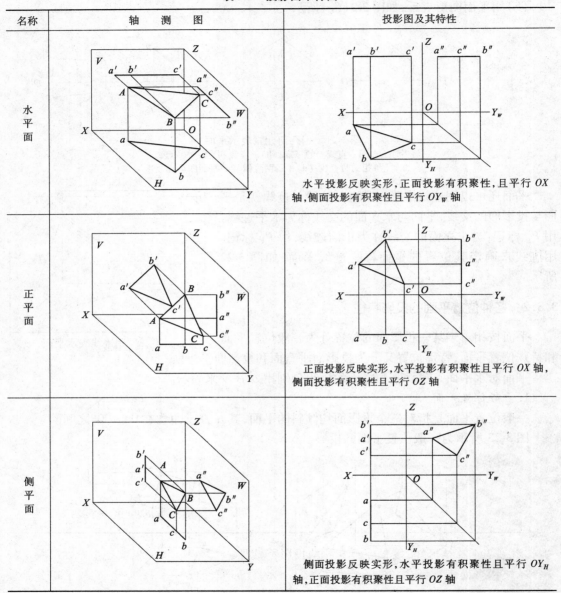	水平投影反映实形,正面投影有积聚性,且平行 OX 轴,侧面投影有积聚性且平行 OY_W 轴
正平面		正面投影反映实形,水平投影有积聚性且平行 OX 轴,侧面投影有积聚性且平行 OZ 轴
侧平面		侧面投影反映实形,水平投影有积聚性且平行 OY_H 轴,正面投影有积聚性且平行 OZ 轴

由表 3-3 总结可知,投影面平行面的投影特性是:

(1)投影面平行面在与它平行的投影面上的投影反映该面的实形;

(2)另两面投影积聚成一条直线并平行于相应的投影轴。

3. 投影面垂直面

投影面垂直面垂直于某一投影面而倾斜于另两个投影面。垂直于水平面、正立面、侧立面的投影面垂直面分别称为铅垂面、正垂面、侧垂面。

投影面垂直面的投影特性列于表3-4中。

表 3-4 投影面垂直面

名称	轴 测 图	投影图及其特性
铅垂面	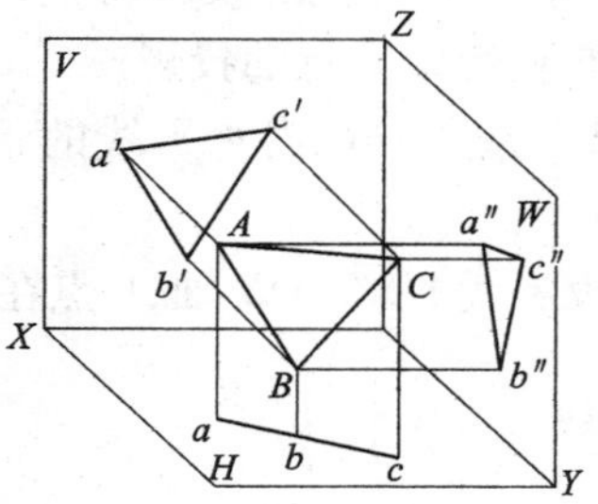	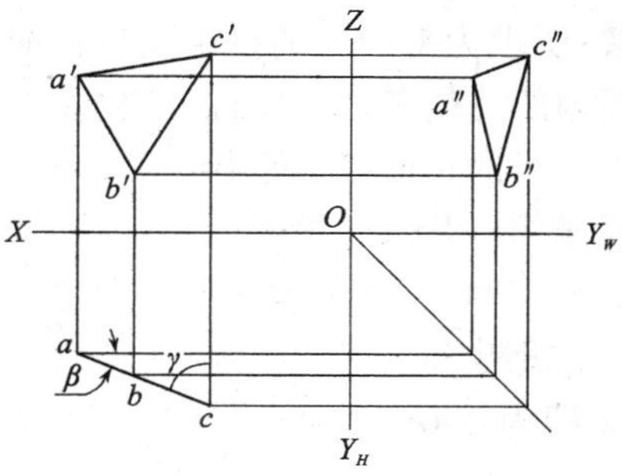 水平投影有积聚性且反映 β、γ
正垂面	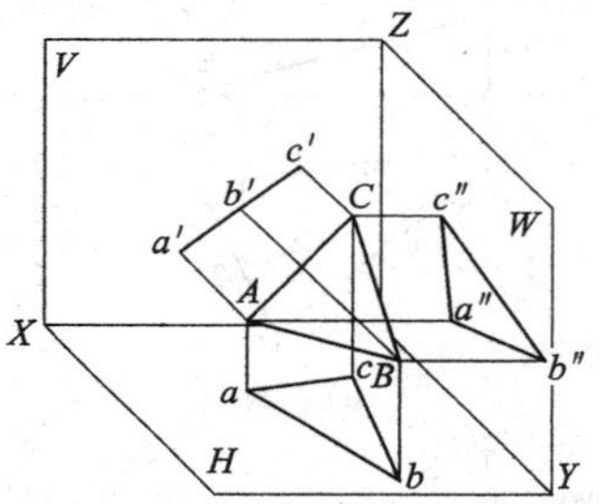	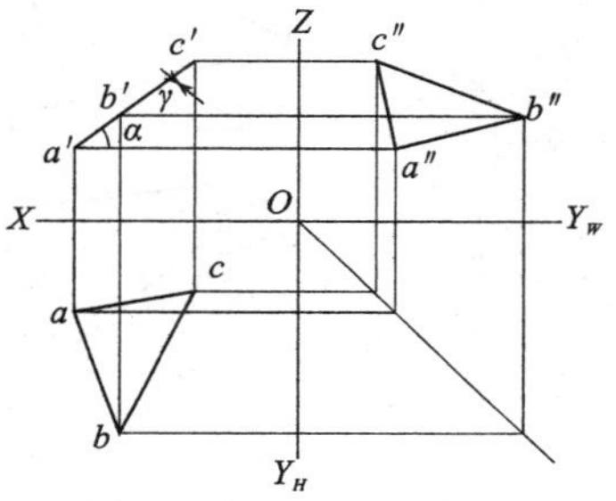 水平投影有积聚性且反映 α、γ
侧垂面	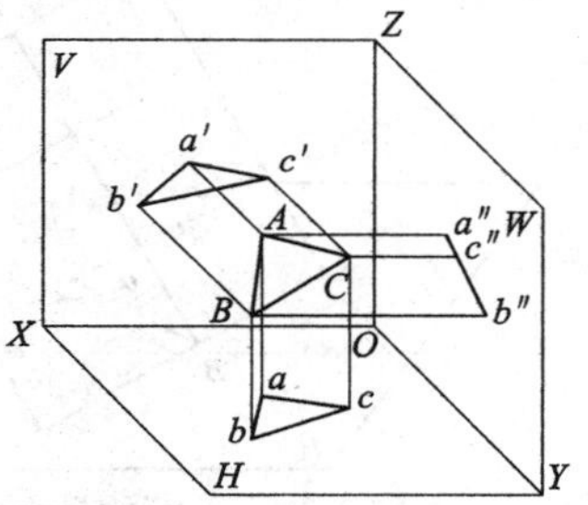	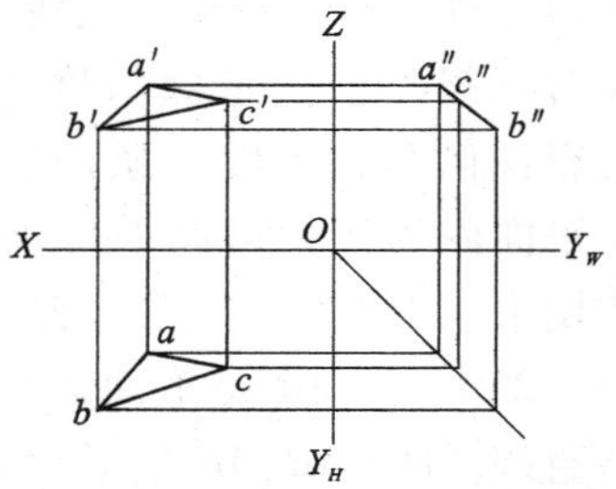 侧面投影有积聚性且反映 α、β

由表3-4总结可知,投影面垂直面的投影特性是:

(1)投影面垂直面在与它垂直的投影面上的投影积聚成一条直线,且反映了对其他两个投影面的倾角;

(2)另两面投影保持原基本几何图形不变。

3.3.3 平面内的点和线

1.平面内的点和线

直线在平面上的几何条件是:

(1)若直线经过平面上的两个点,则此直线必在该平面上;

(2)若直线经过平面上的一点且平行于平面上的一直线,则此直线必在该平面上。

点在平面上的几何条件是:若点在平面上的一条直线上,则此点必在该平面上。

【例3-5】 如图3-24(a)所示,已知△ABC的水平投影和正面投影,在其内求作一条距H面为20mm的水平线。

解:所求为平面内的投影面平行线,既要符合投影面平行线的投影特性,又要满足直线在平面内的几何条件。所以,应先作投影面平行线与投影轴平行的投影。

水平线的正面投影平行于OX轴,所以,先作出一条△ABC内水平线的正面投影,再用投影规律作出其水平投影。

如图3-24(b)过中间OX轴向上量取20mm作投影线1′2′//OX轴,1′点在a′b′上。作1′2′的水平投影12。

12即为△ABC内的一条水平线的投影。

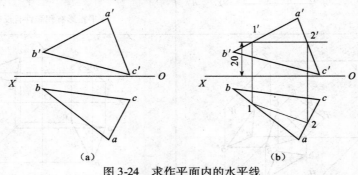

(a)　　　　　　　　　　　　(b)

图3-24　求作平面内的水平线
(a)已知条件;(b)作图过程

2.平面对投影面的最大斜度线

平面对某投影面的最大斜度线,就是在该面内对某投影面倾角最大的一条(或一簇)直线,它必垂直于平面内的该投影面平行线。投影面的最大斜线常用来求平面对该投影的倾角。

如图3-25所示,AB是平面P内水平线,该面内另一条直线CD⊥AB,AB即是一条平面P内对H面的最大斜度线。

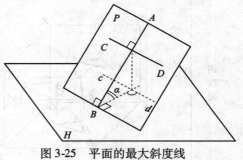

图3-25　平面的最大斜度线

本 章 总 结

1.点的两面投影即可确定点的空间位置;只要给出点的两面投影,就可以求出其第三面投影。点的三面投影可用三维直角坐标来表示。

2.空间两点的位置关系有前后、上下、左右,可根据它们同名投影的相对位置来判定。

3.根据与投影面的相对位置的不同,直线分为一般位置直线和特殊位置直线,特殊位置直线又分为投影面平行线和投影面垂直线。

4.直线上的点的投影具有从属性和定比性。

5.根据投影图判断点是否属于直线有两种情况:

（1）对于一般位置直线，只要根据点和直线的任意两面投影即可判断点是否在直线上。

（2）对于投影面平行线，则需求出第三投影或根据定比关系来判断。

6. 空间直线的相对位置有平行、相交（含垂直相交）和交叉（含垂直交叉）。

7. 直角定理：相互垂直的两直线，不管是相交还是交叉，其中一条平行于某投影面时，则两直线在该投影面上的投影仍然垂直。

8. 平面按相对于某一投影面的位置分为一般位置平面和特殊位置平面，特殊位置又分为投影面垂直面和投影面平行面。

9. 直线在平面上的几何条件是：

（1）若直线经过平面上的两个点，则此直线必在该平面上；

（1）若直线经过平面上的一点且平行于平面上的一直线，则此直线必在该平面上。

习　题

1. 已知两面投影补画第三面投影。

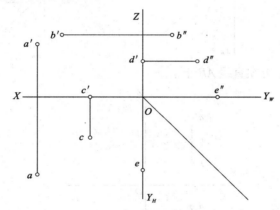

2. 已知 a、b'、c''，且 $Bb'=10\text{mm}$，$Aa=20\text{mm}$，$Cc''=5\text{mm}$。完成各点的三面投影，并用直线连接各同面投影。

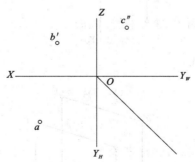

3. 已知 AB 两点同高，B 在 A 之右，$Aa'=20\text{mm}$，$Bb'=10\text{mm}$。且 A、B 两点的 H 面投影相距 50mm，求作 A、B 两点的二面投影。

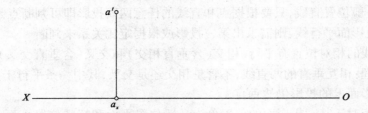

4. 求下列各直线的第三投影,并判别直线的类别。

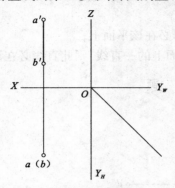
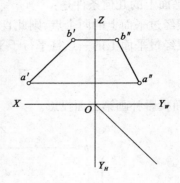

5. 作图判断 K 点是否在直线 AB 上。

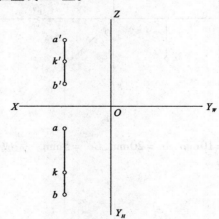

6. 判断两直线的相对位置。

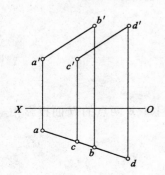
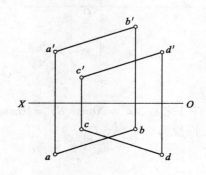
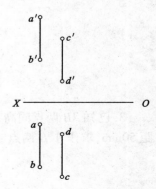

7. 求平面 *ABCD* 内字母 *A* 的另一投影。

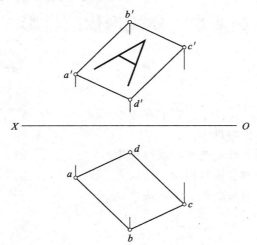

第4章　建筑形体的投影

学习目标要求

1. 掌握立体的投影规律；
2. 掌握立体表面点的投影规律；
3. 掌握平面与立体相交时截交线的投影规律；
4. 理解两立体相交时相贯线的形状；
5. 掌握组合体投影图的画法和识读方法。

学习重点与难点

本章学习重点：1. 立体的投影规律；2. 立体表面点的投影规律。

本章学习难点：组合体投影图的画法和识读方法。

任何建筑形体都是由基本几何形体组成，如图 4-1 所示的纪念碑和水塔，分别由棱柱、棱锥、棱台和圆柱、圆锥、圆台等组成。组成建筑形体的最简单的几何形体称为基本体。基本体根据其表面的不同又分为平面立体和曲面立体。

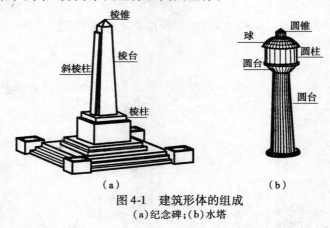

图 4-1　建筑形体的组成
(a)纪念碑；(b)水塔

4.1　平面体的投影

表面由平面围成的形体称为平面立体，其表面称为棱面，棱面与棱面的交线称为棱线。

4.1.1　棱柱体的投影

当底面为多边形，棱线垂直于底面时称为棱柱体，如底面为三角形、四边形、五边形……n 边形，称为三棱柱、四棱柱、五棱柱……n 棱柱。当棱柱体底面为正多边形时，称为正棱柱。

图 4-2 所示为正六棱柱的三面投影，正六棱柱的顶面和底面放置为水平面，前、后棱面

放置为正平面,其余四个棱面为铅垂面,各棱线均为铅垂线。由图 4-2 可知,正棱柱体的投影特性是:

（1）在与底面平行的投影面上的投影反映底面实形;

（2）另两面投影为一个或 n 个矩形。

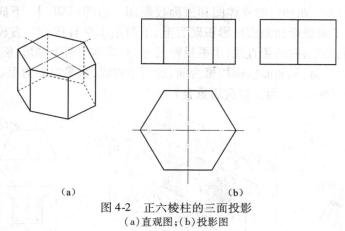

（a）　　　　　　　　（b）

图 4-2　正六棱柱的三面投影

（a）直观图;（b）投影图

4.1.2　棱锥体的投影

当底面为多边形,棱线相交于一点时称为棱锥体,如底面为三角形、四边形、五边形……n 边形,称为三棱锥、四棱锥、五棱锥……n 棱锥。当棱锥体底面为正多边形时,称为正棱锥。

如图 4-3 所示为正五棱锥的三面投影,正五棱锥的底面放置为水平面,后棱面放置为侧垂面,其余四个棱面均为一般位置平面,五条棱线均为一般位置直线。由图 4-3 可知,正棱锥体的投影特性为:

（1）当底面平行于某一投影面时,在该面上的投影为正多边形实形及其内部的 n 个共顶点的等腰三角形;

（2）另两面投影为 1 个或 n 个三角形。

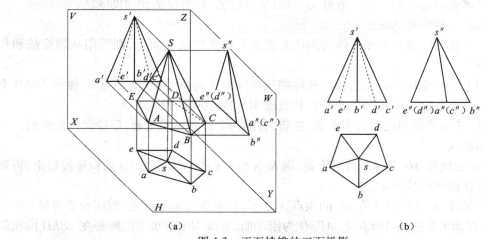

（a）　　　　　　　　（b）

图 4-3　正五棱锥的三面投影

（a）直观图;（b）投影图

4.1.3 棱台的投影

用平行于底面的平面切割棱锥的顶部后形成棱台。棱台的两个底面为相互平行且相似的平面图形。所有的棱线延长后仍交汇于一公共顶点即锥顶。

如图4-4所示为正四棱台的立体图和三面投影图。由图可知,上、下底面为水平面,水平投影反映实形,正面投影和侧面投影积聚为上、下两条水平直线;左、右棱面为正垂面,它们的正面投影积聚为左、右两条直线,水平投影为左、右对称的两个梯形,侧面投影为等腰梯形;前、后棱面为侧垂面,其侧面投影积聚为前、后两条直线,水平投影为上、下对称的两个梯形,正面投影为等腰梯形(正面投影前后重合)。

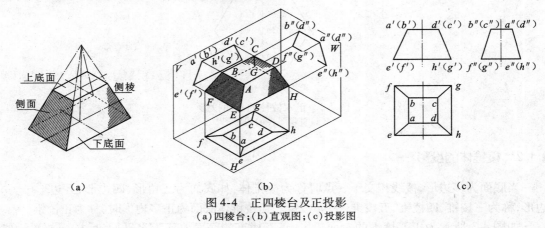

图4-4 正四棱台及正投影
(a)四棱台;(b)直观图;(c)投影图

4.1.4 平面立体表面定点

平面立体表面定点与平面上定点的方法相同,但必须确定点是在立体的哪个表面上,以便确定其可见性。平面立体的任意面投影均有立体的两个表面重叠在一起,一为可见,一为不可见。凡位于可见表面上的点都可见,凡位于不可见表面上的点都不可见。

平面立体表面定点的方法一般分为三种:从属性法、积聚性法和辅助线法。

1. 从属性法和积聚性法

若点或直线的位置在平面立体的侧棱上或在有积聚性的表面上,则可用从属性法和积聚性法作图。

【例4-1】 如图4-5所示,已知三棱柱的三面投影及其棱线 AD 上一点 K、棱面 $ABED$ 上的线段 MN 的正面投影 k'、$m'n'$,求 K 点和线段 MN 的另两面投影。

解:三棱柱的顶面和底面为水平面,左前、右前两个棱面为铅垂面,后棱面为正平面。三条棱线为铅垂线。

(1)K 点在棱线 AD 上,AD 为铅垂线,则 K 点的水平投影 k 必在 AD 的积聚投影上,再根据投影规律作出侧面投影 k''。

判定可见性:K 点在前棱线 AD 的顶点 A 之下,其水平投影不可见,侧面投影可见。

(2)直线 MN 在棱面 $ABED$ 上,$ABED$ 为铅垂面,直线 MN 的水平投影必在 $ABED$ 的积聚投影上,利用投影规律可作出 MN 的水平投影 mn,再利用投影规律作出 MN 的侧面投影 $m'n'$。

(3)判定可见性:线段 MN 在右前棱面 $ABED$ 上,其侧面投影不可见。

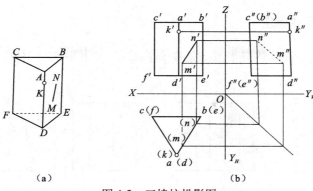

图 4-5　三棱柱投影图
（a）直观图；（b）投影图

2. 辅助线法

若点或直线所在的棱面为一般位置平面，无法利用从属性法和积聚性法，则可利用辅助线法作图。

【例 4-2】　如图 4-6 所示，为三棱锥 *S-ABC* 及其左前棱面上一点 *K* 的 *V* 面投影 *k′*，求点 *K* 的另两面投影。

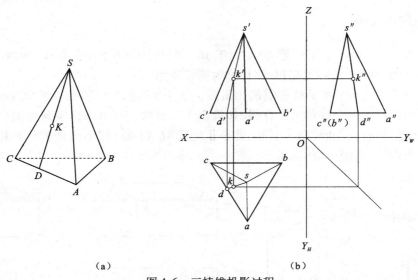

（a）　　　　　　　　　　　　　（b）

图 4-6　三棱锥投影过程
（a）直观图；（b）投影图

解：由图 4-6 可知，*K* 点在三棱锥的左前棱面上。

（1）在正面投影上，连 *s′*、*k′* 并交 *c′b′* 于 *d′*。因 *K* 点在左前棱面上，所以 *D* 点在棱锥的底面△*ABC* 的 *AC* 边上。*SD* 即为所作辅助线。

（2）作出 *D* 点水平投影 *d*，即得 *SD* 的水平投影 *sd*。

（3）*K* 点在 *SD* 上，作出 *K* 点的水平投影 *k*。

（4）根据投影规律作出 *K* 点的侧面投影 *k″*。

（5）判定可见性：因 *K* 点在左前棱面上，所以其水平投影和侧面投影均可见。

4.1.5 平面立体的尺寸标注

平面立体标注时,应标注其长度、宽度和高度。常用平面立体的尺寸标注如图 4-7 所示。

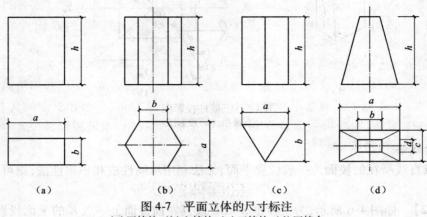

图 4-7 平面立体的尺寸标注
(a)四棱柱;(b)六棱柱;(c)三棱柱;(d)四棱台

4.1.6 同坡屋面交线

为了排水需要,屋面均有坡度,坡度大于 10% 时称为坡屋面,有单坡、两坡和四坡等。当各坡面与地面(H 面)的倾角都相等时,称为同坡屋面。

坡屋面的交线即为两平面体相贯的相贯线。图 4-8 所示为坡屋面各种交线的名称。与檐口线平行的二坡屋面交线称为屋脊线,如坡面 Ⅰ—Ⅲ 的交线 AB;凸墙角处檐口线相交的二坡屋面交线称斜脊线,如坡面 Ⅰ—Ⅱ、Ⅲ—Ⅱ 交线 AE 和 AF;凹墙角处檐口处相交的二坡屋面交线称天沟线,如图中交线 CG。

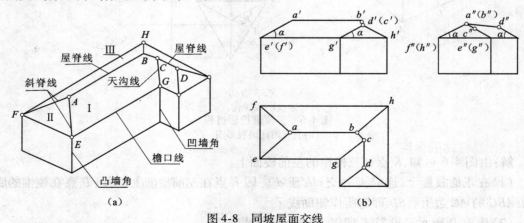

图 4-8 同坡屋面交线
(a)直观图;(b)投影图

同坡屋面交线的特点如下:

(1)两个坡屋面的檐口线平行且等高时,交成的水平屋脊线的 H 面投影与两条檐口

线的 H 面投影平行且等距。如图 4-8 中的Ⅰ面和Ⅲ面的檐口线 EG 和 FH 平行且等高,在图 4-8 中,两面交成的水平屋脊线 AB 的 H 面投影 ab 与两檐口线的 H 面投影 eg、fh 平行且等距。

(2)相邻的且檐口线相交的两个坡屋面交成的斜脊线或天沟线的 H 面投影为两檐口线 H 面投影夹角的平分线。如图 4-8 中,Ⅰ面和Ⅱ面相邻且两面的檐口线 EF、EG 垂直相交,图 4-8 中,两面交成的斜脊线 AE 的 H 面投影 ae 与两条檐口线的 H 面投影 ef、eg 的夹角为45°。

(3)在屋面上如果有两斜脊、两天沟或一斜脊一天沟相交于一点,则该点上必有第三条线即屋脊线通过,这个点为三个相邻屋面的共有点。如图 4-8 中,两斜脊线 AE 和 AF 相交于 A 点,在 A 点上又有水平屋脊线 AB 通过,A 点为Ⅰ面、Ⅱ面和Ⅲ面的共有点。

由图 4-8 可知,四个坡屋面对 H 面的倾角 α 是相等的。四坡屋面的左右两斜坡屋面为正垂面,前后两斜坡屋面为侧垂面。

4.2　曲面体的投影

由曲面或曲面与平面围成的形体称为曲面体。曲面是由直母线或曲母线绕一轴线旋转而形成,又称回转面,不同位置的母线称为素线。母线上每一个点的运动轨迹都是一个圆,称为曲面上的纬圆。

常见的基本曲面体有圆柱体、圆锥体、球体等,如图 4-9 所示。

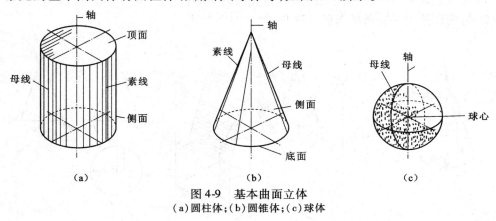

图 4-9　基本曲面立体
(a)圆柱体;(b)圆锥体;(c)球体

4.2.1　圆柱体的投影

圆柱体是由直母线绕与其平行的轴线旋转一周而形成,它由顶圆、底圆和圆柱面所围成。圆柱面上所有的素线都与轴线平行且距离相等。

如图 4-10 所示,圆柱体的顶圆和底圆放置成水平面,圆柱面为铅垂面。由图可知,圆柱体的投影特性是:

(1)在与轴线垂直的投影面上的投影积聚为一个圆,并反映顶圆和底圆的实形;

(2)另两面投影是相等的矩形。

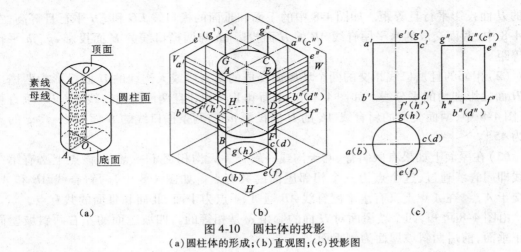

图 4-10　圆柱体的投影
(a)圆柱体的形成;(b)直观图;(c)投影图

4.2.2　圆锥体的投影

圆锥体是由直母线 *SA* 绕与它相交于 *S* 点的轴线 *S - O* 旋转一周而形成,*S* 点即为锥顶,它由圆锥面和底圆围成,圆锥面上的素线是相交于锥顶 *S* 点的共面直线。

如图 4-11 所示,圆锥体的底圆放置成水平面,圆锥顶的水平投影为其底圆水平投影中圆心,其投影特性是:

(1)在与轴线垂直的投影面上的投影为底圆的实形;

(2)另两面投影是相等的等腰三角形。

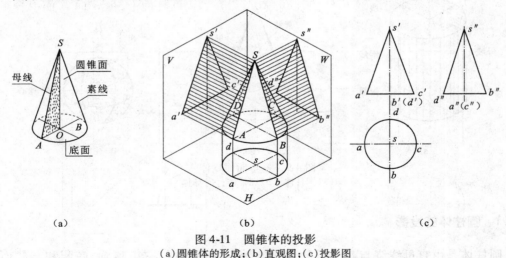

图 4-11　圆锥体的投影
(a)圆锥体的形成;(b)直观图;(c)投影图

4.2.3　球体的投影

球体是由圆以自身的任意一条直径为轴旋转一周而形成。如图 4-12 所示,圆球的三面投影是直径相等的三个圆。这三个投影圆分别为通过球心且平行于水平面、正平面和侧平面的三个投影面平行面。

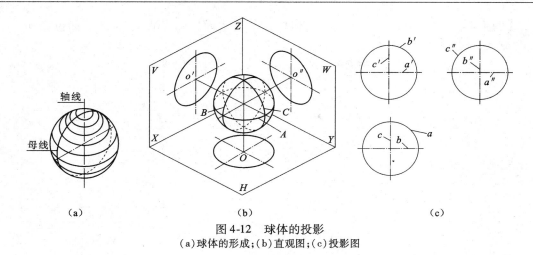

图 4-12　球体的投影
(a)球体的形成；(b)直观图；(c)投影图

4.2.4　曲面立体表面定点

1.圆柱体表面定点

对于圆柱体,可以利用圆柱面的积聚投影作图。

【例 4-3】　如图 4-13(a)所示为圆柱体及其表面上 m'、n'',求作 M、N 两点的另两面投影。

解:如图 4-13(b)所示,由于 m' 可见,所以 M 点在前半个圆柱面上,由 m' 向 H 投影引投影连线,与前半个圆柱面的积聚投影交得 m；然后过 m 点向 W 面引投影连线,与 m' 引出的水平线相交,在 W 面上得到 m''。

另外,从已知条件知,n'' 不可见,所以可知 N 点在右半圆柱面上,由 n'' 向 H 面引投影连线,在 H 面上与有半圆柱面的积聚投影交得 n,然后由 n'' 和 n 就可作出 n'。

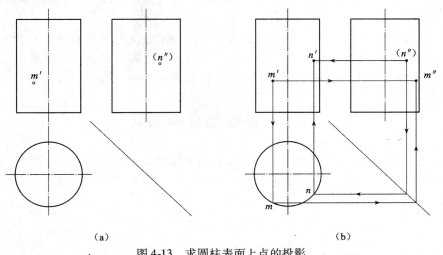

图 4-13　求圆柱表面上点的投影
(a)已知条件；(b)作图过程与结果

2.圆锥体表面定点

对于圆锥体,表面定点可以利用素线法和纬圆法。圆锥面上的任何一点必在一条通过锥顶的素线上,此为素线法。圆锥面上的任何一点又必定在一个垂直于轴线的纬圆上,此为纬圆法。

【例 4-4】 如图 4-14（a）所示,已知圆锥体及其表面上的点 M 和 K 的正面投影 m'、k',求作 M、K 两点的另两面投影。

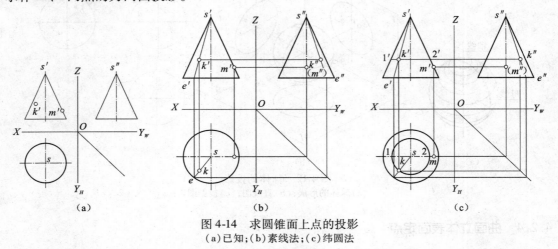

图 4-14 求圆锥面上点的投影
(a)已知;(b)素线法;(c)纬圆法

解:从立体图来看,K 点在圆锥体的左前锥面上,M 点在圆锥体的最右素线上。

（1）纬圆法

① 如图 4-14（c）所示,在正面投影上作出经过 k' 点的纬圆,该纬圆为一个水平圆。作出 K 点的水平投影 k。再根据 K 点的位置和投影规律作出它的侧面投影 k''。

② 根据 M 点的位置和投影规律作出它的 H 水平投影 m 和侧面投影 m''。

③ 可见性判定。

水平投影:圆锥体的形状为上小下大,所以,圆锥面上所有点的水平投影均可见。

侧面投影:从两点的位置来看,K 点的侧面投影 k'' 可见,M 点的 W 面投影 m'' 不可见。

（2）素线法

① 如图 4-14（b）所示,连 s'、k' 并交底圆于 e' 点,SE 为经过 K 点的素线。作出 SE 的水平投影 se。K 点在素线 SE 上,根据投影规律作出其水平投影 k 和侧面投影 k''。

② M 点在最右素线上,根据投影规律作出它的水平投影 m 和侧面投影 m''。

4.3 平面与立体相交

平面与立体相交,可看作平面截割立体,此平面称为截平面,所得交线称为截交线,由截交线围成的封闭图形称为断面或截面,如图 4-15 所示。

截交线的特性是:

（1）由于立体都有一定的范围,所以截交线一定是封闭的平面折线;

（2）截交线是平面和立体的共有部分。

截交线的性质即是求解截交线问题的依据。

图 4-15 平面截割立体

4.3.1　平面与平面立体相交

平面与平面立体相交的截交线是封闭的平面折线,截交线围成的断面形状是平面多边形。多边形的边数由立体上参与相交的棱线或边线的数目决定,或由参与相交的棱面或底面的数目决定。平面多边形的每条边即是截面与棱面或底面的交线,每个折点即是截平面与棱线的交点。求作截交线时,常用线面交点法,即求作出截平面与棱线的交点,然后依次相连。

【例 4-5】　如图 4-16(a)所示,正三棱锥被正垂面 P 所截,求截交线。

解:正三棱锥的棱面都是一般位置平面。截平面 P 与三条棱线都相交,有三个交点,断面为三角形,因 P 面为正垂面,所以断面的正面投影与截平面 P 的正面投影重合,只需求出它的水平投影即可。

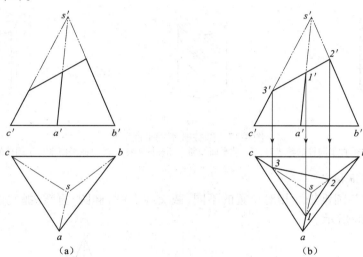

图 4-16　三棱锥被正垂面切割后投影
(a)已知条件;(b)作图过程

如图 4-16(b)所示,P 面为正垂面,其正面投影为积聚投影,由此可得 P 面与三长棱线 SA、SB、SC 的交点的正面投影 1′,2′,3′,并作出相应的水平投影 1,2,3,连 1,2,3,即得所求截交线。

可见性判定:因棱锥的形状为上小下大,所以各棱面的水平投影均可见。

4.3.2　平面与曲面立体相交

平面与曲面立体相交的截交线是闭合的平面图形,多为平面曲线,特殊情况下为一个平面多边形。截交线的形状与曲面立体表面的性质和截平面与曲面体的相对位置有关。

截交线是截平面与曲面立体表面的共有线。截交线上的每一个点,都是截平面与曲面体表面的共有点。

求截交线的基本方法是:用形体表面定点的方法求得足够的共有点,将各个共有点依次光滑连接。应注意求截交线上的特殊点。

1. 平面与圆柱相交

根据截平面与圆柱轴线相对位置的不同,截交线有圆、椭圆、矩形三种形状,如图 4-17 所示。

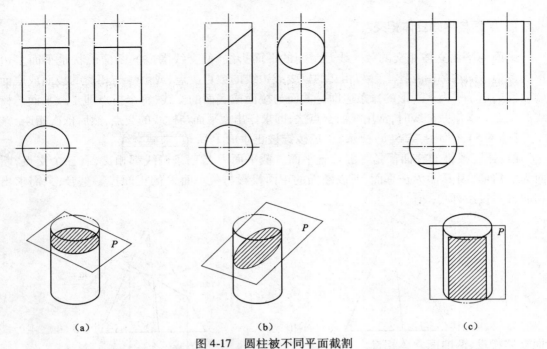

图 4-17　圆柱被不同平面截割
（a）截平面垂直于圆柱的轴线时；（b）截平面倾斜于圆柱的轴线时；（c）截平面平行于圆柱的轴线时

2. 平面与圆锥相交

　　根据截平面与圆锥轴线相对位置的不同，截交线有圆、椭圆、直线、抛物线、双曲线等几种形状，如图 4-18 所示。

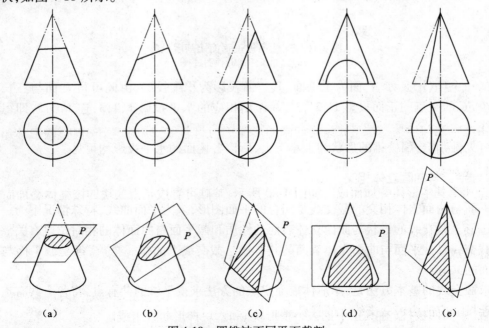

图 4-18　圆锥被不同平面截割
（a）截平面垂直于圆锥的轴线时；（b）截平面倾斜于圆锥的轴线时；（c）截平面平行于一条素线时；
（d）截平面平行于两条素线时；（e）截平面通过锥顶时

4.4　两立体相贯

有些形体是由两个或两个以上的基本形体相交组合而成。两立体相交称为相贯，两相交的立体称为相贯体，它们的表面交线称为相贯线，如图 4-19 所示。

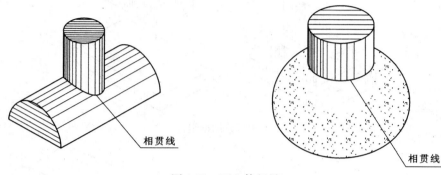

图 4-19　两立体相贯

根据相贯体表面性质的不同，两立体相贯有三种形式：两平面立体相贯、平面立体与曲面立体相贯、两曲面立体相贯。

由于相贯体的组合和相对位置不同，相贯线也有不同的数目和形状。但任何两立体的相贯线都具有如下两个基本特性：

（1）相贯线是由两相贯体表面上一系列共有点（或共有线）所组成的；

（2）由于立体都具有一定的范围，所以相贯线一般都是闭合的。

4.5　组合体投影

4.5.1　组合体的类型

由基本几何体按一定形式组合起来的形体称为组合体。为了便于分析，按形体组合特点，将它们的形成方式分为：

1. 叠加型

由几个基本形体叠加而成。如图 4-20 所示，基础可看成是由三块四棱柱体叠加而成。

2. 切割型

由基本形体切割掉某些形体而成。如图 4-21 所示，木榫可看作是由四棱柱切掉两个小四棱柱而成。

3. 综合型

既有叠加又有切割两种形式的组合体。如图 4-22 所示，肋式杯形基础，可看作由四棱柱底板、中间四棱柱（在其正中挖去一楔形块）和六块梯形肋板组成。

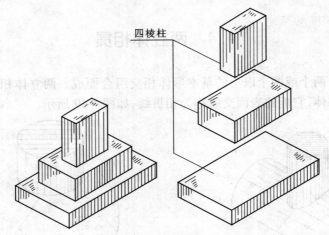

四棱柱

图 4-20　叠加型组合体

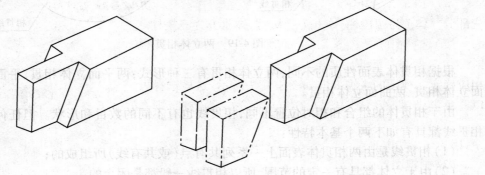

图 4-21　切割型组合体

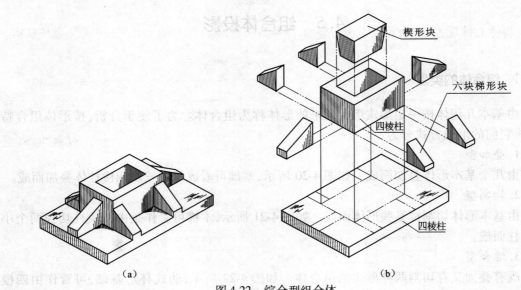

楔形块

六块梯形块

四棱柱

四棱柱

（a）　　　　　　　　　　　（b）

图 4-22　综合型组合体
（a）立体图；（b）形体分析

4.5.2　组合体投影图的画法

画组合体的三视图,可将其分解为若干基本体后,分别画出三视图,再进行组合。画出的三视图必须符合三等关系和方位关系。画视图的一般步骤是:

(1)形体分析。弄清组合体的类型,各部分的相对位置,是否有对称性等。

(2)选择视图。首先要确立安放位置,定出主视方向,将形体的主要面垂直或平行于投影面,使得到的视图既清晰又简单,且实形性又好,同时注意使最能反映形体特征的面置于前方,而又要使视图虚线最少。

(3)画视图。根据选定的比例和图幅,布置视图位置,使四边空档留足。画图时先画底图,经检查修改后,再加深,不可见棱线要画成虚线。

(4)最后标注尺寸。

【例 4-6】画出如图 4-23 的三视图。

解:(1)形体分析。该组合体属综合型,但作图可以先按叠加型对待。将组合体分解为三部分。体 I 为四棱柱,体 II 为三棱柱,体 III 亦为三棱柱。

(2)选择视图。将体 I 的下底面置于水平位置,其他四个棱面分别平行于 V 面和 W 面,则体 II 和体 III 的位置相应确定。视图的主视方向如图中箭头所示,这样选择可以避免虚线,假若将图中的左视方向定为主视方向,则在另一"左视图"中将有多条虚线;此题的视图数量应为三个,因为体 I 和体 III 用两个视图表达不能确定其形状。

图 4-23　组合体

(3)画视图。

对分解出的基本体,分别画出其三视图,并进行叠加。作图步骤:图 4-24(a)画体 I 的三视图;图 4-24(b)画体 II 的三视图,并将体 I、体 II 之间的方位关系进行叠加;图 4-24(c)画体 III 的三视图,并将体 I、体 III 之间的方位关系进行叠加;图 4-24(d)在体 I 的左前上方截去一个小四棱柱体。

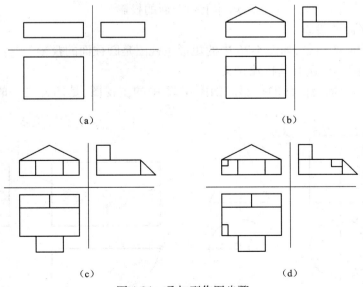

(a)　　　　　　　　　　　　　　(b)

(c)　　　　　　　　　　　　　　(d)

图 4-24　叠加型作图步骤

4.5.3　组合体投影图的识读

4.5.3.1　读图应具备的基本知识

（1）熟记基本体的投影图特征，利用"三等"关系进行形体分析。

（2）利用方位关系找出组合体中各基本体之间的相对位置。

（3）熟练地掌握各种位置直线、平面的投影特性及截交线、相贯线的投影特点。

（4）对复杂的组合体充分利用线、面分析法进行读图。

1.图线的意义

视图中的每一条图线总是下面三种情况之一。

（1）表示两个面的交线。如图 4-25 中的 ab 直线。

（2）表示一个面的积聚投影。如图 4-25（a）、（b）中的 p', q'。

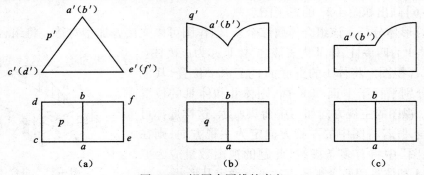

图 4-25　视图中图线的意义

（a）两平面的交线;（b）两曲面的交线;（c）一平面和一曲面的交线

（3）表示曲面转向轮廓线。如图 4-26 中,主视图的 $a'b'$ 表示圆柱面转向轮廓线的投影,$s'a'$ 是圆锥面转向轮廓线的投影。

2.线框（封闭图形）的意义

（1）视图上一个线框,一般表示形体上一个面的投影。

①可能是平面的投影。

②可能是曲面的投影,如图 4-26 中的矩形主视图是圆柱面的投影。

（2）视图上的线框还有其特殊含义。

① 是相切的平面与曲面的投影。如图 4-27 中的主视图,是四分之一的圆柱面与正平面相切的投影。

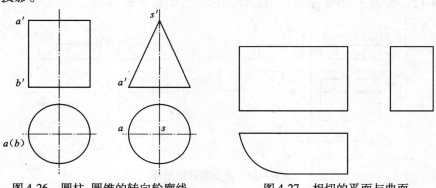

图 4-26　圆柱、圆锥的转向轮廓线　　　图 4-27　相切的平面与曲面

② 是相交两平面的重影。如图 4-28 中的主视图,是三棱柱中相交的两个面▱ $CDFE$ 和▱ $CDBA$ 的重影。

③ 是平行两平面的重影。如图 4-28 中的左视图,是三棱柱中两个端面△ AEC 和△ BFD 的重影。由于左视图的三个边又是三棱柱中三个棱面的积聚投影,特称这类线框为"体线框",它最能体现形体的形状特征。

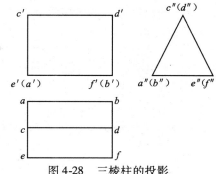

图 4-28　三棱柱的投影

(3)相邻两线框表示两个面。这两个面的空间情况有多种,可能是相交二平面的投影,也可能是前后、左右、上下二平面的投影,到底属于哪一种,则要根据另一视图来共同判断。

4.5.3.2　读图方法和步骤

1. 读图方法

识读组合体的投影图时,一般以形体分析法为主,线面分析法为辅;对复杂的组合体,可以两种方法综合使用,利用线面分析法解难点。

(1)形体分析法是以基本体的投影特征为基础的。首先根据视图的线框对投影关系,将组合体分解成若干基本体,并想出它们的形状,再根据方位关系确定它们的相对位置,最后联想出组合体的形状。

(2)线面分析法是以线和面的投影特点为基础的。根据视图中的线和线框对投影关系,明确它们的空间形状和位置,综合想象出组合体的形状。

2. 读图步骤

(1)初读视图。了解该组合体是平面体或是曲面体,是否有对称性,是否有斜面,属于何种类型的组合体等。

(2)进行分析。根据初步读图的判断,进行形体分析或线面分析。

(3)联想整体。如用形体分析法,则将分析得出的各单个基本体,根据其方位关系组合成整体。如用线面分析法,则将分析得出的各个面的空间形状和位置,综合想象出整体。

(4)对照验证。在初学时,可将联想出的组合体画成立体图,并与原三视图进行对照,检查是否相符。如果相符,则说明读图正确。

【例 4-7】　根据三视图,想象出组合体的形状。如图 4-29 所示。

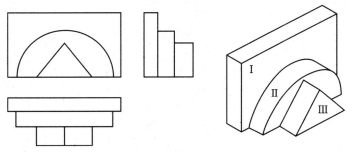

图 4-29　读组合体三视图

解:(1)初读视图。从主、俯视图知,该组合体左右对称,由明显的三部分叠加而成,故可用形体分析法进行读图。

(2)形体分析。利用"三等"关系,从主视图着手对线框,不难看出大矩形对出的是长方体,半圆对出的是半圆柱体,三角形对出的是三棱柱体。

(3)联想整体。根据三部分的前后、左右关系,边画立体草图边叠加,从而想象出整体。

(4)对照验证。将想象画出的空间草图再回到平面上去验证。与原三视图进行对照,若检查无误,则说明读图正确。

本 章 总 结

1.绘制形体的投影图应遵循相应步骤。"长对正、高平齐、宽相等"是形体三面投影的规律,无论是整个物体还是物体的局部投影都应符合这条规律。

2.任何建筑物都由基本体组成,根据围成基本体表面的情况不同,基本体分为平面体和曲面体两种。平面体有棱柱、棱锥和棱台;曲面体有圆柱、圆锥、圆台和球体。平面体和曲面体的投影都有相应的绘制步骤和规律。

3.平面体表面上的点和直线的投影作图方法一般有从属性法、积聚性法和辅助线法三种。在曲面体表面上取点、取线的投影作图可利用曲面体的投影特性,一般有积聚性法、素线法、纬圆法、辅助圆法。

4.组合体是由基本体按一定的方式组合形成,按组合方式的不同分别有叠加型、切割型和综合型。作组合体投影图时,首先应进行形体分析,分析其组合方式,根据组合方式的不同,采用不同的画图方法和步骤。在画图之前应确定:

(1)组合体的摆放位置;

(2)投影图的数量;

(3)画图比例和图纸幅面。

5.组合体投影图的识读是形体投影的重要内容。根据点、线、面的投影原理,投影规律,各种基本体的投影特点,组合体投影图的画法,采用形体分析法和线面分析法识读组合体的投影图。

习 题

根据组合形体立体图画出三面投影图(尺寸大小按照立体图量取)。

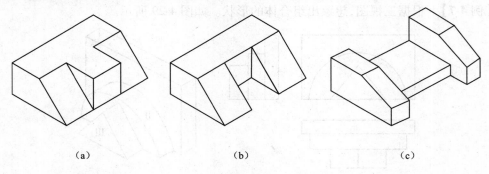

(a)   (b)   (c)

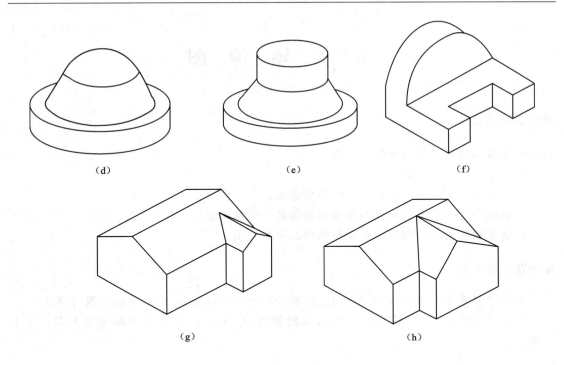

（d）　　　　　　　　　　（e）　　　　　　　　　　（f）

（g）　　　　　　　　　　　　　　　（h）

第5章 轴 测 图

学习目标要求

1. 了解轴测图的作用和形成方法；
2. 了解轴测图的分类；
3. 掌握轴向伸缩系数和轴间角的几何意义；
4. 能熟练地根据实物或投影图绘制物体的正等轴测图；
5. 能根据实物或投影图绘制物体的斜二等轴测图。

学习重点与难点

本章学习重点：1. 轴测投影的特性；2. 正等轴测图的特点；3. 斜二等轴测图的特点。

本章学习难点：学会根据组合体的正投影图，绘制平面立体正等轴测图及斜二等轴测图。

5.1 轴测图基本知识

正投影图度量性好，一般在实际工程中用来准确表达形体的形状与大小，并作为施工的依据，但它缺乏立体感，且不易读懂形体的空间形状。轴测图弥补了正投影的不足，常用作实际工程中的辅助图样和用于表达设计意图等。如图 5-1 所示为正投影图与轴测投影的比较。

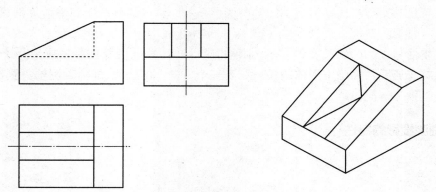

图 5-1 正投影图与轴测投影比较

5.1.1 轴测投影的形成

如图 5-2(a)所示，将形体连同确定它的空间位置的直角坐标轴（OX、OY、OZ）一起，沿着不平行于这三条坐标轴和由这三条坐标轴组成的任意坐标面的方向（S_1 或 S_2）投影到新的投影面(P 面或 R 面)上所得的投影,称为轴测投影。

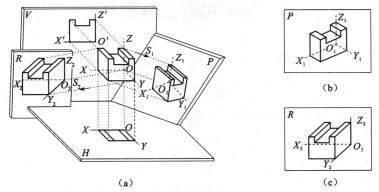

图 5-2　轴测图的形成
(a)轴测投影图形成;(b)正轴测投影图;(c)斜轴测投影图

5.1.2　轴测投影的分类

当投影方向垂直于轴测投影面时,所得的新投影称为正轴测投影,如图 5-2(b)所示。

当投影方向不垂直于轴测投影面时,所得的新投影称为斜轴测投影,如图 5-2(c)所示。

5.1.3　轴测投影的基本概念

在轴测投影中,新投影面称为轴测投影面。

三条直角坐标轴 OX、OY、OZ 的轴测投影 O_1X_1、O_1Y_1、O_1Z_1 称为轴测投影轴,简称轴测轴。在画轴测投影图时,通常把轴测轴 O_1Z_1 放置为铅直方向。

两相邻轴测轴之间的夹角 $\angle X_1O_1Z_1$、$\angle X_1O_1Y_1$、$\angle Y_1O_1Z_1$ 称为轴间角。轴测轴上某线段的长度与它的实长之比称为该轴的轴向变形系数。轴向变形系数和轴间角是轴测投影中的两个基本要素。在画轴测投影之前,必须首先确定这两个要素,才能确定平行于三个坐标轴的线段在轴测投影中的长度和方向。画轴测投影时,只能沿着轴测轴或平行于轴测轴的方向用轴向变形系数来确定形体的长、宽、高三个方向上的线段,即沿轴测轴去测量长度,所以这种投影称为轴测投影。

5.1.4　轴测投影的特性

轴测投影是根据平行投影原理作出的一种立体图,因此它必定具有平行投影的一切特性。

1.平行性

空间相互平行的两条直线,它们的轴测投影仍然相互平行。形体上平行于三个坐标轴的线段,其轴测投影都分别平行于相应的轴测轴。

2.定比性

空间相互平行的两线段长度之比,等于它们的轴测投影长之比。形体上平行于坐标轴的线段的轴测投影与其实长之比,等于该轴的轴向变形系数。

5.2 正等轴测(正等测)投影

5.2.1 轴间角和轴向变形系数

如图 5-3 所示为正等轴测投影。其轴间角均为120°，三个轴测轴 O_1X_1、O_1Y_1、O_1Z_1 上的轴向变形系数均为0.82，为使作图简便，常简化为1，这样画出的正等测图各轴向尺寸比实际情况大1.22倍。

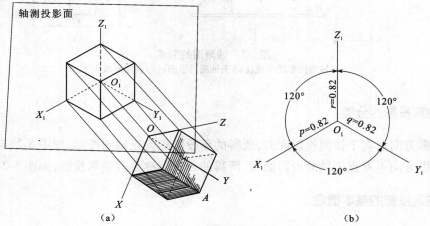

图5-3　正等轴测图投影
(a)正等轴测投影的形成；(b)轴间角和轴向伸缩系数

5.2.2 平面体的正等测图画法

正等测图最基本的画法是坐标法，即根据形体的坐标值确定平面体上各特征点的轴测投影并依次连线，得到形体的轴测图的方法。

【例5-1】　根据图5-4(a)所示正投影图，画四棱台的正等测图。

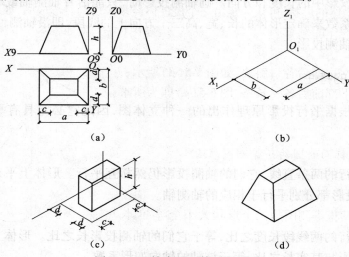

图5-4　四棱台的正等测图画法

作图步骤：

（1）如图 5-4（a）所示，在正投影图上定出原点和坐标轴的位置；

（2）如图 5-4（b）所示，画轴测轴，在 O_1X_1 和 O_1Y_1 上分别量取 a 和 b，画出四棱台底面轴测图；

（3）如图 5-4（c）所示，在底面上用坐标法根据尺寸 c、d 和 h 作棱台各角点的轴测图；

（4）如图 5-4（d）所示，依次连接各点，擦去多余的线并加粗，即得四棱台的正等测图。

【例 5-2】　画如图 5-5 所示形体的正等测图。

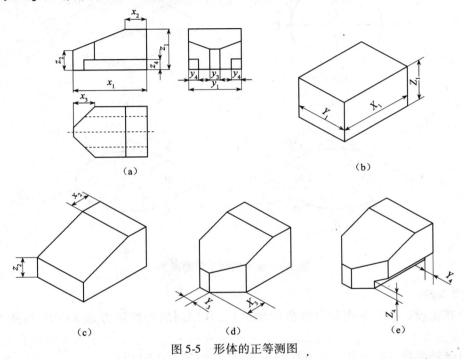

图 5-5　形体的正等测图

作图步骤：

（1）分析该物体的形状，可认为是由一个棱柱体经多次切割后形成的，如图 5-5（a）所示；

（2）先根据物体的总长 X_1、总宽 Y_1、总高 Z_1 作一长方体，如图 5-5（b）所示；

（3）切去长方体的左上角，如图 5-5（c）所示；

（4）再切去左边前后各一斜块，如图 5-5（d）所示；

（5）再切去下部前后各一长条，图 5-5（e）即为所求。

5.2.3　圆及曲面体的正等测图画法

1. 平行于坐标面的圆的正等测图画法

由于空间各坐标面均倾斜于轴测投影面，所以与各坐标面平行的圆的正等测图均为椭圆。当三个坐标面上的圆的直径相等时，其正等测图是三个形状大小全等，但长短轴方向不同的椭圆，如图 5-6 所示。

画圆的正等测图，常用四段圆弧近似画出椭圆的方法，

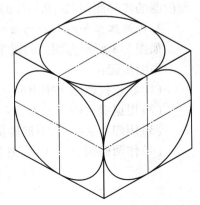

图 5-6　圆的正等测图

即四心法。

作图时,先画出圆外切正方形和圆直径的正等测图得一个菱形和四个切点。四段圆弧的圆心为:菱形短对角线的顶点是两个大圆弧的圆心,小圆弧的圆心在长对角线上,即过各切点作各边垂线所得的交点。

如图 5-7 所示为水平圆的正等测图的作图方法与结果。

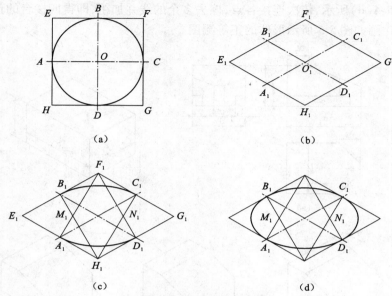

图 5-7　水平圆的正等测画法

作图步骤:

(1)在正投影图上定出原点和坐标轴位置,并作圆的外切正方形 EFGH,如图 5-7(a)所示;

(2)画轴测轴及圆的外切正方形的正等测图,如图 5-7(b)所示;

(3)连接 F_1A_1、F_1D_1、H_1B_1、H_1C_1,分别交于 M_1、N_1,以 F_1 和 H_1 为圆心,F_1A_1 或 H_1C_1 为半径作大圆弧 B_1C_1 和 A_1D_1,如图 5-7(c)所示;

(4)以 M_1 和 N_1 为圆心,M_1A_1 或 N_1C_1 为半径作小圆弧 A_1B_1 和 C_1D_1,即得平行于水平面的圆的正等测图,如图 5-7(d)所示。

2. 曲面体正等测图的画法

如图 5-8 所示为圆柱的正等测图的画法。

作图步骤:

(1)在正投影图上定出原点和坐标轴位置,如图 5-8(a)所示;

(2)根据圆柱的直径 D 和高 H,作上、下底圆外切正方形的轴测图,如图 5-8(b)所示;

(3)用四心法画上、下底圆的轴测图,如图 5-8(c)所示;

(4)作两椭圆公切线,擦去多余线条并描深,即得圆柱体的正等测图,如图 5-8(d)所示。

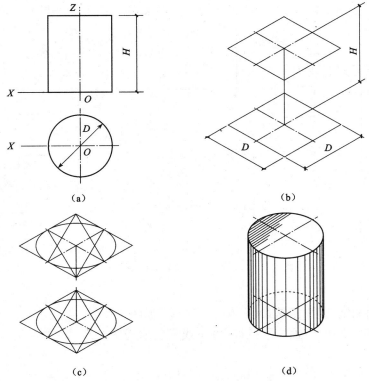

（a）　　　　　　　　　　　　　（b）

（c）　　　　　　　　　　　　　（d）

图 5-8　圆柱的正等测画法

5.3　斜轴测投影

当轴测投影面与正立面平行或重合时,投影线与轴测轴倾斜成一定角度时,所得的斜轴测称为正面斜轴测投影,简称斜轴测图。

图 5-9 所示斜二轴测图(简称斜二测)的形成及轴测轴和变形系数。

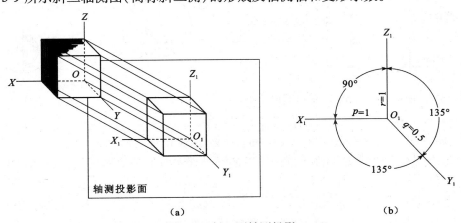

（a）　　　　　　　　　　　　　（b）

图 5-9　斜二测轴测投影

（a）斜二测轴测投影的形成;（b）斜二测轴测投影的轴间角和轴向伸缩系数

【**例5-3**】 如图5-10(a)所示为台阶的正面和水平投影图,作出其斜二等轴测图。

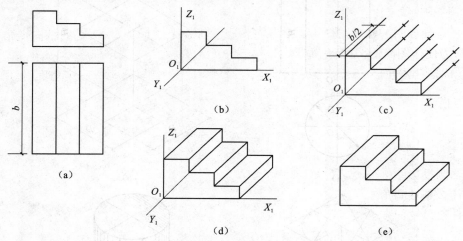

图5-10 台阶的斜二等轴测投影图的画法

作图步骤:

(1)建立轴测轴,画出图5-10(a)中 V 面投影,如图5-10(b)所示;

(2)沿各点分别作 Y_1 轴的平行线,每条线长度取为图5-10(a)中水平投影宽度 b 的一半并标记,如图5-10(c)所示;

(3)连接各标记点,将多余线擦除,如图5-10(d)所示;

(4)将图线整理加粗,即为台阶的斜二等轴测图,如图5-10(e)所示。

【**例5-4**】 作带孔圆台的斜二测图,如图5-11所示。

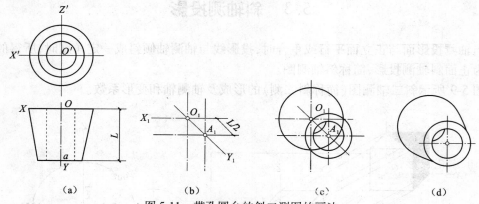

图5-11 带孔圆台的斜二测图的画法
(a)在正投影图中定出原点和坐标轴的位置;(b)画轴测轴,在 O_1Y_1 轴上取 $O_1A_1 = L/2$;
(c)分别以 O_1、A_1 为圆心,相应半径的实长为半径画两底圆及圆孔;
(d)作两底圆公切线,擦去多余线条并加深,即得带通孔圆台的斜二测图

本 章 总 结

1.正投影图度量性好,一般在实际工程中用来准确表达形体的形状与大小,并作为施工的依据,但它缺乏立体感,且不易读懂形体的空间形状。轴测图弥补了正投影的不足,常用作实际工程中的辅助图样和用于表达设计意图等。

2. 轴测投影是根据平行投影原理作出的一种立体图,因此它必定具有平行投影的一切特性,如平行性和定比性。

3. 正等轴测图的轴间角均为 120°,三个轴测轴 O_1X_1、O_1Y_1、O_1Z_1 上的轴向变形系数均为 0.82,为使作图简便,常简化为 1。

4. 当轴测投影面与正立面平行或重合时,投影线与轴测轴倾斜成一定角度时,所得的轴测投影称为斜轴测投影,简称斜轴测图,其中斜二测是常见的斜轴测图。

思　考　题

1. 轴测投影的形成及其特性?

2. 轴测投影图的分类?

3. 什么是轴间角?

4. 什么是轴向变形系数,正等测的简化轴向变形系数是多少?

5. 简述绘制轴测投影图的基本步骤。

习　　题

1. 根据正投影,作正等测图。

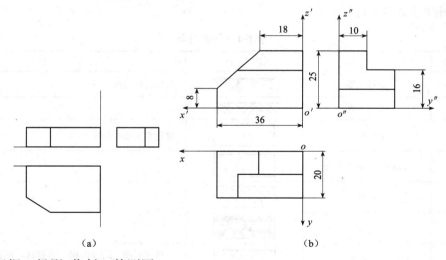

（a）　　　　　　　　　　　　（b）

2. 根据正投影,作斜二等测图。

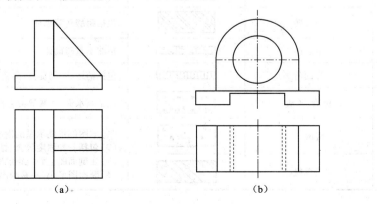

（a）　　　　　　　　　　　　（b）

第6章 剖面图与断面图

学习目标要求

1. 了解剖面图和断面图的形成原理；
2. 掌握剖面图和断面图的种类和画法；
3. 掌握剖面图和断面图的图示区别及识读方法。

学习重点与难点

本章学习重点：1.剖面图、断面图的标注方法；2.剖面图、断面图的表示方法。

本章学习难点：1.剖面图与断面图的区别；2.图形简化画法。

6.1 剖 面 图

图例符号见表6-1。

表6-1 图例符号

序 号	名 称	图 例	备 注
1	自然土壤		包括各种自然土壤
2	夯实土壤		
3	砂、灰土		靠近轮廓线绘较密的点
4	砂砾石、碎砖三合土		
5	石材	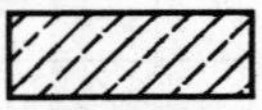	
6	毛石		
7	普通砖	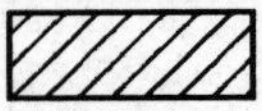	包括实心砖、多孔砖、砌块等砌体。断面较窄不易绘出图例线时，可涂红
8	耐火砖		包括耐酸砖等砌体
9	空心砖		指非承重砖砌体
10	饰面砖		包括铺地砖、马赛克、陶瓷锦砖、人造大理石等
11	焦渣、矿渣	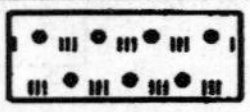	包括与水泥、石灰等混合而成的材料
12	混凝土		（1）本图例指能承重的混凝土及钢筋混凝土 （2）包括各种强度等级、骨料、添加剂的混凝土 （3）在剖面图上画出钢筋时，不画图例线
13	钢筋混凝土		（4）断面图形小，不易画出图例线时，可涂黑

66

续表

序　号	名　称	图　例	备　注
14	多孔材料		包括水泥珍珠岩、沥青珍珠岩、泡沫混凝土、非承重加气混凝土、软木、蛭石制品等
15	纤维材料		包括矿棉、岩棉、玻璃棉、麻丝、木丝板、纤维板等
16	泡沫塑料材料	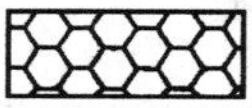	包括聚苯乙烯、聚乙烯、聚氨酯等多孔聚合物类材料
17	木材	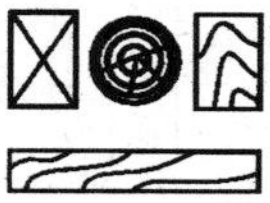	(1)上图为横断面,上左图为垫木、木砖或木龙骨; (2)下图为纵断面
18	胶合板		应注明为×层胶合板
19	石膏板	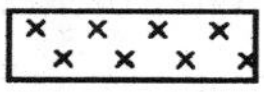	包括圆孔、方孔石膏板、防水石膏板等
20	金属	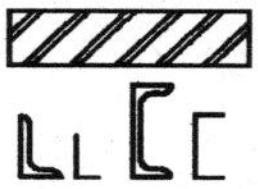	(1)包括各种金属 (2)图形小时,可涂黑
21	网状材料		(1)包括金属、塑料网状材料 (2)应注明具体材料名称
22	液体	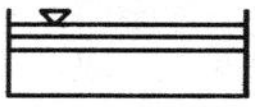	应注明具体液体名称
23	玻璃		包括平板玻璃、磨砂玻璃、夹丝玻璃、钢化玻璃、中空玻璃、加层玻璃、镀膜玻璃等
24	橡胶		
25	塑料		包括各种软、硬塑料及有机玻璃等
26	防水材料		构造层次多或比例大时,采用上面图例
27	粉刷	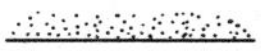	本图例采用较稀的点

　　投影图中不可见的部分用虚线画出。对于结构复杂的形体,不仅要表达其外形,还要表达其内部结构。若用虚线表示形体的内部结构,在投影图上就会出现很多虚线,造成图面虚、实线纵横交错,混淆不清,难以标注尺寸和阅读。

　　作图时可以采用剖面图和断面图解决这个问题,即假设将形体剖切开来,再对剖切以后的形体进行正投影,作为对表面正投影的必要补充。

6.1.1　剖面图的形成

　　如图 6-1 所示,假想用一个剖切平面将形体剖开,然后移走视图与剖切平面之间的部分,作出剩余部分形体的正投影图,即为剖面图。

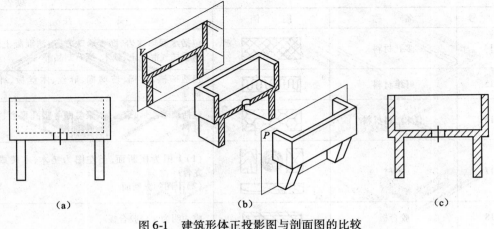

图 6-1　建筑形体正投影图与剖面图的比较

（a）正投影图；（b）剖面图的形成；（c）剖面图

6.1.2　剖面图的标注

1. 剖切位置

作剖面图时，一般使剖切面平行于基本投影面，则剖切面在它所垂直的投影面上的投影积聚为一条直线，这条直线表示剖切的位置，称为剖切位置直线，简称剖切线。在投影图中用断开的两段短粗实线表示，长度为 6 ~ 10mm。

2. 剖视方向

为了表明剖切后余下部分形体的投影方向，在剖切线的外侧各画一段与之垂直的短粗实线表示投影方向，长度为 4 ~ 6mm。

3. 剖切编号

用阿拉伯数字对剖切线从左至右、由下至上连续编号，注写在表示投影方向的短线一侧，在所得剖面图的下方，写上"1—1 剖面图"字样，并在图名下方画一条等长的粗实线。若剖切线必须转折，如阶梯剖，则应在转折处外侧加注剖切编号。

对习惯使用的和通过构件对称平面的剖切符号，可不作标注。

6.1.3　剖面图的种类

1. 全剖面图

假设用一个剖切平面将形体全部剖开，然后画出它的剖面图，称为全剖面图，如图 6-2 所示。

2. 半剖面图

当形体的形状左右对称或前后对称，而外形又比较复杂时，可将其投影的一半画成表示形体外部形状的正投影图，另一半画成表示内部结构的剖面图，中间用点画线分界，称为半剖面图。

当对称中心线为竖直时，将外形正投影图画在中心线左方，剖面图画在中心线右方；当对称中心线为水平时，将外形正投影图画在中心线上方，剖面图画在中心线下方，如图 6-3 所示。

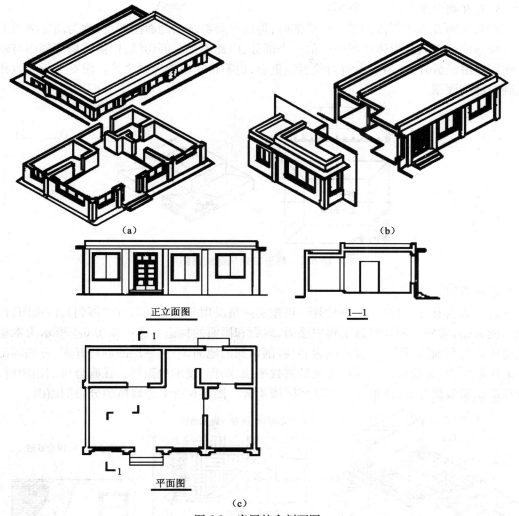

（a）　　　　　　　　　　　　　　　　（b）

正立面图　　　　　　　　　　1—1

平面图

（c）

图 6-2　房屋的全剖面图

（a）水平剖切示意图；（b）阶梯剖切示意图；（c）房屋的平面图、立面图、剖面图

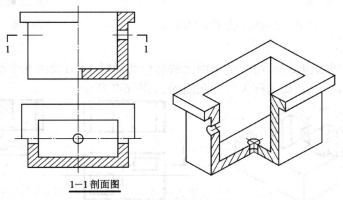

1—1 剖面图

图 6-3　形体的半剖面图

3.局部剖面图

当只需剖开表达形体的某一个局部时,将这一局部画成剖面图即可,称为局部剖面图。

局部剖面图只是形体投影图中的一个部分,因此不标注剖切线,但需将局部剖面与外形之间用波浪线分开,波浪线不得与轮廓线重合,也不得超出轮廓线之外。图 6-4 所示为杯形基础局部剖面图。

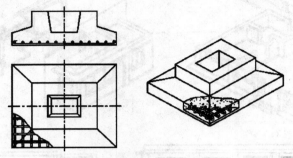

图 6-4　杯形基础局部剖面图

4.分层剖面图

对一些具有分层构造的工程形体,可按实际情况用分层剖开的方法得到其剖面图,称为分层剖面图,常用来表达建筑工程中楼面、地面和屋面的构造层次。如图 6-5 所示为木地面分层构造的剖面图,图中以波浪线为界,将剖切到的地面,一层一层的剥离开来,分别画出地面的构造层次:花篮梁、空心板、水泥砂浆找平层、沥青、硬木地面等。在画分层剖面图时,应按层次以波浪线分界,波浪线不与任何图线重合。图 6-6 所示为墙体的分层剖面图。

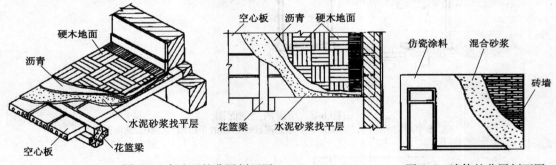

图 6-5　木地面的分层剖面图　　　　图 6-6　墙体的分层剖面图

5.阶梯剖面图

当形体的内部结构复杂,用一个平面无法都剖切到时,可假设用几个相互平行的剖切平面来剖切形体,这样的剖面图称为阶梯剖面图,如图 6-7 所示。

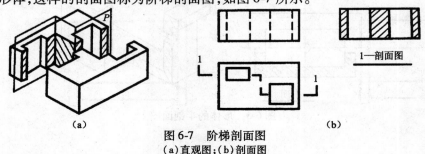

(a)　　　　　　　　　　　　　　　　　(b)

图 6-7　阶梯剖面图
(a)直观图;(b)剖面图

70

6. 展开剖面图

用两个或两个以上相交的剖切平面剖切形体得到的剖面图称为展开剖面图。

图6-8所示为楼梯的展开剖面图。

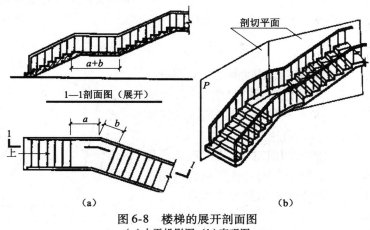

图6-8 楼梯的展开剖面图
(a)水平投影图；(b)直观图

6.2 断 面 图

6.2.1 断面图的形成

假设用一个剖切平面将形体切开来，仅画出形体截断面的投影，这种图形称为断面图。如图6-9所示。

6.2.2 断面图与剖面图的区别

断面图与剖面图的区别主要有：

1. 表达的内容不同

断面图只画出形体被剖切后剖切平面与形体接触的那部分，即截断面的图形如图6-10(a)所示，而剖面图是画出被剖切后剩余部分的图形，它是形体的投影图，如图6-10(b)所示。

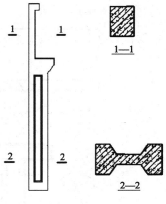

图6-9 断面图

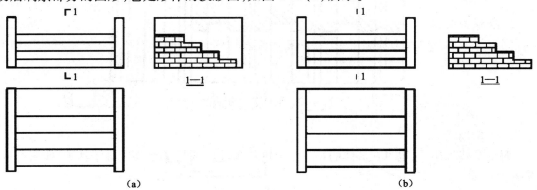

图6-10 台阶的剖面图与断面图比较
(a)台阶剖面图；(b)台阶断面图

71

2. 标注不同

断面图的剖切符号只画出剖切位置线，即长度为 6～10mm 的粗实线，不画剖视方向线，编号写在投影方向一侧。

6.2.3 断面图的种类

1. 移出断面

将形体的某一部分剖切后形成的断面图移出画于视图一侧的断面图称为移出断面图，如图 6-11 所示。断面图的位置应靠近相应的视图，并可以适当的比例放大以利于尺寸标注和表达清楚。

如图 6-11 所示，当移出断面对称，其位置又紧靠原视图而无其他视图，即断面图的对称轴线为剖切平面迹线的延长线时，也可省略剖切符号和编号。

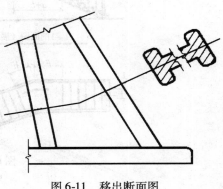

图 6-11　移出断面图

2. 重合断面

将断面旋转 90°并直接画于视图中的断面图称为重合断面图，如图 6-12 所示。

重合断面图的比例应与原视图一致。断面轮廓线可能是闭合的，如图 6-12 所示；也可能是不闭合的，此时应在断面轮廓线的内侧加画图例符号，如图 6-13 所示。

图 6-12　重合断面图

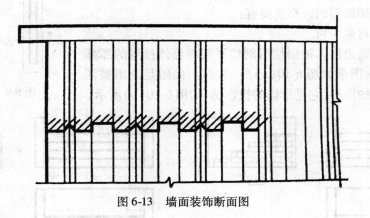

图 6-13　墙面装饰断面图

3. 中断断面

对于某些长构件，也可在形体的某一处用折断线断开，然后将断面图画于其中，如图 6-14、图 6-15 所示。

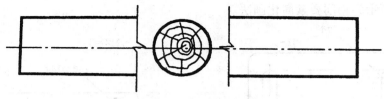

图 6-14　中断断面图的画法

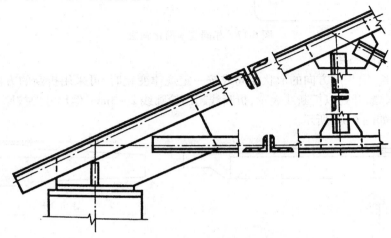

图 6-15　中断断面在钢屋架施工图中的应用

6.3　简化画法

1. 对称图形的简化画法

对称形体的投影图,应在对称中心线的两端画上对称符号,余下的一半图形可省略不画,但尺寸要按全尺寸标注。尺寸线的一端画起始符号,另一端超出对称线,尺寸数字的位置要与对称符号对齐。如图 6-16(a)、(b)所示为对称形体只画一半或四分之一。

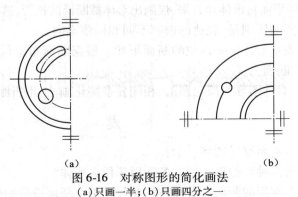

（a）　　　　　　　　　　　　　　　　（b）

图 6-16　对称图形的简化画法
(a)只画一半;(b)只画四分之一

2. 相同要素简化画法

当形体上有多个形状相同且连续排列的结构要素时,可只在两端或适当位置画少数几个要素的完整形状,其余的用中心线或中心交叉点来表示,以确定其位置。

73

图 6-17 所示为相同要素简化画法。

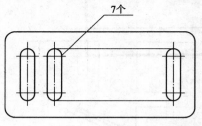
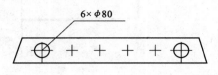

图 6-17　相同要素简化画法

3. 用折断省略画法

当形体较长、沿长度方向的形状相同或按一定规律变化时,可采用折断的方法,将折断的部分省略不画。断开处以折断线表示,折断线超出轮廓线 2～3mm,但尺寸要按原长度标注。

折断画法如图 6-18 所示。

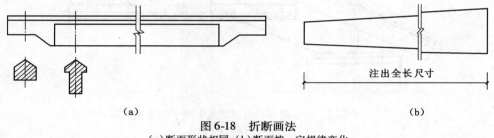

　　　　　　（a）　　　　　　　　　　　　　　　　　　　　　　（b）

图 6-18　折断画法
（a）断面形状相同；（b）断面按一定规律变化

本 章 总 结

1. 假想用一个剖切平面将形体剖开,然后移走视图与剖切平面之间的部分,作出剩余部分形体的正投影图,即为剖面图。

2. 由于剖切方法不同可以获得不同的剖面图。常用的剖面图有:全剖面图、半剖面图、局部剖面图、分层剖面图、阶梯剖面图和展开剖面图六种。

3. 假设用一个剖切平面将形体切开来,仅画出形体截断面的投影,这种图形称为断面图。

4. 断面图与剖面图的区别是:表达的内容不同和标注不同。

5. 断面图常用于表示形体某一部位的断面形状。根据断面布置位置不同,可分为移出断面、重合断面和中断断面三种。

6. 简化画法包括:对称图形的简化画法、相同要素简化画法、用折断省略画法。

思 考 题

1. 什么是剖面图？剖面符号如何表示？

2. 常用的剖面图有几种？如何区别？各适用于什么形体？

3. 什么是断面图？常用的断面图有几种？如何区别？断面符号如何表示？

4. 剖面图和断面图是什么关系？如何区别？

5. 画全剖面图、半剖面图、阶梯剖面图和局部剖面图应注意哪些问题？

习　　题

1. 画出下图的 1—1、2—2 剖面图。

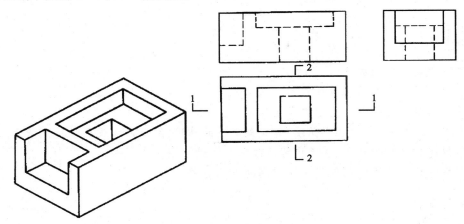

2. 画出下图剖面图,剖切位置自定,并标记剖切符号。

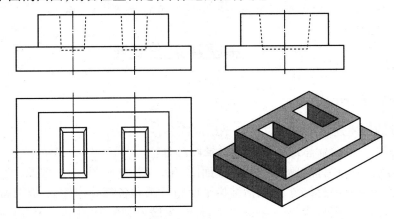

3. 作出钢筋混凝土梁的 1—1 和 2—2 断面图。

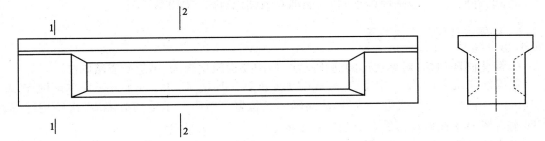

第 7 章　建筑工程图识读

学习目标要求

1. 了解建筑图的组成。
2. 掌握施工图首页的构成及作用。
3. 掌握建筑总平面图的图示内容及作用。
4. 掌握建筑平面图、建筑立面图、建筑剖面图的作用、图示内容及画法与识读方法。
5. 掌握建筑详图的作用、图示内容及画法与识读方法。
6. 掌握结构施工图中构件代号和钢筋的表示方法。

学习重点与难点

本章学习重点:1. 建筑图的有关规定;2. 建筑施工图的识读。

本章学习难点:建筑施工图的识读和结构施工图的识读。

7.1　房屋建筑图概述

7.1.1　房屋建筑图的组成

一套完整的房屋建筑图应有以下几个组成部分:

(1)首页图:包括设计总说明和图纸目录两部分。

(2)建筑施工图(简称建施):包括总平面图、平面图、立面图、剖面图及构造详图。

(3)结构施工图(简称结施):包括结构平面布置图和各部分构件的结构详图。

(4)设备施工图(简称设施):包括给水排水、采暖、通风、建筑电气等的平面布置图、系统图和详图。

(5)装饰施工图:包括装饰平面图、装饰立面图、装饰详图和家具图。

7.1.2　房屋建筑图的有关规定

1. 定位轴线

定位轴线是设计、施工中定位、放线的重要依据。凡是承重墙、柱子等主要承重构件,都应画出定位轴线并对轴线进行编号,从而确定其位置。对于非承重的分隔墙、次要构件等,有时用附加轴线表示其位置。

定位轴线用细单点长画线绘制,轴线末端画直径 8～10mm 的细实线圆,圆内注写轴线编号。

平面图上的定位轴线编号,应标注在图的下方与左侧。横向编号用阿拉伯数字,按从左至右的顺序编写;纵向编号用大写拉丁字母按从下至上的顺序编写,但其中字母 I,Z,O 不得用作轴线编号,以免与阿拉伯数字 1,2,0 混淆。如图 7-1 所示为定位轴线及编号方法。

B
A
1
2
3
4
5

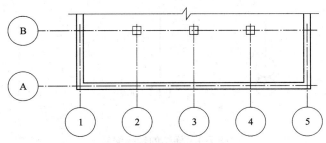

图 7-1　定位轴线及编号方法

较复杂的平面图中，定位轴线也可采用分区编号，编号的注写形式为“分区—该分区编号”，分区号用阿拉伯数字或大写拉丁字母表示，如图 7-2 所示。

3-1
3-2
3-3
3-4
3-5
3-6
3-B
3-A
1-D
1-C
1-B
1-A
3
1
2
2-J
2-H
2-G
2-F
2-E
2-D
2-C
2-B
2-A
1-1
1-2
1-3
1-4
1-5
1-6
1-7
2-1
2-2

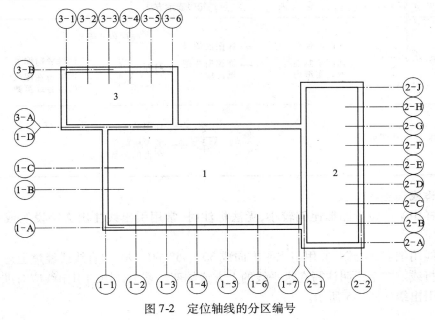

图 7-2　定位轴线的分区编号

两根轴线之间需加附加轴线时，应以分数表示，分母表示前一轴线的编号，分子以阿拉伯数字表示附加轴线的编号，如图 7-3 所示。

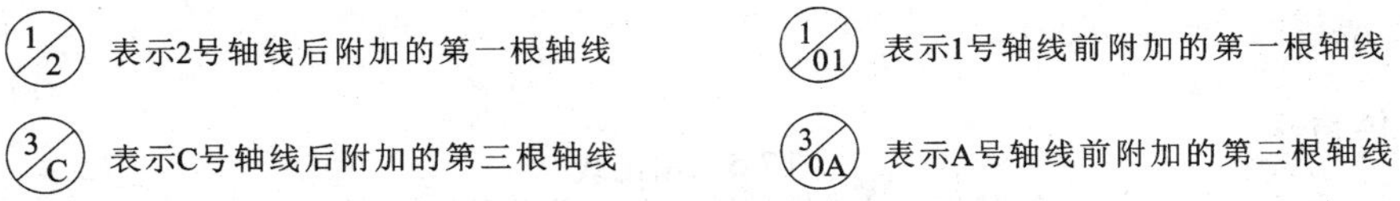

1/2
表示2号轴线后附加的第一根轴线
1/01
表示1号轴线前附加的第一根轴线
3/C
表示C号轴线后附加的第三根轴线
3/0A
表示A号轴线前附加的第三根轴线

图 7-3　附加轴线的标注

详图上的轴线编号，若某详图同时适用多根定位轴线时，应将各有关轴线的编号注明，如图 7-4 所示。

2. *索引符号和详图符号*

施工图中的某一局部或构件无法表达清楚时，通常将这些局部或构件用较大的比例放大画出，称为详图。为便于查找，应用索引符号和详图符号来反映基本图与详图之间的对应关系。

索引符号与详图符号详见表 7-1。

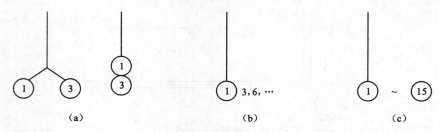

图 7-4　详图的轴线编号
(a)用于 2 根轴线时;(b)用于 3 根或 3 根以上轴线时;(c)用于 3 根以上连续编号的轴线时

表 7-1　索引符号与详图符号

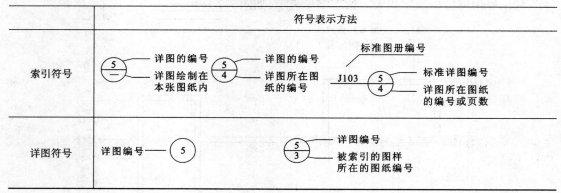

3. 引出线

若图样中某些位置图形比例较小,无法标注时,常用引出线注出文字说明或详图索引符号。

引出线用细实线绘制,并用与水平方向成 30°、45°、60°、90°的直线或经过上述角度再折为水平的折线。文字说明注写在水平线的上方或端部。索引详图的引出线应对准索引符号的圆心。引出线如图 7-5 所示。

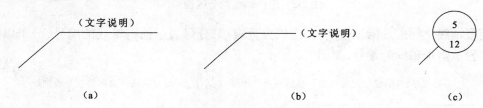

图 7-5　引出线
(a)文字说明写在水平线上方;(b)文字说明写在水平线端部;
(c)索引详图的引出线对准索引符号的圆心

同时引出几个相同部分的引出线应互相平行,也可画成集中于一点的放射线,如图 7-6 所示。

多层构造或多层管道的共用引出线,应通过被引出的各层,文字说明应注写在引出线的上方或端部,说明的顺序应与被说明的层次一致。当构造层次横向排列时,说明的顺序应与从左至右的层次顺序一致。图 7-7 为墙面或地面等部位的多层构造引出线。

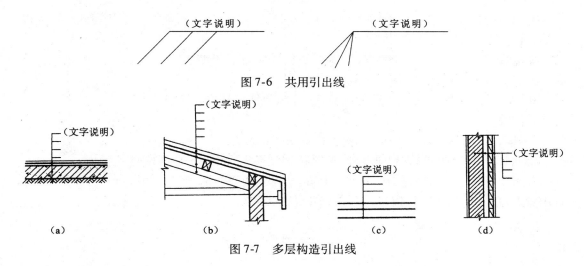

图 7-6　共用引出线

图 7-7　多层构造引出线

4. 标高

标高标注的是房屋各部位高度或地势高度,由标高符号和标高数值组成。

标高按其基准分为绝对标高和相对标高。我国的绝对标高是以青岛附近的黄海平均海平面为零点,其他各地以此为基准。相对标高是以房屋底层室内地面高度为零点,其他各层以此为基准。

标高按其所注的部位又分为建筑标高和结构标高。建筑标高是指标注在建筑物装饰面层处的标高,结构标高是指标注在建筑物结构部位的标高,一般标注在施工图中。

标高符号是用细实线绘制的高度为 3mm 的等腰直角三角形,标高符号的直角尖端指至被注的高度,方向可向上,也可向下,如图 7-8 所示。

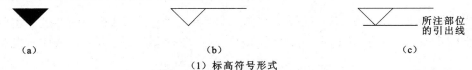

（1）标高符号形式

（a）总平面图上的室外标高符号；　（b）平面图上的楼地面标高符号；　（c）立面图、剖面图各部位的标高符号

（2）具体画法

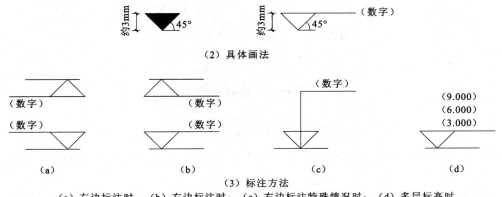

（3）标注方法

（a）左边标注时；　（b）右边标注时；　（c）右边标注特殊情况时；　（d）多层标高时

图 7-8　标高符号

标高数值以米为单位,一般标注到小数点以后三位数,在总平面图中可注写到小数点以后第二位。在数字后面不注写单位。

零点标高应注写成 ±0.000,低于零点的负数标高前应加注"－"号,高于零点的正数标高前不加注"＋"。

在同一个位置表示几个不同的标高时,标高数字可按图 7-8(3)(d) 的形式注写。

5. 指北针

指北针用来指明建筑物的朝向,其形状如图 7-9 所示,圆的直径为 24mm,用细实线绘制,指针的尾部宽为 3mm,头部应标注"北"或"N"字。若用较大直径绘制北针时,指针尾部宽应为直径的 1/8。

图 7-9　指北针

7.2　建筑施工图

7.2.1　首页图和总平面图

1.首页图和总平面图的作用

首页图包括全套图纸的目录、编号、技术经济指标、构配件统计表、门窗表和设计说明等。

总平面图表明拟建房屋所在地一定范围内的总体布局,它反映了原有的和拟建的房屋的平面形状、位置、标高、室外场地、道路、绿化、地形、地貌等,是拟建房屋定位、施工放线、土方施工以及绘制施工总平面图的依据,如图 7-10 所示。

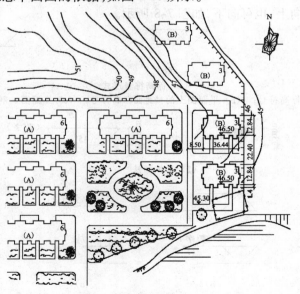

某住宅小区总平面图　　　1:500

图 7-10　总平面图

2. 总平面图的读图步骤

（1）先看图名、图标、图例及有关的文字说明。表 7-2 所列为常用总平面图图例。

表 7-2　常用总平面图图例

名　称	图　例	说　明	名　称	图　例	说　明
新建建筑物	 8	1. 需要时，可用 ▲ 表示出入口，可在图形内右上角用点或数字表示层数 2. 建筑物外形（一般以 ±0.00 高度处的外墙定位轴线或外墙面线为准）用粗实线表示。需要时，地面以上建筑用中粗实线表示，地面以下建筑用细虚线表示	新建的道路	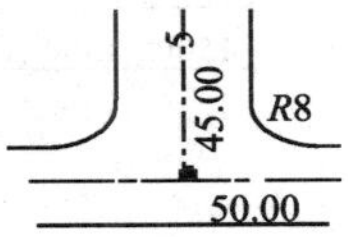 45.00 -5- R8 50.00	"R8"表示道路转弯半径为 8m，"50.00"为路面中心控制点标高，"5"表示 5%，为纵向坡度，"45.00"表示变坡点间距离
原有的建筑物		用细实线表示	原有的道路		
计划扩建的预留地或建筑物		用中粗虚线表示	计划扩建的道路		
拆除的建筑物	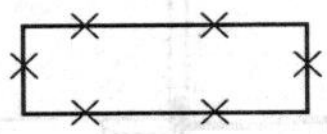	用细实线表示	拆除的道路	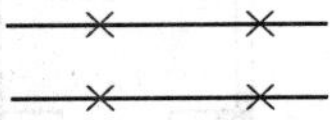	
坐标	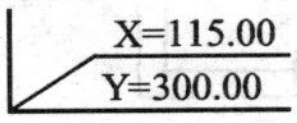 X=115.00 Y=300.00	表示测量坐标	桥梁	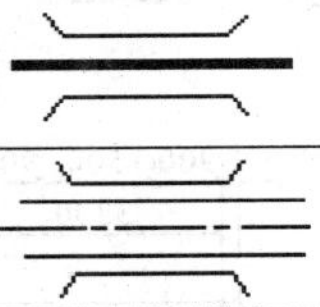	1. 上图表示铁路桥，下图表示公路桥 2. 用于旱桥时应注明
	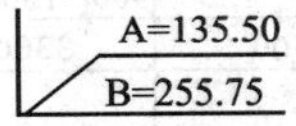 A=135.50 B=255.75	表示建筑坐标			
围墙及大门	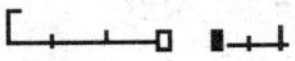	上图表示实体性质的围墙，下图表示通透性质的围墙，如仅表示围墙时不画大门	护坡	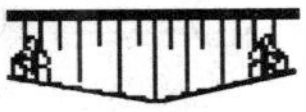	1. 边坡较长时，可在一端或两端局部表示 2. 下边线为虚线时，表示填方
	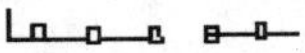		填挖边坡		
台阶		箭头指向表示向下	挡土墙		被挡的土在"凸出"的一侧
铺砌场地	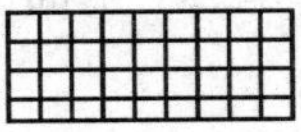		挡土墙上设围墙		

（2）了解工程性质、用地范围、地形地貌和周围环境情况。

（3）了解新建房屋的位置及定位情况。

（4）了解房屋朝向和主要风向。

总平面图上一般画有指北针和风向频率玫瑰图，即风玫瑰图。风玫瑰图是总平面图所在地的全年（图中细实线）和夏季（图中细虚线）风向频率变化图。

（5）了解道路交通情况、管线情况及绿化美化情况等。

（6）了解建筑物周围的给水、排水、供暖和供电的位置、管线布置走向。

7.2.2 建筑平面图

1.建筑平面图的形成和作用

假想用一个水平的剖切面沿房屋窗台以上的部位剖开,移去上部后向下投影所得的水平投影图称为建筑平面图,如图7-11所示。

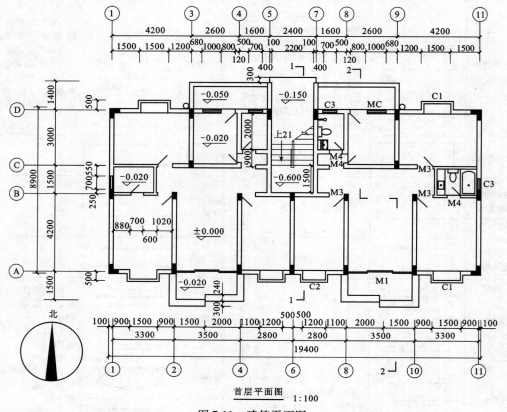

图 7-11　建筑平面图

建筑平面图主要反映房屋的平面形状、大小和房间布置,以及墙或柱的位置、厚度和材料,门窗的位置、大小、开启方向等。可作为施工放线、砌筑墙、柱、安装门窗和室内装修及编制预算的依据。一般应有底层平面图、标准层平面图和顶层平面图等三个平面图。

2.建筑平面图的内容

(1)图名、比例、朝向。

(2)所有定位轴线和编号,以及墙、柱等的位置、尺寸。

(3)房间的平面布置如房间名称、使用面积、楼层标高等;楼梯的位置、上下行走方向和休息平台位置等。

(4)门窗编号及门窗表。建筑平面图中的门窗是按规定的图例表示的。

(5)其他,如阳台、雨篷、台阶、雨水管、卫生间、厨房设备等。

(6)了解各部位尺寸、标高。平面图的外墙一般标注三道尺寸:第一道尺寸为总体尺寸,表明建筑物的总长和总宽;第二道尺寸为定位轴线的间距,表明房屋的开间和进深;第三道尺寸是细部尺寸,表明门窗洞宽和位置等。

(7)有关符号,如剖面图的剖切位置、剖切符号及视图方向;详图和索引符号等。

(8)屋顶平面图,包括屋顶形状、坡度、排水管的布置、挑檐、女儿墙、人孔等。

7.2.3　建筑立面图

1.建筑立面图的形成和作用

用平行于房屋外墙的投影面,用正投影的原理绘制的房屋投影图,称为立面图。如图 7-12 所示为建筑立面图,有定位轴线的建筑物,应根据两端定位轴线号编注立面图名称,无定位轴线的建筑物,可根据各立面的朝向确定名称。

建筑立面图主要用于表达外貌、外墙面装修、立面上的构配件、主要尺寸和各层标高等。

图 7-12　建筑立面图及形成

2.建筑立面图的内容

(1)图名和比例。建筑立面图通常采用与建筑平面图相同的比例。

(2)外墙面装修。建筑立面图中,外墙面的装修常用文字说明。

(3)房屋的层数、总高。

(4)标高尺寸。建筑立面图上应标出外墙上各主要构配件的标高,如室外地坪、台阶、门窗洞、墙面上的引条线、各层屋面、檐口等。一般注在图形外侧,要求符号大小一致,并排列在同一条竖线上。

(5)索引符号。在建筑立面图中,需要时应加索引符号。

7.2.4　建筑剖面图

1.建筑剖面图的形成和作用

假想用一个或多个垂直于外墙的铅垂剖切面将房屋剖开,移开靠近观察者的部分,对余下的部分所作的正投影图称为建筑剖面图,它是整幢建筑物的垂直剖面图。

建筑剖面图主要用于反映建筑物内部的构造形式,分层情况和各部位的联系、高度等,它与平面图、立面图互相配合,采用的比例也与平面图、立面图一致,如图 7-13 所示。

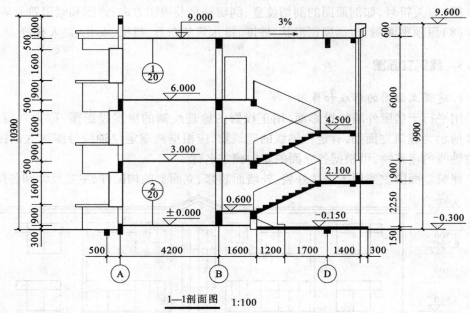

1—1剖面图   1:100

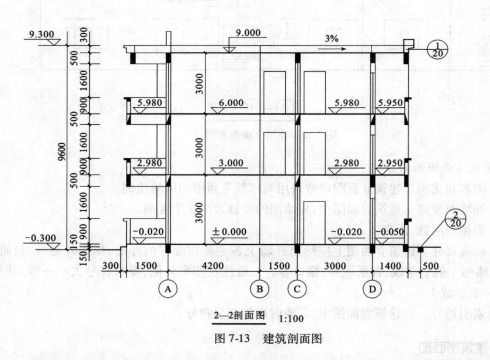

2—2剖面图   1:100

图 7-13　建筑剖面图

剖面图的数量根据房屋的复杂情况及施工实际需要而定,剖切位置一般为横向,即垂直于屋脊线、平行于 W 面方向,必要时也可为纵向(平行于 V 面)。习惯上在剖面图上不画基础,而在基础墙部位用折线断开。

2. 建筑剖面图的内容

（1）图名、比例和定位轴线。剖面图的比例应与平面图、立面图一致。

（2）剖切到的建筑构配件及未剖切到的可见构配件。

（3）房屋的竖向尺寸及标高。建筑剖面图中，必须标注垂直尺寸和标高，如室内外地面、各层楼面、楼梯平台面、檐口或女儿墙顶面、高出屋面的水箱顶面、烟囱顶面、楼梯间顶面等处。外墙的高度尺寸一般也注三道：第一道为室外地面以上的总高尺寸；第二道为层高尺寸；最里面一道为门、窗洞及窗间墙的高度尺寸。另外，还应标注某些局部尺寸。

（4）楼地面、屋顶各层的构造、做法。

剖面图中一般不画材料图例符号，被剖切到的部位的轮廓线用粗实线表示，未剖切到的部位的轮廓线用细实线表示，被剖切断的钢筋混凝土梁、板需要涂黑。

7.2.5 建筑详图

1. 建筑详图概述

建筑详图是细部的施工图，是对平面图等基本图样的重要补充。

建筑详图可分为节点构造详图和构配件详图两类。表达房屋某一局部构造做法和材料的详图称为节点构造详图，如檐口、窗台、勒脚等；表达构配件本身构造的详图称为构件详图或配件详图。主要包括墙身剖面节点详图、楼梯详图、门窗及其他节点详图等。

对于套用标准图或通用图的建筑构配件和节点，只需注明所套用的图集名称、型号或页码，不必另画详图。

节点构造详图除了要在平面、立面、剖面图等基本图样的有关部位注出索引符号外，还应在详图上注出详图符号或名称，以便对照查阅。

建筑详图主要表达了构配件各部分的连接方法及相对的位置关系、各细部的详细尺寸、材料和施工要求等。

2. 外墙剖面节点详图

外墙身详图实际上是建筑剖面图的局部放大图，通常采用 1∶50 的比例绘制。它表达房屋的屋面、楼面、地面和檐口构造、楼板与墙地连接、门窗顶、窗台和勒脚、散水的构造，是施工的重要依据，如图 7-14 所示。

① 详图的符合与详图的索引符合相对应。

② 在详图中，对屋面、楼面和地面的构造，采用多层构造说明方法来表示。

③ 详图的上半部为檐口部分，屋面的承重层为现浇钢筋混凝土板，女儿墙为砖砌，从图样中还可以了解到放水层、隔热层、顶棚的做法。

④ 详图下半部为窗台和勒脚。

⑤ 详图中还应标注有关部位的标高和细部的大小尺寸。

在多层房屋中，若各层构造一样时，可只画底层、顶层或加一个中间层来表示。画图时，一般在窗洞中间处断开，成为几个节点详图的组合。有时也可不画整个墙身的详图，只将各个节点的详图分别绘制，这时各节点的详图按 1，2，3…的顺序依次排列在同一张图纸上。

3. 楼梯详图

楼梯详图主要表示楼梯的类型、结构形式、各部位尺寸及做法等，包括楼梯间平面详图、剖面详图、节点详图三部分。这些图应尽量画在同一张图纸上,平面图在左、剖面图在右,几个楼梯平面图所在层次从下向上或从左向右排列,定位轴线对齐。

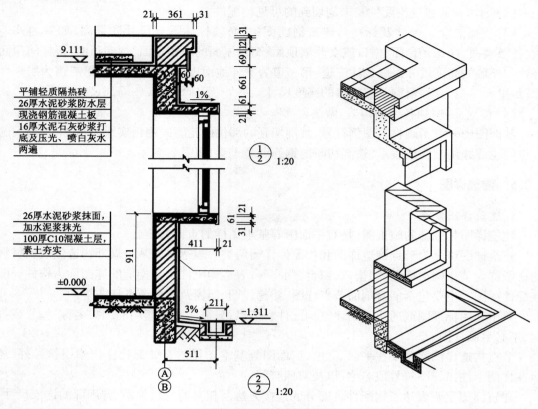

图 7-14　墙身剖面详图

　　对于多层建筑,当中间各层的楼梯位置、梯段数、踏步数大小都相同时,一般只画出底层、中间层和顶层三个平面图,如图 7-15 所示为楼梯间平面图的形成和规定表示法。

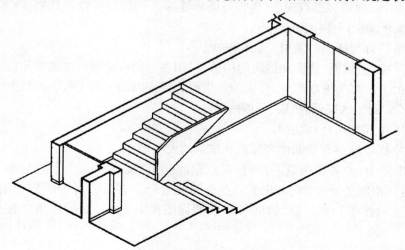

图 7-15　楼梯间平面图的形成和表示法(一)

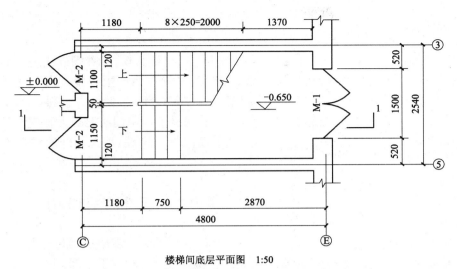

楼梯间底层平面图　1:50

图 7-15　楼梯间平面图的形成和表示法(二)

楼梯平面详图中,应注出楼梯间的开间和进深尺寸、楼地面和平台的标高尺寸及各细部的尺寸。各层平面图中还应标出楼梯间的轴线。在底层平面图中还应注明楼梯剖面图的剖切位置。

楼梯剖面图应能完整地、清楚地表示出各梯段、平台、栏板等的构造和它们的相互关系。若楼梯间的屋面没有特殊之处,一般可不画出。在多层建筑中,若中间各层的楼梯构造相同,则剖面图可只画出底层、中间层和顶层剖面图,中间用折断线分开。剖面图应注明地面、平台、楼面等的标高,以及梯段、栏板的高度尺寸。梯段高度尺寸注法与楼梯平面详图中梯段长度注法相同,在高度尺寸中标注的是梯级数。

7.3　结构施工图

7.3.1　结构施工图的作用和组成

结构施工图是根据建筑要求,经过结构选型、构件布置和力学计算,确定建筑物各承重构件(梁、板、柱、墙、基础等)的断面形状、大小、材料及构造等,并将设计结果画成图样得到的结果,用以指导施工,简称结施。

结构施工图主要表达建筑结构的整体布局和各承重构件的形状、大小、材料、配筋及施工要求等,是构件制作、安装、预算编制指导施工的重要依据。

结构施工图的主要组成有:

(1)结构设计说明书。

(2)结构平面图。包括:基础平面图、楼层结构平面图、屋面结构平面图等。

(3)构件详图。包括:基础详图、钢筋混凝土构件详图、楼梯详图、屋架详图、节点构造详图等。

7.3.2　钢筋混凝土的基本知识

混凝土是用水泥、砂子、石子和水按一定比例配合,浇注入模,经养护硬化后得到的一种人工石材。其特点是抗压强度高,抗拉强度低,质脆,易受拉而产生裂缝。为了提高混凝土的抗拉能力,常在混凝土构件的受拉部位配置一定数量的钢筋,使两种材料粘结成一个整体,共同承受外力,这种配有钢筋的混凝土称为钢筋混凝土。用钢筋混凝土制成的构件称为钢筋混凝土构件。在工地直接浇制的称为现浇钢筋混凝土构件,预先制好的称为预制钢筋混凝土构件。

钢筋按其作用分为以下几种:

(1)受力筋:主要承受构件中的拉力或压力,配置在梁、板、柱等承重构件中。受力筋又分为直筋和弯筋两种。

(2)箍筋:主要用来固定受力筋的位置,并承受一部分剪力,多用于梁和柱内。

(3)架立筋:主要用来固定箍筋的位置,构成钢筋骨架,一般位于上部。

(4)分布筋:用于钢筋混凝土板内,与板的受力筋垂直布置,使承受的重量均匀地传给受力筋,并固定受力筋的位置。

(5)构造筋:因构件构造要求或施工安装需要配置的钢筋,如腰筋、预埋锚固筋、吊环等,架立筋和分布筋也属于构造筋。

另外,钢筋的外缘到构件表面还有一层保护层,其作用是保护钢筋免受锈蚀,提高钢筋与混凝土的粘结力,不同的构件,保护层的厚度也不同。

钢筋混凝土梁示意图如图 7-16 所示。

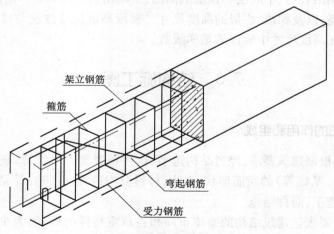

图 7-16　钢筋混凝土梁示意图

7.3.3　常用构件代号及钢筋表示方法

为了图示简便,常用代号来表示结构施工图中的构件名称,代号后面应用阿拉伯数字标注该构件的型号或编号。常用构件代号是用各构件名称汉语拼音的第一个字母来表示的,详见表 7-3。

表 7-3 常用构件代号

序号	名　　称	代号	序号	名　　称	代号	序号	名　　称	代号
1	板	B	19	圈梁	QL	37	承台	CT
2	屋面板	WB	20	过梁	GL	38	设备基础	SJ
3	空心板	KB	21	连系梁	LL	39	桩	ZH
4	槽形板	CB	22	基础梁	JL	40	挡土墙	DQ
5	折板	ZB	23	楼梯梁	TL	41	地沟	DG
6	密肋板	MB	24	框架梁	KL	42	柱间支撑	ZC
7	楼梯板	TB	25	框支梁	KZL	43	垂直支撑	CC
8	盖板或沟盖板	GB	26	屋面框架梁	WKL	44	水平支撑	SC
9	挡雨板或檐口板	YB	27	檩条	LT	45	梯	T
10	吊车安全走道板	DB	28	屋架	WJ	46	雨篷	YP
11	墙板	QB	29	托架	TJ	47	阳台	YT
12	天沟板	TGB	30	天窗架	CJ	48	梁垫	LD
13	梁	L	31	框架	KJ	49	预埋件	M
14	屋面梁	WL	32	刚架	GJ	50	天窗端壁	TD
15	吊车梁	DL	33	支架	ZJ	51	钢筋网	W
16	单轨吊车梁	DDL	34	柱	Z	52	钢筋骨架	G
17	轨道连接	DGL	35	框架柱	KZ	53	基础	J
18	车挡	CD	36	构造柱	GZ	54	暗柱	AZ

钢筋的表示方法列于表 7-4 中。

表 7-4 钢筋的表示方法

序号	名　　称	图　　例	说　　明
1	钢筋横断面	●	—
2	无弯钩的钢筋端部	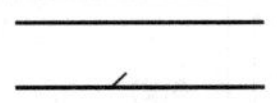	下图表示长、短钢筋投影重叠时,短钢筋的端部用45°斜划线表示
3	带半圆形弯钩的钢筋端部		—
4	带直钩的钢筋端部		—
5	带丝扣的钢筋端部		—
6	无弯钩的钢筋搭接		—
7	带半圆弯钩的钢筋搭接		—
8	带直钩的钢筋搭接		—
19	花篮螺丝钢筋接头	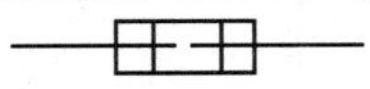	—
10	机械连接的钢筋接头	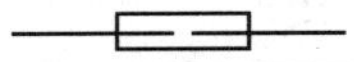	用文字说明机械连接的方式(如冷挤压或直螺纹等)

7.3.4　结构平面图

1. 基础平面图

基础平面图是假想用一个水平面沿房屋的防潮层把整幢房屋剖开后,移去上层的房屋和泥土所作出的水平投影。

基础平面图表示的是建筑物室内地面以下基础部分的平面布置,它是施工时,放灰线、开挖基坑和砌筑基础的依据。

基础平面图中只画出基础墙、柱及底面的轮廓线,细部轮廓可省略不画;剖切到的基础墙、柱画成粗实线,基础底面画细实线;若剖切到钢筋混凝土则涂黑;基础中的基础梁和地圈梁用粗单点长画线表示其中心线的位置。

基础平面图的内容是:

(1)图名、比例。基础平面图采用的比例及材料图例应与建筑平面图相同。

(2)各定位轴线及编号、轴线尺寸。基础平面图的各定位轴线及编号、轴线尺寸应与建筑平面图一致。

(3)基础的平面布置;基础梁、柱的位置、代号。

(4)基础的编号、基础断面图的剖切位置及编号。

(5)施工说明。

2. 楼层结构平面图

楼层结构平面图是假想沿楼板面将房屋水平剖开后所作的楼层水平投影,用来表示每层的梁、板、柱、墙等承重构件的平面布置及它们之间的构造关系,是现场安装或制作构件的施工依据。如图 7-17 所示。

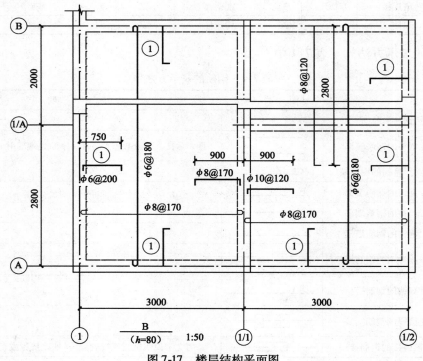

图 7-17 楼层结构平面图

(1)楼层结构平面图的画法

① 多层建筑一般应分层绘制楼层结构平面图,如果各层构件类型、大小、数量、布置均相同,可只画出标准层楼层结构平面图,并注明适用楼层。

② 若平面对称时,可采用对称画法,一半画屋面结构平面图,另一半画楼层结构平面图。楼梯间或电梯间因另有详图,可在平面图上用相交对角线表示。

③ 当铺设预制板时,可用细实线分块画出铺设的方向,也可用一条对角线表示楼板的布置范围,并在对角线上方或下方写明预制板的数量及型号。现浇楼板可在平面图中直接表达现浇部分的配筋;注明编号、规格、直径、间距等;也可用对角线表示现浇板的范围,并注明现浇板字样(XB),然后另画详图表示。

④ 可见的钢筋混凝土楼板的轮廓线用细实线表示,楼板下面不可见的轮廓线用中虚线表示,剖切到的墙身轮廓线用中实线表示,剖切到的钢筋混凝土柱则涂黑,梁、屋架、支撑等可用粗单点长画线表示其中心位置。

⑤ 圈梁、门窗过梁等的编号应注明。

(2)楼层平面图的内容:

① 图名、比例;

② 各定位轴线及编号;

③ 墙、柱、梁、板等构件的位置及代号、编号;

④ 预制板的跨度方向、数量、型号或编号,预留孔洞的位置、大小;

⑤ 轴线尺寸及构件的定位尺寸;

⑥ 详图索引符号、剖切符号;

⑦ 文字说明。

7.3.5　结构详图

结构详图用来表示承重构件的形状、大小、构造、连接情况、材料等。

结构详图主要包括配筋图、钢筋表及文字说明等。配筋图主要表示构件内部的钢筋配置、数量、形状、规格等,是钢筋下料、成形的依据。为了突出钢筋,假设混凝土是透明的,则构件轮廓线用细实线表示,钢筋用粗实线表示,断面图中与断面垂直的钢筋用黑圆点表示,混凝土材料图例不必画出。

结构详图的识读内容是:图名、比例;梁、柱等的长度、截面尺寸、标高及配筋情况;断面图的剖切位置、数量;钢筋详图及钢筋表。钢筋混凝土梁结构详图如图 7-18 所示。

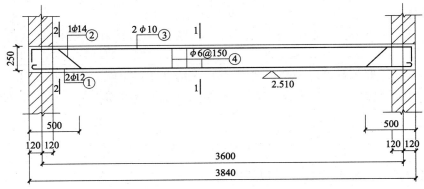

图 7-18　钢筋混凝土梁结构详图(一)

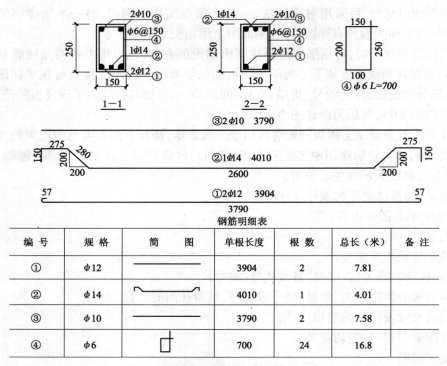

钢筋明细表

编 号	规 格	简 图	单根长度	根 数	总长（米）	备 注
①	Φ12		3904	2	7.81	
②	Φ14		4010	1	4.01	
③	Φ10		3790	2	7.58	
④	Φ6		700	24	16.8	

图 7-18　钢筋混凝土梁结构详图（二）

本 章 总 结

1. 施工图首页的作用、组成及各组成部分的作用。
2. 建筑总平面图的形成、用途、图示内容、画法及识读方法。
3. 建筑平面图的形成、用途、图示内容及画法识读方法。
4. 建筑立面图的形成、用途、图示内容及画法识读方法。
5. 建筑剖面图的形成、用途、图示内容及画法识读方法。
6. 墙身详图的形成、用途、图示内容及识读方法。
7. 楼梯详图的形成、用途、图示内容及识读方法。
8. 结构施工图中构件代号、钢筋表示方法、结构平面图和详图的图示内容及识读方法。

　　学习本章除了要求掌握以上基本知识之外，关键在于以下能力的培养：培养学生的画图能力、识图能力，增强学生的空间想象能力，使学生具备工程技术人员应有的最基本的制、识图能力。

思 考 题

识读附录整套建筑施工图，回答以下问题：

（1）说明建筑施工图的张数、房屋的朝向、层数、层高、室内外高差，房间的开间、进深分别是多少？

（2）说明屋顶的形式、屋顶的做法、楼梯间的个数、楼梯的形式、户型数、墙厚、阳台地面与客厅地面的高差、外墙的装饰做法、厨房、卫生间的使用面积。

（3）说明雨篷顶的构造做法，指出窗台高、本建筑的建筑面积。

（4）说明该房屋的建筑等级、耐火等级、抗震等级。

（5）说明该房屋的各类门窗的数量。

第8章 建筑构造概述

学习目标要求

1.了解民用建筑的含义和构成要素;
2.掌握建筑物的分类和分级的依据;
3.掌握民用建筑的基本构造组成;
4.掌握建筑模数制及轴线的作用。

学习重点与难点

本章学习重点:1.民用建筑的分类和分级;2.建筑物的基本组成;3.建筑模数制;4.定位轴线的作用及划分原则。

本章学习难点:1.建筑模数协调统一标准;2.定位轴线的划分原则。

8.1 建筑的含义及构成要素

8.1.1 建筑的含义

建筑是人们为了满足生产、生活和进行各项社会活动的需要,利用所掌握的物质技术条件,运用一定的科学规律和美学法则创造的人工环境。它是建筑物和构筑物的总称。

建筑物是提供人们在其中生产、生活或其他活动的房屋或场所,如工厂、住宅、学校、办公楼、电影院等。构筑物是人们不在其中进行生产和生活的建筑,如烟囱、水塔、桥梁、蓄水池等。

8.1.2 建筑的构成要素

总结人类的建筑活动经验,构成建筑的主要因素有三个方面:建筑功能、建筑技术和建筑形象。

8.1.2.1 建筑功能

1.满足人体尺度和人体活动所需的空间尺度。

2.满足人的生理要求。要求建筑应具有良好的朝向、保温、隔声、防潮、防水、采光及通风的性能,这也是人们进行生产和生活所必需的条件。

3.满足不同建筑有不同使用特点的要求。不同性质的建筑物在使用上有不同的特点,例如火车站要求人流、货流畅通;影剧院要求听得清、看得见和疏散快;工业厂房要求符合产品的生产工艺流程;某些实验室对温度、湿度的要求等,这些都直接影响着建筑物的使用功能。

满足功能要求也是建筑的主要目的,在构成的要素中起主导作用。

8.1.2.2 物质技术条件

建筑的物质技术条件是指建造房屋的手段。包括建筑材料及制品技术、结构技术、施工技术和设备技术等,所以建筑是多门技术科学的综合产物,是建筑发展的重要因素。

8.1.2.3　建筑形象

构成建筑形象的因素有建筑的体型、立面形式、细部与重点的处理、材料的色彩和质感、光影和装饰处理等,建筑形象是功能和技术的综合反映。建筑形象处理得当,就能产生良好的艺术效果,给人以美的享受。有些建筑使人感受到庄严雄伟、朴素大方、简洁明朗等,这就是建筑艺术形象的魅力。

不同社会和时代、不同地域和民族的建筑都有不同的建筑形象,它反映了时代的生产水平、文化传统、民族风格等特点。

建筑三要素是相互联系、约束,又不可分割的。在一定功能和技术条件下,充分发挥设计者的主观作用,可以使建筑形象更加美观。历史上优秀的建筑作品,这三要素都是辩证统一的。

8.1.3　建筑方针

适用、安全、经济、美观这一建筑方针是我国建筑工作者进行工作的指导方针,也是评价建筑优劣的基本准则。

8.2　建筑物的分类和分级

8.2.1　建筑物的分类

建筑物的分类方法很多,一般可以从下面五个方面进行分类:

8.2.1.1　建筑物按照它的使用性质分类

建筑物按照使用性质通常分为生产性建筑、非生产性建筑;生产性建筑又分为工业建筑和农业建筑;非生产性建筑指民用建筑,又将其分为居住建筑和公共建筑。

1. 生产性建筑:工业建筑、农业建筑

(1)工业建筑:为生产服务的各类建筑,也可以叫厂房类建筑,如生产车间、辅助车间、动力用房、仓储建筑等。厂房类建筑又可以分为单层厂房和多层厂房两大类。

(2)农业建筑:用于农业、畜牧业生产和加工用的建筑,如温室、畜禽饲养场、粮食与饲料加工站、农机修理站等。

2. 非生产性建筑:民用建筑

民用建筑按照使用功能分为:居住建筑,公共建筑。

(1)居住建筑:主要是指提供家庭和集体生活起居用的建筑物,如住宅、公寓、别墅、宿舍。

(2)公共建筑:主要是指提供人们进行各种社会活动的建筑物,其中包括:

行政办公建筑:机关、企事业单位的办公楼。

文教建筑:学校、图书馆、文化宫等。

托教建筑:托儿所,幼儿园等。

科研建筑:研究所、科学实验楼等。

医疗建筑:医院、门诊部、疗养院等。

商业建筑:商店、商场、购物中心等。

观览建筑:电影院、剧院、购物中心等。

体育建筑:体育馆、体育场、健身房、游泳池等。

旅馆建筑:旅馆、宾馆、招待所等。

交通建筑:航空港、水路客运站、火车站、汽车站、地铁站等。

通讯广播建筑:电信楼、广播电视台、邮电局等。

园林建筑:公园、动物园、植物园、亭台楼榭等。

纪念性的建筑:纪念堂、纪念碑、陵园等。

其他建筑类:监狱、派出所、消防站等。

8.2.1.2 按照民用建筑的规模大小分类

1. 大量性建筑:指建筑规模不大,但修建数量多的、与人们生活密切相关的、分布面广的建筑。如住宅、中小学校、医院、中小型影剧院、中小型工厂等。

2. 大型性建筑:指规模大,耗资多的建筑。如大型体育馆、大型影剧院、航空港、火车站、博物馆、大型工厂等。

8.2.1.3 按照建筑的层数分类

《民用建筑设计通则》(GB 50352—2005)中规定:

1. 低层建筑:指 1～3 层建筑。

2. 多层建筑:指 4～6 层建筑。

3. 中高层建筑:指 7～9 层建筑。

4. 高层建筑:指 10 层以上住宅。公共建筑及综合性建筑总高度超过 24m 为高层。

5. 超高层建筑:建筑物高度超过 100m 时,不论住宅或者公共建筑均为超高层建筑。

8.2.1.4 按照主要承重结构材料分类

1. 木结构:是指以木材作为房屋承重骨架的建筑。我国古代建筑大多采用木结构。木结构具有自重轻、构造简单、施工方便等优点,但木材易腐、易燃,又因我国森林资源缺少,现已较少采用。

2. 土木结构:是以生土墙和木屋架作为建筑物的主要承重结构,这类建筑可以就地取材,造价低。

3. 砖木结构:是以砖墙或砖柱、木屋架作为建筑物的主要承重结构,这类建筑称为砖木结构建筑。

4. 砖混结构:是以砖墙或砖柱、钢筋混凝土楼板及屋面板作为主要承重构件的建筑。这类建筑在大量性民用建筑中应用最广泛。

5. 钢筋混凝土结构:指建筑物的主要承重构件全部采用钢筋混凝土制作。这类建筑具有坚固耐久、防火和可塑性强等优点,主要用于大型公共建筑和高层建筑。

6. 钢结构:指建筑物的主要承重构件全部采用钢材来制作。这类建筑与钢筋混凝土结构建筑比较,具有力学性能好、便于制作和安装、工期短、自重轻等优点。主要适用于高层和大跨度建筑中。

8.2.1.5 按照建筑结构形式分类

1. 混合结构建筑

混合结构建筑指采用两种或两种以上材料作承重结构的建筑。如由砖墙、木楼板构成的砖木结构建筑;由砖墙、钢筋混凝土楼板构成的砖混结构建筑;由钢屋架和混凝土墙(或柱)构成的钢混结构建筑。其中砖混结构在大量性建筑中应用最广泛,适用于内部空间较小、建筑高度较小的建筑,如图 8-1 所示。

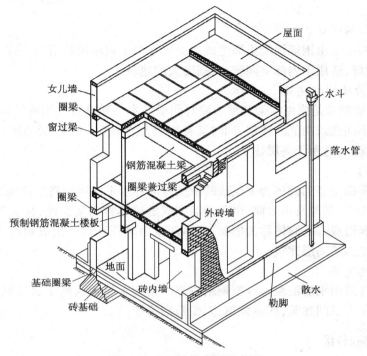

图 8-1　砖混结构房屋示意图

2.框架结构建筑

框架结构建筑是指由梁和柱为主要构件组成的承受竖向和水平作用的结构。框架结构中的墙体只起围护和分隔作用。框架结构适用于跨度大、荷载,高度较大的建筑,如图 8-2 所示。

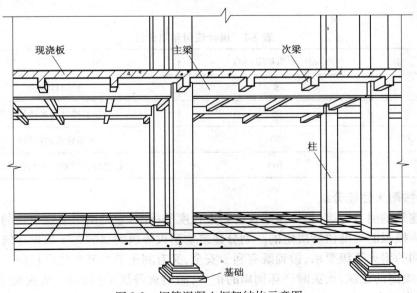

图 8-2　钢筋混凝土框架结构示意图

3. 内框架结构建筑

内框架结构是指建筑内部由梁柱体系承重,四周由外墙承重,适用于局部设有较大空间的建筑。

4. 剪力墙结构建筑

剪力墙结构是指由钢筋混凝土墙组成承受水平和垂直作用的结构。剪力墙结构水平刚度大,抗震性能好,适用于内部空间较小,高度大的建筑。

5. 框架-剪力墙结构建筑

框架-剪力墙结构是指由框架和剪力墙共同承受水平和垂直作用的结构。框架-剪力墙结构既能满足不同建筑功能的要求,同时又有相当大的刚度。框架-剪力墙具备框架结构和剪力墙结构的优点,适用于高层建筑。

6. 筒体结构

筒体结构是指由竖向筒体为主组成的承受竖向和水平作用的高层建筑结构。筒体结构的筒体分为实腹筒、框筒及桁架筒,由剪力墙围成的筒体称为实腹筒,在实腹筒墙体上开有规则排列的窗洞形成开孔筒体称为框筒,筒体四壁由竖杆和斜杆组成则称为桁架筒。筒体结构多用于高层和超高层建筑。

7. 空间结构建筑

空间结构建筑由钢筋混凝土或型钢组成空间结构承受建筑的全部荷载,如网架、悬索、壳体等。适用于大空间建筑,如体育馆,大型影剧院等。

8.2.2 建筑物的分级

建筑物的等级一般按设计使用年限和耐火性进行划分。

8.2.2.1 按耐久年限分级

民用建筑的耐久等级主要是根据建筑物的重要性和规模大小划分的,作为基建投资和建筑设计的重要依据。《民用建筑设计通则》(GB 50352—2005)中规定如下,见表 8-1。

表 8-1 设计使用年限分类

类 别	设计使用年限(年)	示 例
1	5	临时性建筑
2	25	易于替换结构构件的建筑
3	50	普通建筑和构筑物
4	100	纪念性建筑和特别重要的建筑

8.2.2.2 按耐火性能分级

所谓建筑的耐火等级,是衡量建筑物耐火程度的标准,它是由组成建筑物的构件的燃烧性能和耐火极限的最低值所决定的。划分建筑物耐火等级的目的在于根据建筑物的用途不同提出不同的耐火等级要求,做到既有利于安全,又有利于节约基本建设投资。火灾实例说明,耐火等级高的建筑,火灾时烧坏倒塌的很少,而耐火等级低的建筑,火灾时不耐火,烧坏速度快,损失也大。

1.建筑构件的燃烧性能

所谓燃烧性能,是指建筑构件在明火或高温作用下是否燃烧,以及燃烧的难易程度。建筑构件按燃烧性能分为不燃烧体、难燃烧体和燃烧体。

(1)不燃烧体:指用不燃烧材料做成的建筑构件,如天然石材、人工石材、砖、钢筋混凝土、金属材料等。

(2)难燃烧体:指用难燃材料做成的构件,或者用燃烧材料做成,但用不燃烧材料做保护层的建筑构件,如沥青混凝土构件、木板条抹灰、水泥刨花板、经防火处理的木材等。这类材料在空气中受到火烧或高温作用时难燃烧、难碳化。

(3)燃烧体:指用可燃材料做成的建筑构件,如木材、胶合板、纸板等。这类材料在空气中受到火烧或高温作用时,立即起火燃烧,且离开火源后仍继续燃烧或微燃。

2.建筑构件的耐火极限

所谓耐火极限,是指对任一建筑构件、配件或结构在标准耐火试验条件下,从受到火的作用时起,到构件失去稳定性或完整性被破坏或失去隔火作用时止的这段时间,用小时表示。只要以下三个条件中任一个出现,就可以确定是否达到其耐火极限。

(1)失去稳定性 指构件在受到火焰或高温作用下,由于构件材质性能的变化,使承载能力和刚度降低,承受不了原设计的荷载而破坏。

(2)完整性被破坏 指薄壁分隔构件在火中高温作用下,发生爆裂或局部塌落,形成穿透裂缝或孔洞,火焰穿过构件,使其背面可燃物燃烧起火。

(3)失去隔火作用 指具有分隔作用的构件,背火面任一点的温度达到220℃时,构件失去隔火作用。

根据建筑物构件的燃烧性能及耐火极限,我国现行《建筑设计防火规范》(GB 50016—2010)将多层建筑物的耐火等级划分为四级(见表8-2),不同耐火等级建筑物相应构件的燃烧性能和耐火极限不应低于下表的规定。

表8-2 建筑构件的燃烧性能和耐火极限(h)

构 件 名 称		耐 火 等 级			
		一 级	二 级	三 级	四 级
墙	防火墙	不燃烧体 3.00	不燃烧体 3.00	不燃烧体 3.00	不燃烧体 3.00
	承重墙	不燃烧体 3.00	不燃烧体 2.50	不燃烧体 2.00	不燃烧体 0.50
	非承重墙	不燃烧体 1.00	不燃烧体 1.00	不燃烧体 0.50	燃烧体
	楼梯间、前室的墙、电梯井的墙、居住建筑单元之间的墙和分户墙	不燃烧体 2.00	不燃烧体 2.00	不燃烧体 1.50	难燃烧体 0.50
	疏散走道两侧的隔墙	不燃烧体 1.00	不燃烧体 1.00	不燃烧体 0.50	难燃烧体 0.25
	房间隔墙	不燃烧体 0.75	不燃烧体 0.50	难燃烧体 0.50	难燃烧体 0.25
柱		不燃烧体 3.00	不燃烧体 2.50	不燃烧体 2.00	难燃烧体 0.50
梁		不燃烧体 2.00	不燃烧体 1.50	不燃烧体 1.00	难燃烧体 0.50
楼板		不燃烧体 1.50	不燃烧体 1.00	不燃烧体 0.50	燃烧体

续表

构 件 名 称	耐 火 等 级			
	一 级	二 级	三 级	四 级
屋顶承重构件	不燃烧体 1.50	不燃烧体 1.00	燃烧体 0.50	燃烧体
疏散楼梯	不燃烧体 1.50	不燃烧体 1.00	不燃烧体 0.50	燃烧体
吊顶(包括吊顶搁栅)	不燃烧体 0.25	难燃烧体 0.25	难燃烧体 0.15	燃烧体

通常将钢筋混凝土结构的建筑定为一、二级耐火建筑;砖木结构的建筑为三级耐火建筑;木结构的建筑为四级耐火建筑。《建筑设计防火规范》中规定,重要的公共建筑一定要采用一、二级耐火等级;如通讯大楼、广播电视建筑、邮政楼、大型医院及体育馆、百货大楼等建筑。对于商店、学校、食堂、菜市场等如采用一、二级有困难时,可采用三级耐火等级的建筑。

8.2.2.3 按重要性和规模分类

我国目前将各类民用建筑分为特级、1 级、2 级、3 级、4 级、5 级六个级别,如列为国家重点项目或以国际性活动为主的特高级大型公共建筑、30 层以上建筑等均列为特级建筑。

8.3 建筑物的构造组成

一幢建筑,一般是由基础、墙体或柱、楼地层、楼梯、屋顶和门窗六个主要部分组成,如图 8-3 所示。

1. 基础。基础是建筑物最下部的承重构件,承受上部传来的所有荷载,并将这些荷载传给地基。

2. 墙或柱。墙或柱是房屋的竖向承重构件,它承受屋盖和各楼层传来的各种荷载,并把这些荷载可靠地传给基础。

3. 楼地层。楼板层和地坪层(楼地层)是建筑物水平方向的承重构件和分隔构件。楼板承受家具设备和人体荷载,并将其传给墙或柱,同时对墙体起到水平支撑的作用。

4. 屋顶。建筑物最上部的承重构件,同时也是顶部的外围护构件。

5. 楼梯。楼梯是楼房建筑的垂直交通设施,供人们上下楼层和紧急疏散。

6. 门窗。门主要起交通联系、分隔之用;窗主要起采光、通风、分隔、瞭望等作用。

房屋除了上述几个主要组成部分之外,对不同使用功能的建筑,还有一些附属的构件和配件,如阳台、雨篷、台阶、散水、勒脚、通风道等。这些构配件也可以称为建筑的次要组成部分。

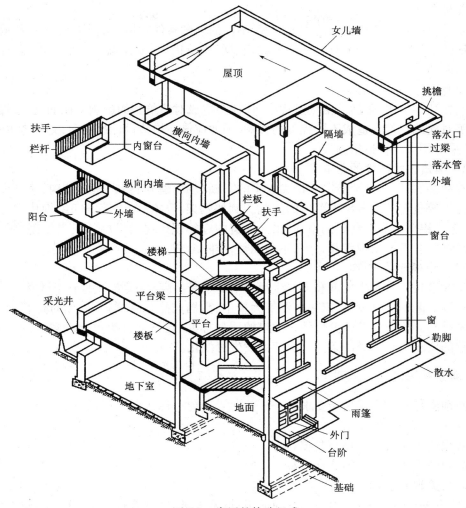

图 8-3　房屋的构造组成

8.4　影响建筑构造的因素及设计原则

8.4.1　影响建筑构造的因素

为了提高建筑对周围各种影响因素的抵抗能力,以便更好地满足其使用功能和耐久年限,在进行构造设计时,必须考虑各种因素对它的影响。其影响因素很多,大致可归纳为以下几个方面:

8.4.1.1　外界环境的影响

1. 外力作用的影响

作用在建筑物上的各种外力统称为荷载。荷载可分为恒荷载(如结构自重)和活荷载(如人群、家具、设备、风雪等)两大类。荷载的大小是建筑结构设计的主要依据。也是结构选型及构造设计的重要基础,起着决定构件尺度、用料多少的重要作用。

2.气候条件的影响

气候是自然界对建筑影响的主要因素,不同的气候条件对房屋的影响也不尽相同,应当根据当地的实际情况对房屋有关部位采取相应的构造措施,如保温、隔热、防水、防冻胀等,以保证房屋的正常使用。

3.各种人为因素的影响

人们在从事生产、生活的活动过程中,往往会造成对建筑物的影响。比如火灾、爆炸、机械碰撞等对建筑物都会造成不同程度的影响,因此应该在构造设计过程中,充分考虑这些影响因素,采取相应的构造措施。

8.4.1.2　建筑技术条件的影响

随着社会的进步,社会劳动生产力水平的不断提高,建筑材料、建筑结构、建筑设备、建筑施工技术等也在发生着翻天覆地的变化。例如网架、悬索、薄壳等空间结构建筑,点式玻璃幕墙,彩色铝合金等新材料的吊顶,采光天窗中庭等现代建筑设施的大量涌现,要求建筑构造要根据行业发展的现状和趋势,不断调整,推陈出新。

8.4.1.3　经济条件的影响

随着建筑技术的不断发展和人们生活水平的不断提高,各类新型的节能材料、新型的防火、防水材料、配套家具设备、家用电器等大量中、高档产品相继涌现,人们对建筑的使用要求也越来越高。建筑标准的变化使得建筑的质量标准、建筑造价等也出现较大的差别。对建筑构造的要求也随着经济条件的改变而发生着变化。

8.4.2　建筑构造的设计原则

1.必须满足建筑使用功能要求。
2.确保结构安全的要求。
3.必须适应建筑工业化的要求。
4.必须注重建筑经济的综合效益。
5.满足美观要求。

总之,在构造设计中,全面考虑坚固适用,技术先进,经济合理,美观大方是建筑构造设计最基本的原则。

8.5　建筑标准化与模数协调统一标准

8.5.1　建筑标准化

建筑标准化主要包括两个方面:首先是建筑设计的标准方面,即应制定各种法规、规范、标准和指标,使设计有章可循;其次是建筑的标准设计方面,即在诸如住宅等大量性建筑的设计中推行标准化设计。实行建筑标准化可以有效减少建筑构配件的规格,在不同的建筑中采用标准构配件,进而提高施工效率,保证施工质量,降低造价。

8.5.2　建筑模数协调统一标准

建筑模数是选定的尺寸单位,作为尺度协调中的增值单位,也是建筑设计、建筑施工、建筑材料与制品、建筑设备、建筑组合件等各部门进行尺度协调的基础,其目的是使构配件安装吻合,并具有互换性。

为了使建筑制品、建筑构配件和组合件实现工业化大规模生产,使不同材料、不同形式和不同制造方法的建筑构配件、组合件具有一定的通用性和互换性,在建筑业中规定了模数和模数的协调原则:

1. 基本模数:是模数协调中选定的基本尺寸单位,数值为 100mm,其符号为 M,即:1M = 100mm。整个建筑或建筑物的一部分或建筑组合件的模数化尺寸均应是基本模数的倍数。

2. 导出模数:包括扩大模数和分模数。

(1)扩大模数:是基本模数的整数倍。扩大模数的基数应符合下列规定:水平扩大模数的基数为:3M、6M、12M、15M、30M、60M,相应的尺寸分别是:300mm、600mm、1200mm、1500mm、3000mm、6000mm;竖向扩大模数的基数为:3M、6M,相应的尺寸是:300mm、600mm。

(2)分模数:是基本模数的分数值,分模数的基数是 1/10M、1/5M、1/2M,对应的尺寸是:10mm、20mm、50mm。

3. 模数数列:指由基本模数、扩大模数、分模数为基础扩展成的一系列尺寸。见表 8-3。

表 8-3　模数数列(mm)

基本模数	扩	大	模	数			分	模	数
1M	3M	6M	12M	15M	30M	60M	1/10M	1/5M	1/2M
100	300	600	1200	1500	3000	6000	10	20	50
100	300	600	1200	1500	3000	6000	10	20	50
200	600	1200	2400	3000	6000	12000	20	40	100
300	900	1800	3600	4500	9000	18000	30	60	150
400	1200	2400	4800	6000	12000	24000	40	80	200
500	1500	3000	6000	7500	15000	30000	50	100	250
600	1800	3600	7200	9000	18000	36000	60	120	300
700	2100	4200	8400	10500	21000		70	140	350
800	2400	4800	9600	12000	24000		80	160	400
900	2700	5400	10800		27000		90	180	450
1000	3000	6000	12000		30000		100	200	500
1100	3300	6600			33000		110	220	550
1200	3600	7200			36000		120	240	600
1300	3900	7800					130	260	650
1400	4200	8400					140	280	700
1500	4500	9000					150	300	750
1600	4800	9600					160	320	800
1700	5100						170	340	850
1800	5400						180	360	900
1900	5700						190	380	950
2000	6000						200	400	1000
2100	6300								
2200	6600								
2300	6900								
2400	7200								
2500	7500								
2600									
2700									
2800									
2900									
3000									
3100									
3200									
3300									
3400									
3500									
3600									

模数数列的适用范围：

（1）水平基本模数 1M ~ 20M 的数列，主要用于门窗洞口和构配件截面等处。

（2）竖向基本模数 1M ~ 36M 的数列，主要用于建筑物的层高、门窗洞口和构配件截面等处。

（3）水平扩大模数：3M、6M、12M、15M、30M、60M 的数列，主要用于建筑物的开间或柱距、进深或跨度、构配件尺寸和门窗洞口等处。

（4）竖向扩大模数：3M、6M 的数列，主要用于建筑物的高度、层高和门窗洞口等处。

（5）分模数：1/10M、1/5M、1/2M 的数列，主要用于缝隙、构造节点、构配件截面等处。

8.5.3　几种尺寸及其关系

1. 标志尺寸

标志尺寸是用以标注建筑物定位轴线之间（开间、进深）的距离大小，以及建筑制品、建筑构配件、有关设备位置的界限之间的尺寸。标志尺寸必须符合模数制的规定。

2. 构造尺寸

构造尺寸是建筑制品、建筑构配件的设计尺寸。构造尺寸小于或大于标志尺寸。一般情况下，构造尺寸加上预留的缝隙尺寸或减去必要的支撑尺寸等于标志尺寸。

3. 实际尺寸

实际尺寸是建筑制品、建筑构配件的实有尺寸。实际尺寸与构造尺寸的差值，应由允许偏差的幅度加以限制。

建筑尺寸关系如图 8-4 所示。

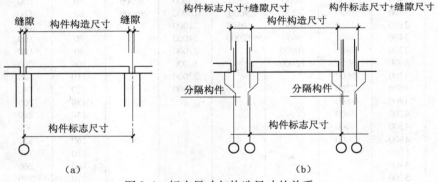

图 8-4　标志尺寸与构造尺寸的关系
（a）标志尺寸大于构造尺寸；（b）有分隔构件连接时举例

8.6　民用建筑的定位轴线

定位轴线是确定建筑构物主要结构或构件位置及标志尺寸的基准线。它既是建筑设计的需要，也是施工中定位、放线的重要依据。为了实现建筑工业化，尽量减少预制构件的类型，达到构件标准化、系列化、通用化和商品化，充分发挥投资效益，就应当合理选择定位轴线。为此，我国颁布了相应的技术标准，分别对砖混结构建筑和大型板材结构建筑的定位轴线划分原则作了具体规定。以下介绍砖混结构建筑定位轴线的划分原则。

8.6.1　砖墙的平面定位轴线

8.6.1.1　承重外墙的定位轴线

1. 当底层墙体与顶层墙体厚度相同时,平面定位轴线与外墙内缘相距为 120mm,如图 8-5(a)所示;

2. 当底层墙体与顶层墙体厚度不同时,平面定位轴线与顶层外墙内缘距离为 120mm,如图 8-5(b)所示。

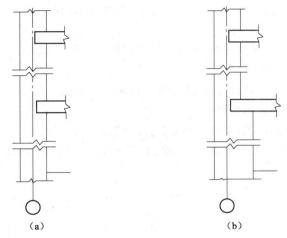

（a）　　　　　　　　　　　　　（b）

图 8-5　承重外墙的定位轴线

(a)底层墙体与顶层墙体厚度相同;(b)底层墙体与顶层墙体厚度不同

8.6.1.2　承重内墙的定位轴线

1. 如果墙体是对称内缩,则平面定位轴线中分底层墙身,如图 8-6(a)所示

2. 如果墙体是非对称内缩,则平面定位轴线偏中分底层墙身,如图 8-6(b)所示。

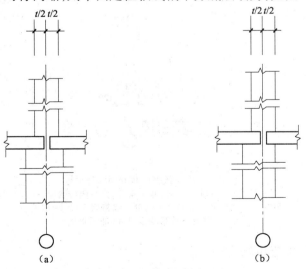

（a）　　　　　　　　　　　　　（b）

图 8-6　承重内墙定位轴线

(a)定位轴线中分底层墙身;(b)定位轴线偏中分底层墙身

8.6.1.3 非承重墙定位轴线

由于非承重墙没有支撑上部水平承重构件的任务,因此,平面定位轴线的定位就比较灵活。非承重墙除了可按承重墙定位轴线的规定定位之外,还可以使墙身内缘与平面定位轴线重合。

8.6.1.4 变形缝处定位轴线

为了满足变形缝两侧结构处理的要求,变形缝处通常设置双轴线。

1. 变形缝处一侧为墙体,另一侧为墙垛

当墙体是外承重墙时,平面定位轴线距顶层墙内缘 120mm,墙垛外缘与平面定位轴线重合,如图 8-7(a)所示;

当墙体是非承重墙时,平面定位轴线应与顶层墙内缘重合,如图 8-7(b)所示。

2. 变形缝两侧均为承重墙体

平面定位轴线应分别设在距顶层墙内缘 120mm 处,如图 8-7(c)所示。

3. 变形缝两侧均为非承重墙体

平面定位轴线应分别与顶层墙体内缘重合,如图 8-7(d)所示。

4. 当变形缝处两侧墙体带联系尺寸时,其平面定位轴线的划分与上述原则相同,如图 8-7(e)(f)所示。

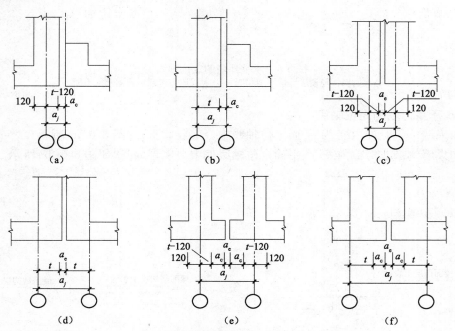

图 8-7 变形缝出砖墙的定位轴线
(a)一侧为承重墙,另一侧为墙垛;(b)一侧为非承重墙,另一侧为墙垛;(c)两侧均为承重墙;
(d)两侧均为非承重墙;(e)变形缝处双墙带联系尺寸(承重墙);
(f)变形缝处双墙带联系尺寸(非承重墙)

8.6.1.5 带壁柱外墙的定位轴线

带壁柱外墙墙体内缘与平面定位轴线重合,如图 8-8(a)、(b)所示,或距墙体内缘 120mm 处与平面定位轴线重合,如图 8-8(c)、(d)所示。

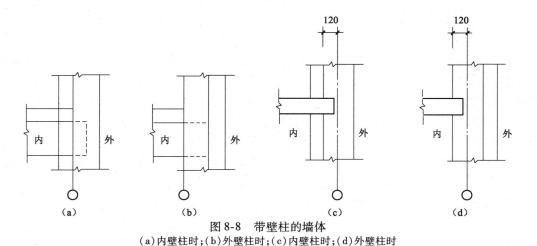

图 8-8　带壁柱的墙体
（a）内壁柱时；（b）外壁柱时；（c）内壁柱时；（d）外壁柱时

8.6.1.6　高低层分界处的墙体定位轴线

1.当高低层分界处不设变形缝时,应按高层部分承重外墙定位轴线处理,平面定位轴线应距离墙身内缘 120mm,并与底层定位轴线重合,如图 8-9 所示。

2.当高低层分界处设置变形缝时,应按变形缝处墙体平面定位轴线处理。

8.6.1.7　建筑底层为框架结构的定位轴线

建筑底层为框架结构时,框架结构的定位轴线应与上部砖混结构平面定位轴线一致。

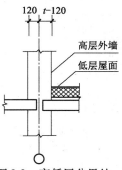

图 8-9　高低层分界处不设变形缝时的定位轴线

8.6.2　墙体的竖向定位

1.砖墙楼地面竖向定位应与楼（地）面面层上表面重合,如图 8-10 所示。

2.屋面竖向定位应为屋面结构层上表面与距墙内缘 120mm 的外墙定位轴线的相交处,如图 8-11 所示。

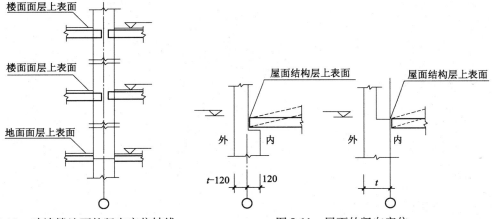

图 8-10　砖墙楼地面的竖向定位轴线　　　　图 8-11　屋面的竖向定位

本 章 总 结

1. 建筑的含义，建筑是建筑物和构筑物的总称。建筑物是提供人们在其中生产、生活或其他活动的房屋或场所。构筑物是人们不在其中进行生产和生活的建筑。建筑功能、物质技术条件和建筑形象构成建筑的三个基本要素，三者之间是辩证统一的关系。

2. 建筑的分类，按照使用性质、规模和数量、层数和高度、承重结构的材料、结构形式等几个方面有不同的分类方法；可以按照耐久年限、耐火等级、重要性和规模进行分级。

3. 民用建筑的构造组成，一般有基础、墙体、楼板层、楼梯、屋顶、门窗六个主要组成部分。它们处在不同的部位，各自发挥着各自的作用。

4. 在进行建筑的构造设计时，必须要对影响建筑构造的因素进行综合分析，制定技术上可行、经济上合理的构造设计方案。

5. 我国制定有《建筑模数统一协调标准》，用以约束和协调建筑的尺度关系。

6. 定位轴线是确定建筑各构配件相互位置的基准线。构配件的定位又可分为平面定位和竖向定位。为了实现建筑工业化，尽量减少构件的类型，应当合理地确定建筑的定位轴线。

思 考 题

1. 什么是建筑物？什么是构筑物？

2. 构成建筑物的基本要素是什么？它们之间有什么关系？

3. 建筑物按使用性质如何划分？

4. 建筑物按规模和数量如何划分？

5. 建筑物按层数和高度如何划分？

6. 建筑物的耐久等级和耐火等级分别是如何划分的？

7. 民用建筑的主要构造组成部分有哪些？各部分有何作用？

8. 影响建筑构造的因素有哪些？

9. 建筑构造设计原则有哪些？

10. 模数协调的意义何在？什么是模数？基本模数？扩大模数？分模数？什么是模数数列？

11. 图示说明承重墙、非承重墙、带壁柱外墙与定位轴线的关系。

12. 图示说明变形缝处砖墙与定位轴线的关系。

第9章 基础和地下室

学习目标要求

1. 掌握地基与基础的基本概念;
2. 掌握基础埋深的概念;
3. 掌握基础的类型及其相应的基本构造;
4. 掌握地下室的组成及其防潮防水构造。

学习重点与难点

本章学习重点:1.基础埋深;2.基础和地基的关系;3.基础的类型;4.地下室的组成和分类。

本章学习难点:1.基础的构造;2.地下室的防潮防水构造。

9.1 基础和地基的基本概念

9.1.1 基础和地基的基本概念

基础是建筑物的重要组成部分,是建筑物上部承重结构向下的延伸和扩大部分,承受建筑物的全部荷载,并将这些荷载连同自重传给地基。

地基是指支承建筑物荷载的那一部分土层(或岩层)。地基不是建筑物的组成部分,它只是承受建筑物荷载的土壤层。直接支承基础,具有一定承载力的土层(或岩层)称为持力层。持力层以下的土层称为下卧层。通常情况下,地基在建筑物荷载作用下产生的变形,随着土层深度的增加而减少,到达一定深度后可以忽略不计。

基础和地基各部分名称见图 9-1。

9.1.2 地基的分类

9.1.2.1 地基的分类

地基按照土层性质的不同,分为天然地基和人工地基两大类。

天然地基是指具有足够承载能力的天然土层,可直接在天然土层上建造基础。岩石、

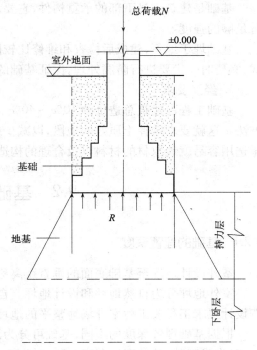

图 9-1 地基、基础与荷载的关系

109

碎石、砂石、黏性土等，一般均可作为天然地基。

人工地基是指当天然土层的承载力较差或土层质地较好，但不能满足荷载的要求时，为使地基具有足够承载能力，应对土层进行加固处理。这种经过人工加固的地基叫人工地基。

9.1.2.2 人工地基的加固方法

人工地基的加固方法有压实法、换土法、化学加固法、打桩法等多种方法。

1. 压实法：是利用碾压机械压实土体或用质量达数十吨的重锤自数米高处自由下落，给地基以冲击力和振动，从而提高一定深度内地基土密度、强度并降低其压缩性的方法。

2. 换土法：是用砂、碎石、矿渣或石屑等置换地基表面一定厚度的软弱土的方法。

3. 化学加固法：是利用高压射流技术，喷射化学浆液，破坏地基土体，并强制土与化学浆液混合，并形成具有一定强度的加固体来处理软弱地基的一种方法。

4. 打桩法：以振动或冲击的方法成孔，然后在孔中填入砂、石、土、灰土或其他材料并加以捣实，成为柱体，即桩身，利用此种方法将土体挤压密实，提高其承载力的加固地基方法。

9.1.3 地基和基础的设计要求

1. 地基应该具有足够的承载力和均匀程度

建筑物应尽量选择地基承载力较高而且均匀的地段，如岩石、碎石等。地基土体要均匀，免得引起不均匀沉降导致墙体开裂，影响建筑物的正常使用。

2. 基础应具有足够的强度和耐久性

基础是建筑物最下部的承重构件，它要承受建筑物上部的全部荷载，所以基础一定要具备足够的强度。

基础埋于地下，建成后检查和维修比较困难，所以一定要合理的选择基础材料和构造形式，必要时一定要进行防腐处理，保证基础的耐久性。

3. 经济要求

基础工程占建筑总造价的 10% ~ 40%，降低基础工程的造价是减少建筑总投资的有效方法。这就要求选择土质好的地段，以减少地基处理的费用。需要特殊处理的地基，也要尽量选用容易就地取材的材料以及合理的构造形式。

9.2 基础的埋置深度

9.2.1 基础的埋置深度

室外设计地坪至基础底面的垂直距离称为基础的埋置深度，简称基础埋深（图 9-2）。

室外地坪分为自然地坪和设计地坪。自然地坪指施工地段的现有地坪，而设计地坪指按设计要求工程竣工后室外场地整平的地坪。

根据基础埋置深度的不同，基础可分为浅基础和深基础。一般情况下，基础埋置深度 ≤ 5m 时为浅基础，基础埋置深度 > 5m 时为深基础。在保证地基稳定和变形要求的前提下，应优先选用浅基础,浅基础具备构造简单,施工方便,造价低廉等优点。但当基础埋深过小时,在荷载作用下,地基土受到压力可能将基础四周的土挤走,使基础产生滑移失稳,因此一般情况下基础埋深不要小于0.5m。同时,为了避免基础顶面土层被雨水冲刷暴露基础进而被机械碰撞,基础顶面距离室外地坪不要小于0.1m。

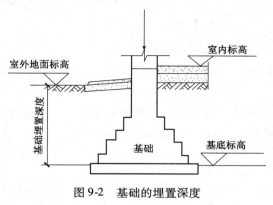

图9-2 基础的埋置深度

9.2.2 影响基础埋深的因素

基础埋深的大小关系到地基是否可靠、施工难易及造价的高低。影响基础埋深的因素很多,其主要影响因素如下:

1. 建筑物上部荷载的大小和性质

多层建筑一般根据地下水位及冻土深度等来确定埋深尺寸。一般高层建筑基础埋深是地上建筑物总高度的1/14~1/10。

2. 工程地质和水文地质条件

基础应建造在坚实可靠的地基上,而不能设置在承载力低、压缩性高的软弱土层上。

在满足地基稳定和变形要求的前提下,基础应尽量浅埋,但通常不浅于0.5m。如浅层土作持力层不能满足要求,可考虑深埋,但应与其他方案比较。地基软弱土层在2m内、下卧层为压缩性低的土时,一般应将基础埋在下卧层上;如软弱土层厚在2~5m间,低层轻型建筑应争取将基础埋于表层软弱土层内,可加宽基础,必要时也可用换土、压实等方法进行地基处理;如软弱土层大于5m,低层轻型建筑应尽量浅埋于软弱土层内,必要时可加强上部结构或进行地基处理;如地基土由多层土组成且均属于软弱土层或上部荷载很大时,常采用深基础方案,如桩基等。按地基条件选择埋深时,还经常要求从减少不均匀沉降的角度来考虑,当土层分布明显不均匀或各部分荷载差别很大时,同一建筑物可采用不同的埋深来调整不均匀沉降量,如图9-3所示。

存在地下水时,在确定基础埋深时一般应考虑将基础埋于最高地下水位以上不少于0.2m处。当地下水位较高,基础不能埋置在地下水位以上时,宜将基础埋置在最低地下水位以下不少于0.2m的深度,且同时考虑施工时基坑的排水和坑壁的支护等因素。地下水位以下的基础,选材时应考虑地下水是否对基础有腐蚀性,如有,应采取防腐措施,如图9-4所示。

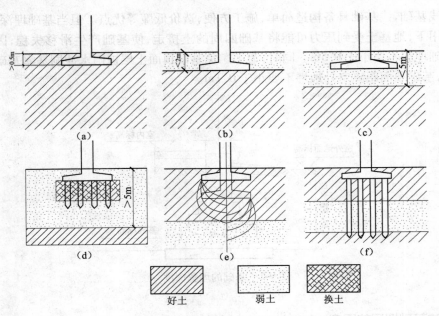

图 9-3　地质构造与基础埋深的关系

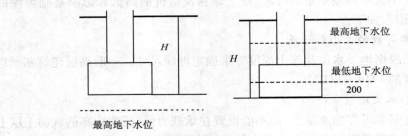

图 9-4　地下水位对基础埋深的影响

3. 土的冻结深度的影响

粉砂、粉土和黏性土等细粒土具有冻胀现象，冬季冻胀会将基础向上拱起；春季气温回升，土层解冻，基础会下沉，使建筑物周期性地处于不稳定状态。由于土中各处冻结和融化并不均匀，建筑物会产生变形，如墙身开裂、门窗变形等情况。因此，对于有冻胀性的地基土，基础应埋置在土层冰冻线以下 200mm 处，如图 9-5 所示。

4. 相邻建筑物基础的影响

新建建筑物基础的埋深不宜大于原有建筑基础，当新建建筑物基础的埋深必须大于原有建筑基础的埋深时，基础间的净距应根据荷载大小和性质等确定，一般为相邻基础底面高差的 1～2

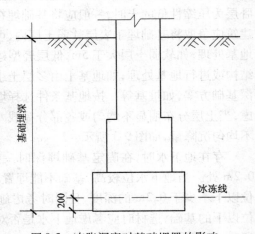

图 9-5　冻胀深度对基础埋置的影响

倍,如图 9-6 所示。如净距要求不能满足时,应加固原有建筑物的地基或采取分段施工、设临时加固支撑、打板桩、地下连续墙等施工措施。

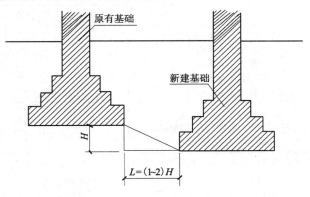

图 9-6　基础埋深与相邻基础的关系

9.3　基础的类型

9.3.1　按材料和受力特点分类

9.3.1.1　刚性基础

由刚性材料制作的基础称为刚性基础。刚性材料的力学特点是抗压强度高,而抗拉、抗剪强度相对较低的材料,如砖、毛石、混凝土、灰土、三合土等。刚性基础适用于多层民用建筑和轻型厂房。

1. 刚性基础的受力、传力特点

为了满足地基承载力的要求,通常需要加大基底面积,但是对于刚性基础,基底面积的放大需要满足刚性角的要求。刚性角是指基础放宽的引线与墙体垂直线之间的夹角,如图 9-7 中的 α 角。在工程实际中刚性角采用宽高比表示,即 $\tan\alpha = (B_0 - B)/2H$。不同的材料宽高比的允许值不同。

《建筑地基基础设计规范》(GB 50007—2002)对基础台阶宽高比的允许值规定如下(表 9-1):

表 9-1　无筋扩展基础台阶宽高比的允许值

基础材料	质量要求	台阶宽高比的允许值		
		$p_k \leqslant 100$	$100 < p_k \leqslant 200$	$200 < p_k \leqslant 300$
混凝土基础	C15 混凝土	1 : 1.00	1 : 1.00	1 : 1.25
毛石混凝土基础	C15 混凝土	1 : 1.00	1 : 1.25	1 : 1.50
砖基础	砖不低于 MU10、砂浆不低于 M5	1 : 1.50	1 : 1.50	1 : 1.50
毛石基础	砂浆不低于 M5	1 : 1.25	1 : 1.50	—

续表

基础材料	质量要求	台阶宽高比的允许值		
		$p_k \leqslant 100$	$100 < p_k \leqslant 200$	$200 < p_k \leqslant 300$
灰土基础	体积比为 3：7 或 2：8 的灰土, 其最小干密度: 粉土 $1.55t/m^3$ 粉质黏土 $1.50t/m^3$ 黏土 $1.45t/m^3$	1：1.25	1：1.50	—
三合土基础	体积比 1：2：4～1：3：6 (石灰：砂：集料),每层约虚铺 220mm,夯至 150mm	1：1.50	1：2.00	—

注:p_k 为荷载效应标准组合时基础底面处的平均压力值(kPa)。

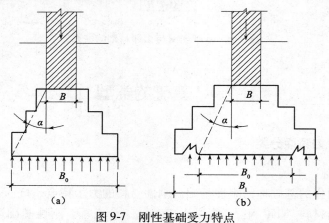

图 9-7　刚性基础受力特点

(a)基础受力在刚性角范围内;(b)基础宽度超过刚性角范围而破坏

2. 常见的刚性基础

（1）砖基础

砖基础的大放脚宽高比应小于 1：1.5,一般采用每 2 皮砖挑出 1/4 砖与每 1 皮砖挑出 1/4 砖相间(间隔式)或每 2 皮砖挑出 1/4 砖(等高式)的砌筑方法,如图 9-8 所示。

砖基础的优点是取材容易、价格低廉、施工方便,缺点是强度及耐久性较差,故砖基础常用于地基土质好、地下水位较低、5 层以下的砖混结构中。

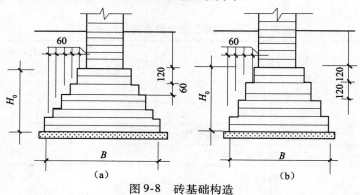

图 9-8　砖基础构造

(a)每 2 皮砖与 1 皮砖间隔挑出 1/4 砖;(b)每 2 皮砖挑出 1/4 砖

（2）毛石基础

毛石基础是由石材和砂浆砌筑而成。毛石是指开采未经雕凿成型的石块。毛石基础的剖面形式多为阶梯形，基础顶面要比墙或柱每边宽出 100mm，大放脚每个台阶挑出的高度均不宜小于 400mm，每个台阶挑出的宽度不应大于 200mm，当基础底面宽度小于 700mm 时，毛石基础可做成矩形截面，如图 9-9 所示。

由于石材抗压强度高，抗冻、抗水、抗腐蚀性能均较好，所以毛石基础可以用于地下水位较高、冻结深度较大的低层或多层民用建筑，但整体性欠佳，有震动的房屋很少采用。

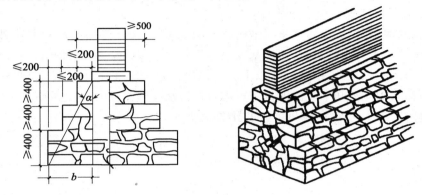

图 9-9　毛石基础构造

（3）灰土与三合土基础

灰土基础是由粉状石灰与黏土加适量水拌和夯实而成的，用于灰土基础的石灰与粉土的体积比为 3∶7（即三七灰土）或 2∶8，灰土每层均需铺 220mm 厚，夯实后厚度为 150mm。

灰土基础的优点是施工简便，造价较低，就地取材，可以节省水泥、砖石等材料。缺点是它的抗冻、耐水性能差，故灰土基础适用于地下水位较低的低层建筑。

三合土是石灰、砂、碎砖等三种材料，按 1∶2∶4～1∶3∶6 的体积比进行配合，然后在基槽内分层夯实，每层夯实前虚铺 220mm，夯实后净剩 150mm。三合土铺筑至设计标高后，在最后一遍夯打时，宜浇注石灰浆，待表面灰浆略为风干后，再铺上一层砂子，最后整平夯实。

这种基础在我国南方地区应用很广。它的造价低廉，施工简单，但强度较低，所以只能用于四层以下房屋的基础。如图 9-10 所示。

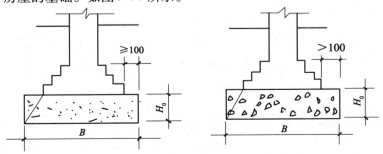

图 9-10　灰土与三合土基础

（4）混凝土基础

由于混凝土可塑性强，基础断面形式可做成矩形、阶梯形和锥形。为了施工方便，当基础宽度小于350mm时多做成矩形；大于350mm时多做成阶梯形；当基础底面宽度大于2000mm时，还可做成锥形，锥形断面能节约混凝土，从而减轻基础自重。如图9-11所示。

混凝土基础具有坚固、耐久、耐腐蚀、耐水等特点，与前几种基础相比，可用于地下水位较高和有冰冻的地方。

（5）毛石混凝土基础

为了减少水泥用量，减少发热量对结构产生的病害，对于体积较大的混凝土基础，可以在浇筑混凝土时加入一定量毛石，这种基础叫毛石混凝土基础。掺入的毛石一般为体积的25%左右，毛石的粒径控制在200mm以下。具体操作要先放浆再放入毛石，保证浆体充分包裹住，毛石在结构体空间中应保证其布置均匀。当基础埋深较大时，也可将毛石混凝土做成台阶形，每阶宽度不应小于400mm。如图9-12所示。

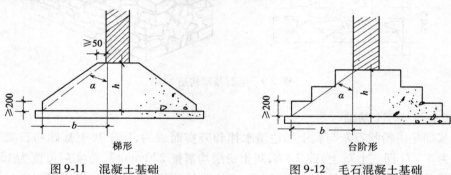

图9-11　混凝土基础　　　　　　图9-12　毛石混凝土基础

9.3.1.2　柔性基础

当建筑物的荷载较大而地基承载力较小时，基础底面必须加宽，如果仍采用混凝土材料做基础，势必会加大基础的深度，这样既要大量消耗材料，也需增加土方开挖量，很不经济。如果在钢筋混凝土底部配置一定量的钢筋，利用钢筋来承受拉应力，使基础底部能够承受较大的弯矩，这时，基础宽度不受刚性角的限制，可以做得宽而薄，这类基础被称为柔性基础。

9.3.2　按构造形式分类

9.3.2.1　条形基础

条形基础是连续带形，也称为带形基础。一般为浅基础，整体性好。有墙下条形基础和柱下条形基础。

1. 墙下条形基础

当建筑采用墙承重结构时，通常将墙底加宽形成墙下条形基础。一般用于多层混合结构的墙下，低层或小型建筑常用砖、毛石、混凝土等刚性条形基础，如图9-13所示。对于上部结构为钢筋混凝土墙，或地基承载力差时，也可采用钢筋混凝土条形基础。

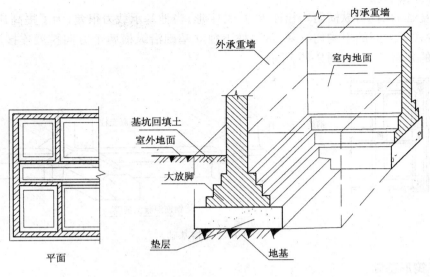

图 9-13 墙下条形基础

2. 柱下条形基础

如果上部结构为排架结构或框架结构,荷载较大或荷载分布不均匀,地基承载力较低时,为了增加基底面积和整体刚度,以减少不均匀沉降,常采用柱下条形基础,如图 9-14 所示。

9.3.2.2 独立基础

当建筑物上部采用柱承重,且柱距较大时,将柱下扩大形成独立基础。独立基础的形状有阶梯形、锥形和杯形等,如图 9-15 所示。其优点是土方工程量少,便于地下管道穿越,节约基础材料。但基础相互之间无联系,整体刚度差,因此一般适用于土质均匀、荷载均匀的骨架结构建筑中。独立基础是柱下基础的基本形式。多用于框架结构或单层排架结构。

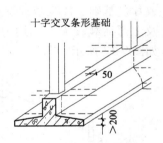

图 9-14 柱下条形基础

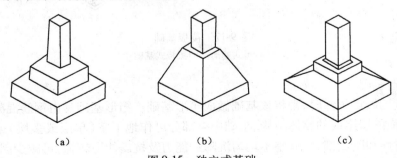

图 9-15 独立式基础

(a)阶梯形基础;(b)锥形基础;(c)杯形基础

当柱采用预制构件时,采用杯形基础,将柱子插入杯口并用细石混凝土进行灌缝嵌固。

9.3.2.3 井格基础

条形基础的衍生,纵横向均相连,形成井字形;当地基承载力很差,为了提高建筑物的整体性,减少柱子之间的不均匀沉降,常将柱下独立基础沿纵横两个方向扩展连接起来,做成十字交叉的井格基础,如图9-16所示。

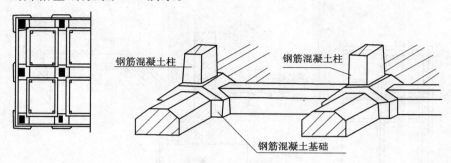

图9-16 井格基础

9.3.2.4 筏形基础

当地基条件较弱或建筑物的上部荷载较大,如采用简单条形基础或井格基础不能满足要求时,常将墙或柱下基础连成一片,使其建筑物的荷载承受在一块整板上,称为筏形基础或片筏基础。片筏基础常用于地基软弱的多层砌体结构、框架结构和剪力墙结构的建筑,以及上部荷载较大且不均匀或地基承载力低的情况,按结构形式分为平板式和梁板式两种。如图9-17所示。

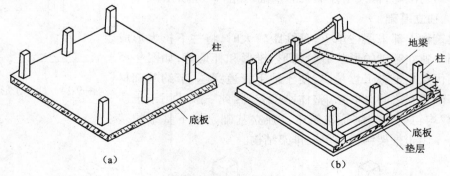

图9-17 筏板基础
(a)板式基础;(b)梁板式基础

9.3.2.5 箱形基础

当板式基础做得很深时,常将该基础做成箱形基础。箱形基础是由钢筋混凝土底板、顶板和若干纵、横隔墙组成的整体结构,基础中空部分可作地下室(单层或多层)或地下车库。这种基础整体性和刚度都好,调整不均匀沉降的能力及抗震能力较强,可减少因地基变形引起建筑物开裂的可能性,并可减少基底处应力,降低总沉降量。此类基础适用于上部荷载大,对沉降要求严格的高层建筑或在软弱地基上建造的重型建筑物。常用作软弱地基上的面积较小,平面形状简单,荷载较大或上部结构分布不均的高层重型建筑物,如图9-18所示。

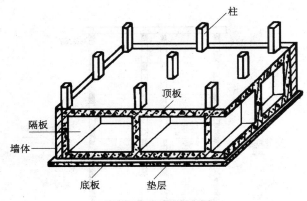

图 9-18　箱形基础

9.3.2.6　桩基础

当建筑物荷载较大,地基软弱土层的厚度在 5m 以上,基础不能埋在软弱土层内,或对软弱土层进行人工处理较困难或不经济时,常采用桩基础。桩基础具有承载力高,沉降量小的特点,是高层建筑中常用的一种深基础。

桩基础由桩身和承台组成,桩身伸入土中,承受上部荷载;承台用来连接上部结构和桩身,如图 9-19 所示。

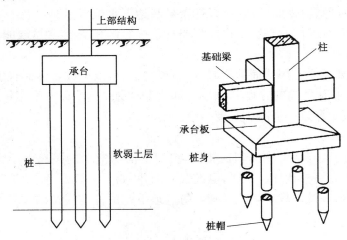

图 9-19　桩基础组成示意图

桩基础类型很多,按照桩身的受力特点,分为摩擦桩和端承桩。上部荷载如果主要依靠桩身与周围土层的摩擦阻力来承受时,这种桩基础称为摩擦桩;如果上部荷载通过桩端传至深处坚硬土层,这种桩基础称为端承桩。

9.4　地下室构造

9.4.1　地下室的构造组成

建筑物下部的地下使用空间称为地下室。地下室一般由墙体、底板、顶板、门窗、楼梯等几部分组成。如图9-20所示。

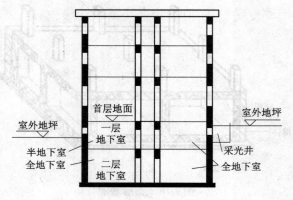

图9-20　地下室示意图

1. 地下室的墙体

地下室的外墙不仅承受垂直荷载,还承受土、地下水和土壤冻胀的侧压力,因此砖墙厚度不小于490mm。当荷载较大或地下水位较高时,最好采用钢筋混凝土墙,但是厚度不小于200mm。

2. 地下室的底板

底板处于最高地下水位以上,并且无压力作用时,可按一般地面工程处理,即垫层上现浇混凝土60～80mm厚,再做面层;如底板处于最高地下水位以下时,底板不仅承受上部垂直荷载,还承受地下水的浮力荷载,所以底板要有足够的强度、刚度和抗渗能力。

3. 地下室的顶板

地下室顶板主要承受首层地面的荷载,可用预制板、现浇板或者预制板上做现浇层(装配整体式楼板),要求有足够的强度和刚度。如为防空地下室,必须采用钢筋混凝土现浇板,并按有关规定决定厚度和混凝土强度等级。

4. 地下室的门窗

普通地下室的门窗与地上房间门窗相同,窗口下沿与散水的距离不小于250mm,以免灌水;地下室外窗如在室外地坪以下时,应设置采光井,如图9-21所示。防空地下室一般不允许设窗,如需开窗,应设置战时堵严措施。防空地下室的外门应按防空等级要求,设置相应的防护构造。

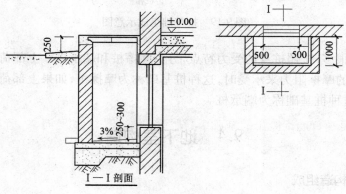

图9-21　采光井

5. 地下室的楼梯

地下室楼梯可与上部楼梯设置相同,层高小或用作辅助房间的地下室,可设置单跑楼梯,防空要求的地下室至少要设置两部楼梯通向地面的安全出口,并且必须有一个是独立的安全出口,这个安全出口周围不得有较高建筑物,以防空袭倒塌,堵塞出口,影响疏散。

9.4.2　地下室的类型

9.4.2.1　按埋入深度分类

1. 全地下室

当地下室地面低于室外地坪的高度超过该地下室净高的 1/2 时为全地下室。

2. 半地下室

当地下室地面低于室外地坪的高度超过该地下室净高的 1/3,但不超过 1/2 时为半地下室。

9.4.2.2　按使用功能分类

1. 普通地下室

普通地下室一般用作设备用房、储藏用房、商场、餐厅、车库等。根据用途和需要可以作成一层、二层、三层或多层地下室。

2. 人防地下室

结合人防要求设置的地下空间,用于应付战时人员的隐蔽和疏散,并具有保障人身安全的各项技术措施。

9.4.2.3　按结构材料分

1. 砖混结构地下室;
2. 钢筋混凝土结构地下室。

9.4.3　地下室的防潮和防水

1. 地下室防潮构造

当地下水的常年水位和最高水位都在地下室地坪标高以下时,需在地下室外墙外面作垂直防潮层。其做法是在墙体外侧先抹 20mm 厚 1∶9.5 的水泥砂浆找平,再涂刷冷底子油一道及热沥青两道,然后回填低渗透性的土壤,如黏土、灰土等,并逐层夯实,土层的宽度为 500mm 左右,以防地面雨水和地表水的侵蚀。另外,在地下室所有墙体设两道水平的防潮层,一道在地下室地坪附近,另一道设在散水以上 150~200mm 的位置,使整个防潮层连成整体,以防止土中潮气沿地下室墙体或勒脚处进入室内,如图 9-22 所示。

2. 地下室防水构造

(1)钢筋混凝土自防水

防水混凝土是在普通混凝土的基础上,从"集料级配"法发展而来,通过调整配合比或掺外加剂等手段,改善混凝土自身密实性,使其具有抗渗能力大于 60MPa($6kg/cm^2$)的混凝土,用于立墙时厚度为 200~250mm,用于底板时厚度为 250mm。防水混凝土的抗渗性能取决于最大水头(H)和墙厚(h)的比值 H/h 大小,如图 9-23 所示。

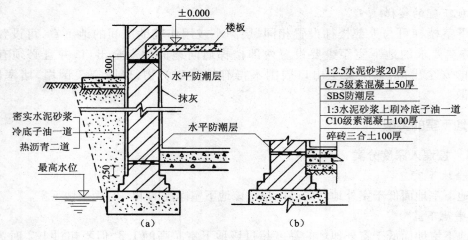

图 9-22　地下室防潮构造

（a）墙身防潮；（b）地坪防潮

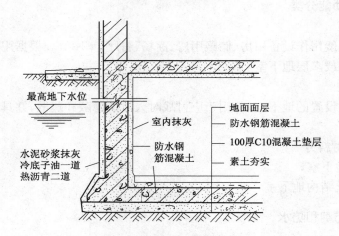

图 9-23　地下室混凝土构件自防水构造

（2）卷材防水

卷材防水层一般采用高聚物改性沥青防水卷材（如 SBS 改性沥青防水卷材、APP 改性沥青防水卷材）或高分子防水卷材（如三元乙丙橡胶防水卷材、再生胶防水卷材等）与相应的胶结材料粘结形成防水层。这类材料延伸率大，对基层伸缩和开裂变形适应性较强，适用于地下防水施工。按照卷材防水层的位置不同，分外防水和内防水。

（A）外防水

它是将卷材防水层满包在地下室墙体和底板外侧的做法，这种做法对防水有利，但是不便于维修。其构造要点是 20mm 厚的 1:3 的水泥砂浆找平层，并刷冷底子油一道，然后选定卷材的层数，分层粘贴防水卷材，防水层需高出最高地下水位 500～1000mm，卷材防水层以上的地下室侧墙应抹水泥砂浆涂两道热沥青，直至室外散水处。垂直防潮层外侧宜采用聚苯乙烯泡沫塑料保护层，或砌半砖保护墙（边砌边填实），然后在墙体防水层外侧砌半砖保护墙。应注意在墙体防水层的上部设垂直防潮层与其连接，如图 9-24 所示。

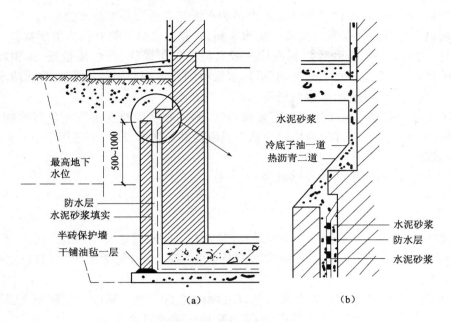

图 9-24　地下室外防水构造

(a)外包防水；(b)墙身防水层收头处理

(B)内防水

它是将卷材防水层满包在地下室墙体和地坪的结构层内侧的做法，内防水施工方便，但属于被动式防水，对防水不利，所以一般用于修缮工程，如图 9-25 所示。

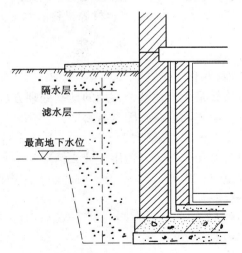

图 9-25　地下室内防水构造

3. 涂料防水

涂料防水也称涂膜防水，适用于受侵蚀性介质或受振动作用的地下工程主体迎水面或背水面防水。一般采用外防外涂或外防内涂两种施工方法。

地下工程防水涂料可分为有机防水涂料（如合成橡胶类、合成树脂类、橡胶沥青类）和无机防水涂料(如聚合物改性水泥基防水涂料和水泥基渗透结晶型防水涂料)。

目前国内采用较多的是聚合物水泥防水涂料,它是以高分子聚合物为主要基料,加入无机活性粉料(如水泥及石英砂等),具有比一般有机涂料干燥快、弹性模量低、体积收缩小、抗渗性好等优点,属柔性防水。此外,有机防水涂料固化成膜后最终是形成柔性防水层,与防水混凝土主体组合为刚性、柔性两道防水。

无机防水涂料是在水泥中掺有一定量聚合物,不同程度地改变水泥固化后的物理力学性能,但是与防水混凝土主体组合后仍应认为是刚性两道防水设防,不适用于变形较大或受振动荷载的部位。

上述几种防水做法,前两种应用较多。

本 章 小 结

1. 基础与地基是不同的概念。基础是建筑物的一部分,而地基则不是。地基可分为天然地基和人工地基。人工地基的加固方法有压实法、换土法、化学加固法、打桩法等多种方法。

2. 基础埋深是指从设计室外地面至基础底面的垂直距离。基础的埋深与上部结构的荷载大小以及地质水文条件、冻土深度、相邻基础的位置等有关。

3. 基础按材料和受力特点分为刚性基础和柔性基础。按形式可分为单独基础、条形基础、片筏基础、箱形基础、桩基础等。

4. 地下室经常受到下渗地表水、土壤中的潮气和地下水的侵蚀,应妥善处理地下室的防潮和防水构造,当最高地下水位低于地下室地坪且无滞水可能时,地下室一般只做防潮处理。当最高地下水位高于地下室地坪时,对地下室必须采取防水处理。根据防水材料的不同,地下室防水可以采用防水混凝土自防水和卷材等材料防水。

思 考 题

1. 地基和基础的概念,两者有何区别?

2. 什么是天然地基?什么是人工地基?常用的地基处理方法有哪些?

3. 什么是基础埋深?影响基础埋深的因素有哪些?

4. 什么是刚性基础?什么是柔性基础?

5. 基础按构造形式分为哪几类?各自适用于什么情况?

6. 桩基础有哪几部分组成?

7. 地下室有哪几部分组成?

8. 简述地下室防潮的构造做法。

9. 地下室防水有哪些构造做法?

第10章 墙 体

学习目标要求

1. 掌握墙体的作用、类型及布置方案;
2. 掌握墙体的构造和细部构造;
3. 掌握砌块墙和隔墙构造;
4. 掌握墙面装修做法及适用范围。

学习重点与难点

本章重点:1.墙体的类型;2.墙体的结构布置方案;3.墙体的构造和细部构造;4.砌块墙和隔墙构造;5.墙面装修构造。

本章学习难点:墙体的细部构造。

墙是建筑物的重要构件之一。在一般的砖混结构建筑中,墙是重要的承重构件,同时又是主要的围护和分隔构件。墙体的造价约占工程总造价的 30% ~40% ,墙的重量约占房屋总重量的 40% ~65% 。如何选择墙体材料和构造方法,将直接影响房屋的使用质量、自重、造价、材料和施工工期。

10.1 墙体的作用、类型及设计要求

10.1.1 墙体的作用

民用建筑中的墙体一般有四个作用:

1. 承重作用

承受自重和建筑物地上部分的全部荷载及风荷载,是建筑物主要的竖向承重构件。

2. 围护作用

外墙是建筑物围护结构的主体,遮挡风、雨、雪的侵袭,防止太阳辐射、噪声干扰及室内热量的散失,起保温、隔热、隔声、防水等作用。

3. 分隔作用

墙体是划分建筑内部空间的主要构件,把建筑内部划分为不同的空间。

4. 装饰作用

内外墙面需要进行一定程度的装饰装修,墙体对整个建筑物起到美观装饰的作用。

10.1.2 墙体的类型

根据墙体在建筑物中的位置、方向、受力情况、构造方式、施工方法等把墙体分成不同的类型。

10.1.2.1 按墙体在建筑物中的位置

按墙体在建筑物中的位置不同,可分为内墙和外墙。

1. 外墙是位于房屋四周的墙,也称为外围护墙。

2. 内墙是位于房屋内部的墙,主要起分隔内部空间的作用。

10.1.2.2 按墙体的方向

按墙体的布置方向分为纵墙和横墙。

1. 纵墙是沿建筑物长轴方向布置的墙体,外纵墙又称为檐墙。

2. 横墙是沿建筑物短轴方向布置的墙体,外横墙又称为山墙。

另外,窗与窗、窗与门之间的墙称为窗间墙;窗洞下部的墙称为窗下墙;屋顶上部的墙称为女儿墙(图 10-1)。

10.1.2.3 按墙体的受力情况

根据墙体的受力情况,墙体可分为承重墙和非承重墙。

承重墙直接承受楼板及屋顶等传下来的荷载,并把这些荷载及墙体本身的自重传至基础。

非承重墙是不承受这些外来荷载的墙体,包括:

1. 自承重墙

自承重墙不承受外来荷载,仅承受自身重量并将其传至基础。

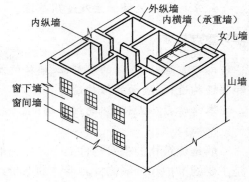

图 10-1 墙体各部分名称图

2. 隔墙、填充墙、幕墙

这类墙体只起到分隔围护的作用,不承受外来荷载,自身重量由梁或楼板承担,如框架填充墙、玻璃幕墙等。

10.1.2.4 按墙体构造方式

按构造方式墙体可分为实体墙、空体墙和组合墙三种。

实体墙是由单一材料实砌而成的。

空体墙是由单一材料砌成空腔或者采用具有孔洞的材料砌筑的墙体,如空斗砖墙、空心砌块墙等。

组合墙是有两种以上材料组合砌筑而成的墙体,如混凝土、加气混凝土复合板材墙,其中混凝土起承重作用,加气混凝土起保温隔热作用。

10.1.2.5 按墙体的施工方法

按墙体的施工方法不同可分为块材墙、板筑墙和板材墙三种。

块材墙是用砂浆等胶结材料和块体材料组合而成,如,砖墙、石墙、砌块墙等。

板筑墙是现场支模板、现浇而成的墙体,如,现浇钢筋混凝土墙等。

板材墙是预先制成墙板,施工时安装而成的墙体,如,预制混凝土大板墙、各种轻质条板墙等。

10.1.3　墙体的设计要求

10.1.3.1　具有足够的强度和稳定性

强度是指墙体承受荷载的能力,它与所采用的材料、材料强度等级、墙体的截面积、构造和施工方法有关。作为承重墙的墙体,必须具有足够的强度,以确保结构的安全。

墙体稳定性与墙体的高度、长度和厚度有关系。高而薄的墙体稳定性差,矮而厚的墙体稳定性好。

提高墙体强度稳定性的措施有:增加墙厚、提高砌筑砂浆强度等级、增加墙垛、构造柱、圈梁、墙内加筋等。

10.1.3.2　热工要求

1. 墙体保温

我国北方地区,气候寒冷,要求外墙具有良好的保温能力,以减少室内热量损失。对有保温要求的墙体,需提高其构件的热阻,通常采取以下措施:

(1)增加墙体厚度;

(2)选用孔隙率高的轻质材料;

(3)采用多种材料的组合墙。

2. 墙体隔热

我国南方地区气候炎热,除设计中考虑建筑物朝向、通风外,外墙应具有一定的隔热性能,常用的隔热措施有:

(1)选用热阻大、重量大的材料作外墙;

(2)选用光滑、平整、浅色的材料,以增加对太阳的反射能力;

(3)在墙内设置通风间层;

(4)在窗口外侧设置遮阳设施,以遮挡太阳光直射室内。

10.1.3.3　隔声要求

为了保证建筑的室内有一个良好的声学环境,墙体必须具有一定的隔声能力。墙体主要隔离通过空气传播的噪声,可以采取以下措施:

1. 选用表观密度大的材料;

2. 加大墙厚和密实性;

3. 采用墙中设空气间层或多孔性材料的夹层墙;

4. 利用垂直绿化降噪等措施提高墙体的隔声能力。

10.1.3.4　防火要求

在防火方面,应符合防火规范中相应的燃烧性能和耐火极限的规定。当建筑的占地面积或长度较大时,还应按防火规范要求设置防火墙,防止火灾蔓延。

10.1.3.5　防水防潮要求

在一些用水房间,比如厨房、卫生间、实验室等空间的墙体以及地下室的墙体应该满足防水防潮要求。通过选用良好的防水材料及合理的构造做法,保证墙体的坚固耐久,满足室内良好的卫生环境。

10.1.3.6　适应工业化要求

通过采用新工艺、提高机械化施工程度、提高工效、降低劳动强度,采用轻质高强度的墙体材料,以减轻自重、降低成本,达到建筑工业化要求。

10.1.4 墙体的结构布置方案

对于墙体承重为主的砖混结构,要根据房屋的使用功能合理地选择墙体的结构布置方案,常见的墙体结构布置方案有横墙承重、纵墙承重、纵横墙混合承重和墙柱混合承重四种。

10.1.4.1 横墙承重

横墙承重是将楼板及屋面板等水平承重构件搁置在横墙上,如图 10-2(a)所示,这时,楼板、屋顶上的荷载均由横墙承受,纵向墙只起纵向稳定和拉结的作用。这种承重方案的主要特点是横墙间距小,加上纵向的拉结,使建筑物的整体性好、横向刚度大,对抵抗地震作用等水平荷载有利。但是横墙承重方案限制开间,适用于房间开间不大、位置比较固定的建筑,如宿舍、旅馆、住宅等小开间建筑。

10.1.4.2 纵墙承重

纵墙承重是将楼板及屋面板等水平承重构件搁置在纵墙上,横墙只起分隔空间和连接纵墙的作用,如图 10-2(b)所示。这种布置方案使房间开间的划分比较灵活,多是用于需要较大房间的办公楼、商店、教学楼等公共建筑。

10.1.4.3 纵横墙混合承重

纵横墙混合承重是纵墙和横墙共同作为承重墙的结构布置方案,如图 10-2(c)所示。这种承重方案平面布置灵活,两个方向的抗侧力都比较好。这种结构布置方案适用于开间、进深变化较多的建筑,如教学楼、医院、幼儿园等。

10.1.4.4 墙柱混合承重

房屋内部采用柱、梁组成的内框架承重,四周采用墙承重,由墙和柱共同承受水平承重构件传来的荷载,称为墙柱混合承重,如图 10-2(d)所示。这种结构布置方案适合于室内需要较大空间的建筑,如大型商店、餐厅等。

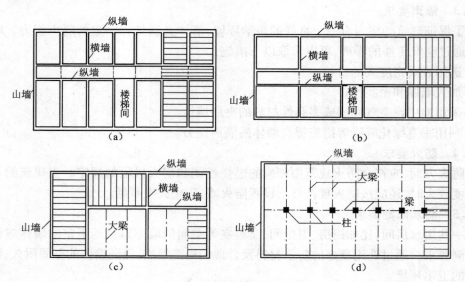

图 10-2 墙体的承重方案
(a)横墙承重;(b)纵墙承重;(c)纵横墙混合承重;(d)墙柱混合承重

10.2　砖　墙　构　造

10.2.1　砖墙的材料、尺寸和组砌方式

砖墙属于块材墙,在我国采用砖墙施工有着悠久的历史。砖墙的优点是保温、隔热及隔声效果较好,具有防火和防冻性能,有一定承载力,取材容易、制造及施工操作简单,不需大型设备。其缺点是施工速度慢、劳动强度大、自重大,而且黏土砖占用农田。

10.2.1.1　砖墙材料

砖墙是用砂浆将砖块砂浆按一定的技术要求砌筑而成的砌体,材料主要是砖和砂浆。

1. 砖

(1)砖按材料不同可分为黏土砖、页岩砖、粉煤灰砖、灰砂砖、炉渣砖等。

(2)按形状不同可分为实心砖、多孔砖、空心砖,其中常用的是普通黏土砖和多孔砖。

普通黏土砖在我国的使用已有数千年的历史,虽然普通黏土砖具有毁田取土、生产能耗大、劳动生产率低、不利于施工机械化等缺点,但由于其具有较好的绝热、耐火和耐久性,且造价低廉,至今仍能得到应用。

普通实心砖的规格为 240mm×115mm×53mm。砌筑砖墙时通常取 10mm 宽的灰缝,在加入灰缝后,砖的长、宽、厚之比为 4∶2∶1,一个砖长等于两个砖宽加一个灰缝,等于四个砖厚加三个灰缝。普通实心砖的尺寸关系如图 10-3 所示。

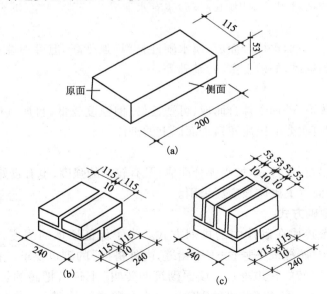

图 10-3　标准砖的尺寸关系
(a)标准砖;(b)砖的组合;(c)砖的组合

墙体材料的发展方向是逐步限制和淘汰黏土砖,大力发展多孔砖、空心砖、废渣砖。所以对多孔砖砌体也要有所了解。

多孔砖根据其尺寸规格分为 M 型和 P 型两类,见图 10-4 所示。

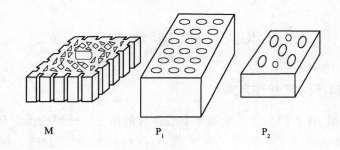

图 10-4　多孔砖的规格

与普通黏土砖相比多孔砖可节省黏土 20% ～30%,节约燃料 10% ～20%,减轻自重 30% 左右,且烧成率高,施工效率高,并进一步改善绝热性能和隔声性能。

多孔砖根据抗压强度平均值和抗压强度标准值或抗压强度最小值分为 MU30、MU25、MU20、MU15、MU10 共 5 个等级。多孔砖规格有 190mm × 190mm × 90mm、240mm × 115mm × 90mm、240mm × 180mm × 115mm。

多孔砖墙常采用一顺一丁、梅花丁等砌筑形式,满足上下错缝,内外搭接的砌筑要求;对抗震设防地区砌体施工应采用"三一"砌筑法,即一铲灰、一块砖、一揉压的砌筑方法。砌筑时为了确保块体具有最大的有效受压面积,将多孔砖的空洞垂直于受压面,孔洞垂直水平灰缝,部分砂浆深入孔洞壁内,还可提高砌体的抗剪强度。

2. 砂浆

砂浆是砌块的胶结材料。常用的砌筑砂浆有水泥砂浆、石灰砂浆、混合砂浆等。

(1)水泥砂浆

水泥砂浆由水泥、砂加水拌合而成,属水硬性材料,强度高,但可塑性和保水性较差,适合砌筑潮湿环境下的砌体,如地下室、砖基础等。

(2)石灰砂浆

石灰砂浆由石灰膏、砂加水拌合而成,可塑性好,但强度较低,且属气硬性材料,遇水强度降低,所以适合砌筑次要的民用建筑地面以上的砌体。

(3)混合砂浆

混合砂浆由水泥、石灰膏、砂加水拌合而成,既有较高的强度,也有良好的可塑性和保水性,故在民用建筑地面以上砌体被广泛采用。

10.2.1.2　砖墙的组砌方式

砖墙的组砌是指砖块在砌体中的排列方式。为了保证墙体的强度,砖砌体必须满足"砂浆饱满,厚薄均匀,砖缝横平竖直、上下错缝、内外搭接"的砌筑要求。在砌筑中,每排列一层砖称为"一皮",将砖的长边垂直于墙面砌筑的砖叫"丁砖",把砖的长边沿墙面砌筑的砖叫"顺砖",见图 10-5。实体墙常见的砌筑方式有全顺式(120 墙)、一顺一丁、三顺一丁或多顺一丁、每皮丁顺相间也叫十字式或梅花式(240 墙),两平一侧式(180 墙)等。砖墙的组砌方式如图 10-6 所示。

10.2.1.3　砖墙的尺寸

1. 砖墙的厚度

砖墙的厚度习惯上以砖长为基数来命名,如半砖墙、一砖墙、一砖半墙等。工程上以它

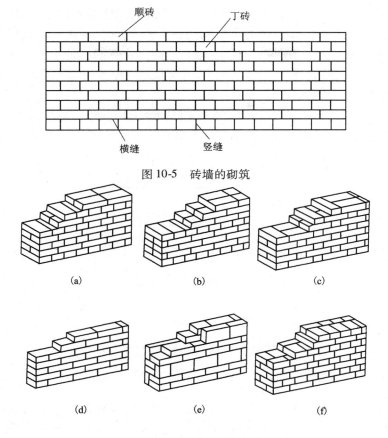

图 10-5　砖墙的砌筑

图 10-6　砖墙的组砌方式
（a）240 砖墙　一顺一丁式；（b）240 砖墙　多顺一丁式；
（c）240 砖墙　十字式；（d）120 砖墙；（e）180 砖墙；（f）370 砖墙

们的标志尺寸来命名，如 12 墙、24 墙、37 墙等。常用的墙厚尺寸规律见表 10-1。

表 10-1　砖墙厚度的组成（mm）

砖墙断面		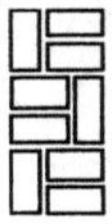	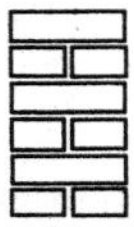	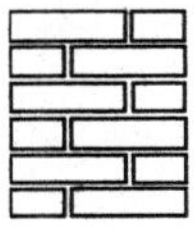	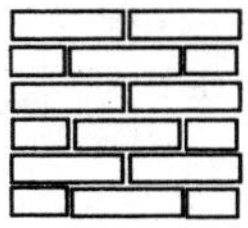
尺寸组成	115×1	115×1+53+10	115×2+20	115×3+20	115×4+30
构造尺寸	115	178	240	365	490
标志尺寸	120	180	240	370	490
工程称谓	一二墙	一八墙	二四墙	三七墙	四九墙
习惯称谓	半砖墙	3/4 砖墙	一砖墙	一砖半墙	两砖墙

2. 砖墙的高度

按砖模数要求，砖墙的高度是 53＋10＝63 的整倍数。但现行的统一模数协调系列多为
3M，如 2700mm、3000mm、3300mm 等，住宅建筑中层高尺寸则按 1M 递增，如 2700mm、

131

2800mm、2900mm等,均无法与砖模数协调统一。为此砌筑前需要调整灰缝厚度,并制作皮数杆以作为砌筑的依据。一般灰缝的调整范围在 8~12mm 范围内。皮数杆是指在其上划有每皮砖和灰缝厚度,以及门窗洞口、过梁、楼板等高度位置的一种木制标杆。砌筑时用来控制墙体竖向尺寸及各部位构件的竖向标高,并保证灰缝厚度的均匀性。

· 3. 墙段的长度和洞口尺寸

工程实际中常以一个砖宽加上一个灰缝(115mm + 10mm) = 125mm 为砌体的组合模数,以此为尺寸基数确定各部分尺寸,墙段及洞口尺寸计算见图10-7所示。

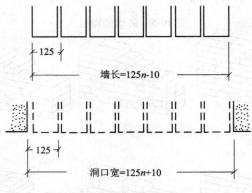

墙长=125n-10

洞口宽=125n+10

图 10-7　墙段的长度和洞口尺寸

10.2.2　砖墙的细部构造

为了保证砖墙的耐久性和墙体与其他构件的连接,应在相应的位置进行细部构造处理。墙体的细部构造包括勒脚、散水(或明沟)、墙身防潮层、过梁、窗台、圈梁、构造柱等。

10.2.2.1　勒脚

勒脚是墙身接近室外地面的部分。勒脚的作用是保护外墙身,以免地面水、屋檐底下的雨水反溅污染墙面,或者机械的碰撞对墙体产生的破坏,提高建筑物的耐久性;另外,对整个建筑物外立面起到一定的装饰作用。勒脚的高度不低于500mm,一般为室内外地坪标高之差,有时为了立面的美观,也可以将勒脚高度提高到底层窗台底。

勒脚的作法可查阅相关《建筑构造通用图集》,常见的作法有抹灰、贴面、石材砌筑,见图10-8所示。

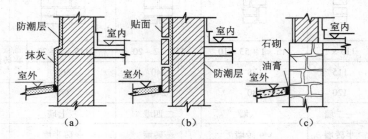

图 10-8　勒脚构造做法
(a)抹灰勒脚;(b)贴面勒脚;(c)石材勒脚

10.2.2.2　散水与明沟

散水是房屋四周靠近勒脚下部的排水坡,明沟是靠近勒脚下部设置的排水沟。它们的作用都是防止雨水或者地面积水在房屋四周向下渗透侵蚀基础,保护墙基,提高建筑的耐久性。

散水适用于降雨量较小的北方地区。其做法可查阅相关《建筑构造通用图集》,常见做法见图 10-9(a)所示。

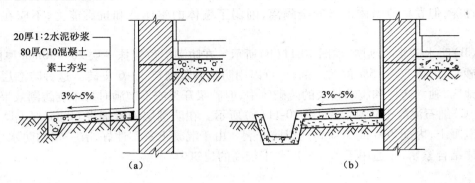

图 10-9　散水和明沟构造作法
(a)散水;(b)明沟

散水应设不小于 3% 的排水坡;散水宽度一般为 600 ~ 1000mm,当屋面为自由落水时,其宽度应比屋檐挑出宽度大 200mm;对于刚性材料做的散水应每个 6 ~ 12m 设一道分隔缝,并用热沥青或沥青砂浆填缝,散水与外墙交接处也应用热沥青或沥青砂浆进行填缝处理。

明沟又称排水沟,可用于降水量大的南方地区。其构造可查阅相关《建筑构造通用图集》,常见做法见图 10-9(b)所示。

按材料不同,常用明沟有砖砌、石砌、混凝土现浇三种作法,沟底应做纵坡,坡度为 0.5% ~ 1%,宽度不小于 200mm,一般取 220 ~ 350mm。

10.2.2.3　墙身防潮层

为了防止地下潮气沿墙体上升和地表水对墙面的侵蚀,采用防水材料将下部墙体与上部墙体隔开,这个阻断层就是防潮层。墙身防潮的目的在于隔绝室外雨水及地潮等对墙体的影响。

墙身防潮层有水平防潮层和垂直防潮层两种。

1. 水平防潮层

(1)水平防潮层的设置位置

墙身水平防潮层的位置如图 10-10 所示,一般在首层室内地坪(± 0.000)以下 60mm 处,即相对标高 − 0.060m 处,而且至少要高出室外地坪 150mm。

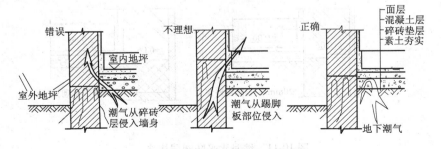

图 10-10　水平防潮层的设置位置

（2）水平防潮层的做法

（A）卷材防潮层，如图 10-11（a）所示。在防潮层部位先抹 20mm 厚的水泥砂浆找平层，然后干铺卷材一层或用沥青粘贴卷材一层。卷材防潮层具有一定的韧性、延展性和良好的防潮性能，但卷材使墙体上下完全隔离，削弱了墙体的整体性和抗震能力，不应在地震区采用。

（B）防水砂浆防潮层，如图 10-11（b）所示。在防潮层位置抹一层 20～30mm 厚的 1：2 水泥砂浆，内掺 3%～5% 的防水剂；也可以用防水砂浆砌筑 3～6 皮砖。这种防潮层适用于抗震地区、独立砖柱和震动较大的砖砌体中，但砂浆开裂或不饱满时易影响防潮效果。

（C）细石混凝土防潮层，如图 10-11（c）所示。在防潮层位置铺设 60mm 厚 C15 或 C20 细石混凝土，内配 $3\phi6$ 或 $3\phi8$ 钢筋以防开裂。由于混凝土密实性好，有一定的防水性能，并与砌体结合紧密，故适用于整体刚度要求较高的建筑中。

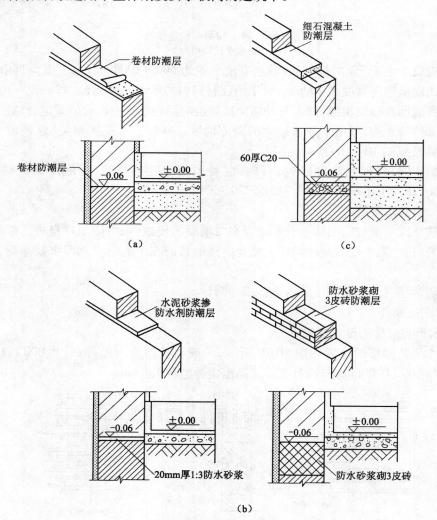

图 10-11　墙身水平防潮层构造

（a）卷材防潮层；（b）防水砂浆防潮层；（c）细石混凝土防潮层

2. 垂直防潮层

当两相邻房间之间室内地面有高差时,应在墙体两侧室内地坪以下设置两道水平防潮层,并在两道水平防潮层之间靠近回填土的一侧设置一道垂直防潮层,以免回填土中的潮气侵入墙身。墙身防潮层位置和做法如图 10-12 所示,先用水泥砂浆抹面,刷上冷底子油一道,再刷热沥青两道;也可以采用掺有防水剂的砂浆抹面。

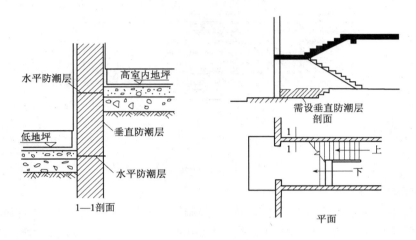

图 10-12　墙身垂直防潮层构造

10.2.2.4　过梁

过梁是门窗洞口上设置的横梁,其作用是承担门窗洞口上传来的荷载,并将这些荷载传给门窗洞口两侧的墙体,以免门窗框被压坏或变形。过梁的形式有砖拱过梁、钢筋砖过梁和钢筋混凝土过梁三种。目前多采用钢筋混凝土过梁。

1. 砖拱过梁

这种过梁是由竖砖砌筑而成的,砖拱过梁分为平拱和弧拱。由竖砌的砖作拱圈,一般将砂浆灰缝做成上宽下窄,上宽不大于 20mm,下宽不小于 5mm。砖不低于 MU7.5,砂浆不能低于 M2.5,砖砌平拱过梁净跨宜小于 1.2m,不应超过 1.8m,中部起拱高约为 $\frac{1}{50}L$。如图 10-13所示。

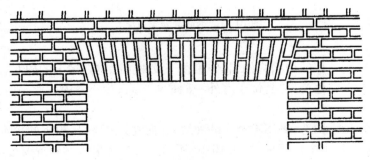

图 10-13　砖拱过梁

2. 钢筋砖过梁

钢筋砖过梁是配置了钢筋的平砌砖过梁。通常将间距小于 120mm 的 $\phi6$ 钢筋埋在梁底部厚度 30mm 的水泥砂浆层内,钢筋伸入洞口两侧墙内的长度不应小于 240mm,并设 90°直弯钩埋在墙体的竖缝内。在洞口上部不小于 1/4 洞口跨度的高度范围内(且不应小于 5 皮砖),用不低于 M2.5 的砂浆砌筑。钢筋砖过梁净跨宜小于等于 1.5m,不应超过 2m,如图 10-14 所示。

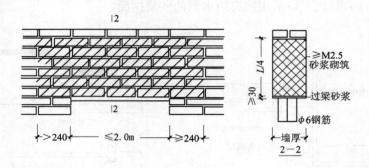

图 10-14　钢筋砖过梁

3. 钢筋混凝土过梁

　　钢筋混凝土过梁承载力强,一般不受跨度限制。钢筋混凝土过梁有现浇和预制两种,梁高及配筋由计算确定。为了施工方便梁高应与砖的皮数相适应,以方便墙体连续砌筑,常见梁高为 60mm、120mm、180mm、240mm,即 60mm 的整倍数。梁宽一般同墙厚,梁两端深入墙内的长度不小于 240mm,以保证足够的承压面积,如图 10-15 所示。过梁的断面形式有矩形和 L 形,矩形多用于内墙和混水墙,L 形多用于外墙和清水墙。

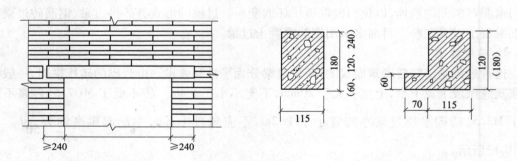

图 10-15　钢筋混凝土过梁

10.2.2.5　窗台

　　窗台是位于窗洞下部的排水构件,其作用在于及时排除淋在窗上的雨水,避免积水渗进室内或墙身。窗台以窗框为界限,位于室外一侧是外窗台,位于室内一侧是内窗台。窗台高度一般为 900mm。

　　外窗台应设置排水构造,采用不透水的面层,并向外设不小于 20% 的排水坡,以利于排水,有悬挑窗台和不悬挑窗台两种,如图 10-16 所示。目前多采用不悬挑窗台。

　　悬挑窗台常采用顶砌一皮砖出挑 60mm 或将一砖侧砌并出挑 60mm,也可采用钢筋混凝土窗台。挑窗台底部边缘处抹灰时应做宽度和深度均不小于 10mm 的滴水线或滴水槽。

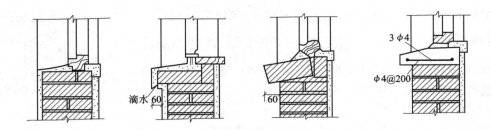

图 10-16　窗台的构造

10.2.2.6　窗套与腰线

窗套与腰线都是立面的装修做法。窗套由带挑檐的过梁、窗台和窗边挑出的立砖形成，外抹水泥砂浆后，再做其他装饰。腰线是指过梁和窗台形成的水平线条，外抹水泥砂浆后，再做其他装饰。

10.2.2.7　壁柱和门垛

壁柱和门垛属于墙身的加固措施。

当墙体的窗间墙上出现集中荷载，而墙厚又不足以承担其荷载；或当墙体的长度和高度超过一定限度并影响到墙体稳定性时，常在墙身局部适当位置增设凸出墙面的壁柱以提高墙体刚度。通常壁柱凸出墙面 120mm 或 240mm，壁柱宽 370mm 或 490mm。

当在较薄的墙体上开设门洞时，为便于门框的安置和保证墙体的稳定，须在门靠墙转角处或丁字接头墙体的一边设置门垛，门垛凸出墙面不少于 120mm，宽度同墙厚，如图 10-17 所示。

10.2.2.8　圈梁

圈梁是沿外墙四周及部分内墙的水平方向设置的连续闭合的梁。

1. 圈梁的作用

提高建筑物的空间刚度及整体性，增加墙体的稳定性；减少由于地基不均匀沉降而引起的墙身开裂。对于抗震设防地区，利用圈梁加固墙身很有必要。

2. 圈梁的构造

圈梁有钢筋砖圈梁和钢筋混凝土圈梁两种。

钢筋砖圈梁多用于非抗震区，圈梁的高度为 4~6 皮砖高，并用不低于 M5 的砂浆砌筑，并在砖缝中夹纵向钢筋不少于 $4\phi6$ 钢筋，分上、下两层设置在圈梁的顶部和底部的水平灰缝内，如图 10-18 所示。

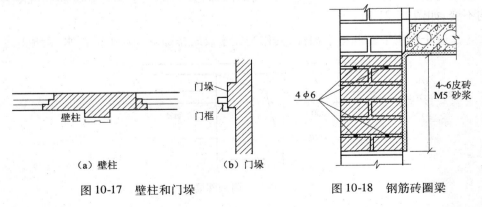

图 10-17　壁柱和门垛　　　　图 10-18　钢筋砖圈梁

钢筋混凝土圈梁的截面形状一般为矩形，宽度宜与墙厚相同，当墙厚 $b \geq 240mm$ 时，其宽度不宜小于 $\frac{2b}{3}$，高度不小于 120mm，并应符合砖厚的倍数，配筋不少于 $4\phi8$。现浇钢筋混凝土圈梁构造要求如图 10-19 所示。

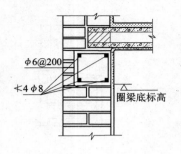

图 10-19　钢筋混凝土圈梁

3. 圈梁的设置位置

钢筋混凝土外墙圈梁顶一般与楼板持平，或在楼板层之下。铺预制楼板的内承重墙的圈梁一般设在楼板之下。如图 10-20 所示。

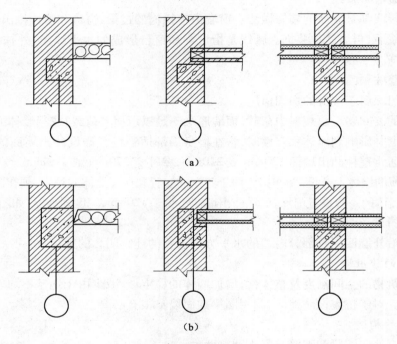

（a）

（b）

图 10-20　圈梁在墙中的位置
（a）圈梁在楼板层之下；（b）圈梁顶与楼板层持平

圈梁应闭合，当圈梁被门窗洞口截断时，应在洞口上部增设相同截面的附加圈梁，附加圈梁与圈梁的搭接长度不应小于其垂直距离的两倍，且不得小于 1m，其配筋和混凝土强度等级均不变，如图 10-21 所示。

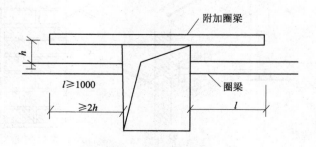

图 10-21　附加圈梁

10.2.2.9　构造柱

为提高多层建筑砌体结构的抗震性能,规范要求应在房屋的砌体内适宜部位设置钢筋混凝土柱并与圈梁连接,共同加强建筑物的稳定性。这种钢筋混凝土柱通常就被称为构造柱。

1. 构造柱的作用

在砌体结构中构造柱的主要作用一是从竖向加强层与层之间墙体的连接;二是与圈梁一起共同形成空间骨架,以增加房屋的整体刚度,提高墙体抵抗变形的能力。

2. 构造柱的设置位置

(1)建筑物的四角;(2)纵横墙交接处;(3)楼梯间与电梯间;(4)某些较长墙体的中部。

3. 构造柱的构造

(1)钢筋混凝土构造柱不单设基础,但应伸入室外地面以下 500mm 的基础内,或锚固于地圈梁内。

(2)构造柱断面尺寸不小于 240mm × 180mm,主筋不少于 4ϕ12,箍筋间距不大于 250mm,且在柱上下端宜适当加密;7 度时超过六层、8 度时超过五层或九层时,纵向钢筋宜配 4ϕ14,箍筋间距不大于 200mm;房屋角的构造柱可适当加大截面及配筋。

(3)墙与柱之间沿墙高每 500mm 设 2ϕ6 钢筋拉结,每边伸入墙内不小于 1m。构造柱在施工时,应先砌墙并留马牙槎,随着墙体的上升,逐段浇注钢筋混凝土构造柱,构造柱混凝土标号一般为 C20。如图 10-22 所示。

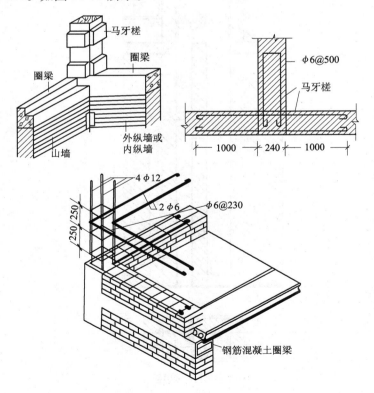

图 10-22　构造柱马牙槎的构造

10.2.2.10 防火墙

防火墙是由不燃烧体构成,耐火极限不低于3h。其作用是为减小或避免建筑、结构、设备遭受热辐射危害和防止火灾蔓延,设置的竖向分隔体或直接设置在建筑物基础上或钢筋混凝土框架上具有耐火性的墙。

《建筑设计防火规范》(GB 50016—2006)规定防火墙应直接设置在基础上或钢筋混凝土的框架上。防火墙应截断燃烧体或难燃烧体的屋顶结构,且应高出非燃烧体屋面不小于40cm,高出燃烧体或难燃烧体屋面不小于50cm。防火墙的最大间距应根据建筑物的耐火等级而定,当耐火等级为一、二级时,其间距为150m;三级时为100m;四级时为75m。

10.2.2.11 烟道和通风道

1. 烟道

在住宅或其他民用建筑中,为了排除炉灶的烟气或其他污浊气体,可在墙内设置烟道。烟道一般设在内墙中,若必须设在外墙中时,烟道边缘与墙外缘的距离不宜小于370mm,特别是寒冷地区,烟道外壁应有足够的厚度。在多层楼房中,很难做到每层设有各自独立的烟道,通常把烟道设置成子母式烟道,它既不会互相串烟,又节省使用面积。见图10-23。

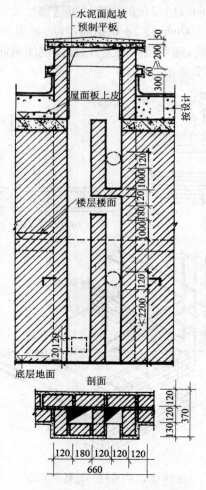

图 10-23　砖砌子母烟道构造

2. 通风道

在人数较多的房间,以及产生烟气和空气污浊的房间,如会议室、厨房、卫生间和厕所等,应设置通风道。通风道的断面尺寸、构造要求及施工方法均与烟道相同,但通风道的进气口应位于顶棚下 300mm 左右,并用铁箅子遮盖,如图 10-24 所示。

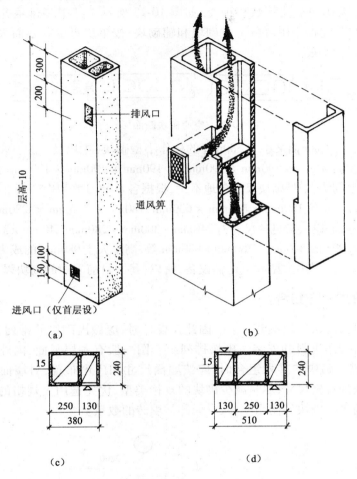

图 10-24　通风道构造
(a)外形;(b)细部构造;(c)一母一子式;(d)一母二子式

烟道和通风道应伸出屋面,伸出高度应有利于烟气扩散,并应根据屋面形式、排出口周围遮挡物的高度、距离和积雪深度确定。平屋面伸出高度不得小于 0.6m,且不得低于女儿墙的高度。

10.3　砌块墙构造

砌块墙是采用比实心黏土砖大的预制块材(称砌块)按一定技术要求砌筑而成的墙体。砌块墙具有容量轻、耐火隔声、保温隔热、生产效率高、抗震性好等特点,是我国大力推广的新型墙体材料之一,品种规格很多。

10.3.1 砌块的类型与规格

砌块按材料不同分为普通混凝土砌块、轻骨料砌块、加气混凝土砌块以及各种工业废料制成的砌块(炉渣混凝土砌块、蒸养粉煤灰砌块等);按形式可分为实心砌块和空心砌块。空心砌块有方孔、圆孔和窄孔等数种种类,如图 10-25 所示。其中多排扁孔对保温比较有利;按在组砌中的位置和作用可分为主砌块和辅砌块;按单块重量和幅面大小分为小型砌块、中型砌块和大型砌块。

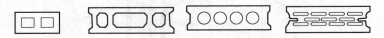

图 10-25　空心砌块断面形式

其中高度大于 115mm 而又小于 380mm 的称作小型砌块(主块尺寸为:190mm × 190mm × 390mm,辅块尺寸为:90mm × 190mm × 190mm 和 190mm × 190mm × 190mm;)高度为 380 ~ 980mm 的称为中型砌块,中型砌块尺寸各地不一,根据各自的习惯和生产条件确定,目前中型空心砌块常见的尺寸有 180mm × 845mm × 630mm、180mm × 845mm × l280mm 和 180mm × 845mm × 2130mm;实心砌块常见的尺寸有 240mm × 380mm × 280mm、240mm × 380mm × 430mm、240mm × 380mm × 580mm、240mm × 380mm × 880mm 等;高度大于 980mm 的成为大型砌块。

大型砌块安装时,需用大型起重运输设备,所以,我国目前采用的砌块以中、小型为主。

10.3.2 砌块墙的排列与组合

砌块的尺寸比较大,砌筑不够灵活。因此在设计时,应做出砌块的排列,并给出砌块排列组合图,施工时按图进料和安装。砌块排列组合图一般有各层平面、内外墙立面分块图(图 10-26)。在进行砌块的排列组合时,应按墙面尺寸和门窗布置,对墙面进行合理的分块,正确选择砌块的规格尺寸,尽量减少砌块的规格类型,优先选用大规格的砌块做主要砌块,并且尽量提高主要砌块的使用率,减少局部补填砖的数量。

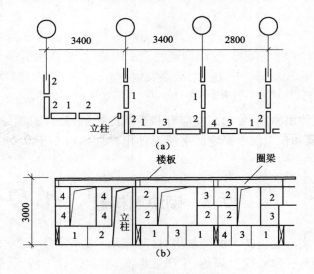

图 10-26　砌块墙的排列组合设计(一)

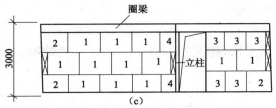

图 10-26　砌块墙的排列组合设计（二）

（a）砌块墙的平面排列组合；（b）砌块墙的外墙立面排列组合；
（c）砌块墙的内墙立面排列组合

砌块的排列应使上下皮错缝，搭接长度一般为砌块长度的 1/4，高度的 1/3～1/2，并且不应小于 90mm。砌块墙砌筑时的灰缝宽度一般为 10～15mm，用 M5 砂浆砌筑。当垂直灰缝大于 30mm 时，则需用 C10 细石混凝土灌实。由于砌块的尺寸大，一般不存在内外皮间的搭接问题，因此更应注意保证砌块墙的整体性。在纵横墙交接处和外墙转角处均应咬接，如图 10-27 所示。

10.3.3　砌块墙的构造

10.3.3.1　增加墙体整体性措施

1. 设置圈梁

为了加强砌块墙的整体性，砌块建筑应在适当的位置设置圈梁。圈梁分为现浇和预制两种。现浇圈梁整体性好，对加固墙身有利，但施工复杂。预制圈梁一般采用 U 形槽代替模板，然后在凹槽内配筋，再现浇混凝土，如图 10-28 所示。

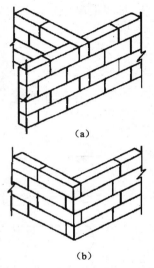

图 10-27　砌块墙转角处咬接搭砌
（a）纵横墙交接处；（b）外墙转角处

2. 设置构造柱

砌块墙的竖向加强措施是在外墙转角以及纵横墙交接处增设构造柱，将砌块在垂直方向连成整体。构造柱的施工方法多利用空心砌块上下孔洞对齐，在孔内配置 $\phi10$ 或 $\phi12$ 的钢筋，然后用细石混凝土分层灌实，形成构造柱（图 10-29），并且构造柱与砌块墙连接处应设拉结钢筋，每边伸入墙内不少于 1m，沿墙高每隔 500mm 设置，构造柱与圈梁共同增强了砌块墙的整体稳定性。

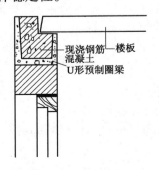

图 10-28　砌块墙预制圈梁构造

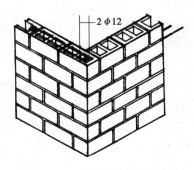

图 10-29　砌块墙构造柱做法

10.3.3.2 门窗框与墙体的连接

由于砌块的块体较大且不宜砍切,砌体与门窗框的连接,一般是在砌体中预埋木砖或预埋铁件焊牢。有些砌块强度低,直接用圆钉固定门窗框容易松动。因此,在工程中一般采取如图 10-30 所示的做法。

1. 用 4″圆钉每隔 300mm 钉入门窗框,然后将钉头打弯,嵌入砌块端头竖向小槽内,从门窗框两侧嵌入砂浆。

2. 将木楔打入空心砌块窄缝中代替木砖,以固定门窗框。

3. 将砌块灰缝内窝木榫或铁件。

4. 加气混凝土砌块砌体常埋胶粘圆木或塑料膨胀管来固定门窗框。

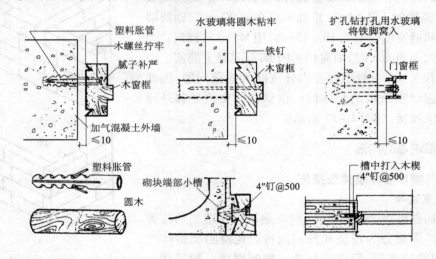

图 10-30　砌块墙门窗框与墙体的连接

10.4　隔　墙　构　造

隔墙是分隔建筑物内部空间的非承重构件,本身重量由楼板或梁承担。其作用是分隔室内房间或空间,并且起到一定的装饰作用。

10.4.1　隔墙的类型和设计要求

由于隔墙是非承重墙,其自重由楼板或梁承受,因此设计时要求隔墙符合下列要求:

1. 自重轻,有利于减轻楼板或梁的荷载;

2. 厚度薄,增加建筑的有效使用空间;

3. 有一定的隔声能力,使各使用房间互不干扰;

4. 便于安装和拆卸,能随使用要求的改变而变化;

5. 具备耐火、防水、防潮等性能。

根据隔墙所采用的材料和构造方式,常见的隔墙类型可分为块材式隔墙、骨架式隔墙和板材式隔墙。

10.4.2　隔墙构造

10.4.2.1　块材式隔墙

块材式隔墙是采用普通黏土砖、空心砖、加气混凝土等块材砌筑而成,常采用普通砖隔墙和砌块隔墙两种。

1. 普通砖隔墙

普通砖隔墙有半砖(120mm)和1/4砖(60mm)两种,以1/2砖隔墙为主,采用普通砖顺砌。一般沿高度每隔0.5m砌入 $\phi4$ 钢筋2根,或每隔1.2～1.5m设一道30～50mm厚的水泥砂浆层,内放2根 $\phi6$ 钢筋。顶部与楼板相接处用立砖斜砌,填塞墙与楼板间的空隙。隔墙上有门时,要预埋铁件或将带有木楔的混凝土预制块砌入隔墙中以固定门框。半砖隔墙下一般应设梁,如图10-31所示。

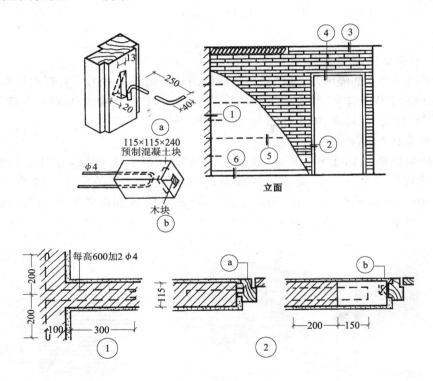

图 10-31　普通砖隔墙

当砌筑砂浆为M2.5时,墙的高度不宜超过10.6m,长度不宜超过5m;当采用M5砂浆砌筑时,高度不宜超过4m,长度不宜超过6m;高度超过4m时,应在门过梁处设通长的钢筋混凝土带,长度超过6m时,应设砖壁柱。

普通砖隔墙坚固耐久,隔声性能较好,但自重大,湿作业量大,不宜拆装。

2. 砌块隔墙

为了减少隔墙的自重,可采用质轻块大的各种砌块,目前最常用的是加气混凝土砌块、粉煤灰硅酸盐砌块、水泥炉渣空心砖等砌筑的隔墙。隔墙厚度由砌块尺寸而定,一般为90～120mm。砌块大多具有质轻、孔隙率大、隔热性能好等优点,但吸水性强,因此,砌筑时应在墙下先砌 3~5 皮黏土砖。砌块隔墙厚度较薄,也需采取加强稳定性措施,其方法与砖隔墙类似,如图 10-32 所示。

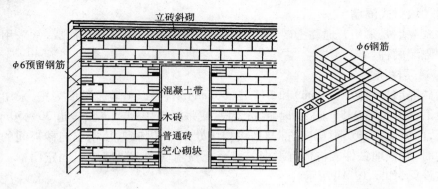

图 10-32　砌块隔墙

10.4.2.2　骨架式隔墙

骨架隔墙又称立筋隔墙,它是以骨架和面层两部分组成。常用骨架有木骨架和金属骨架两种,面板有木板条抹灰、胶合板、纤维板、石膏板等。骨架式隔墙自重轻、厚度薄、构造简单,便于装拆,但防火、防湿、隔声性能差,耗木材和钢材。

1. 木板条抹灰隔墙

板条抹灰隔墙是由上槛、下槛、墙筋斜撑或横档组成木骨架,在其上钉板条再抹灰。板条抹灰面层是在木骨架上钉灰板条,然后抹灰,灰板条尺寸一般为 1200mm × 24mm × 6mm。板条间留出 7~10mm 的空隙,使灰浆能挤到板条缝的背面,咬住板条,如图 10-33 所示。

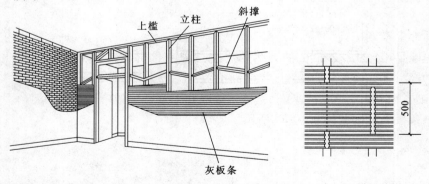

图 10-33　木板条抹灰隔墙

2. 立筋面板隔墙

立筋面板隔墙是指面板用人造胶合板、纤维板或其他轻质薄板,骨架为木质或金属组合而成。

(1)骨架

统称为龙骨或墙筋,材料可以是木材或金属等,分为顶龙骨、地龙骨、横撑龙骨、竖向龙骨、贯通龙骨,竖向龙骨间距视面板规格而定。金属骨架一般为薄型钢板、铝合金薄板或拉眼钢板网加工而成,并保证板与板的接缝在横撑龙骨和竖向龙骨上,如图 10-34 所示。采用金属骨架时,可先钻孔,用螺栓固定。

（2）面板

材料可以是板条抹灰、胶合板、纤维板、纸面石膏板、塑铝板等。面板铺钉要错缝处理。立筋面板隔墙为干作业,自重轻,可直接支撑在楼板上,施工方便,灵活多变,得到广泛应用,但隔声效果较差。

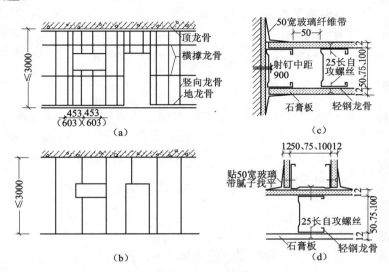

图 10-34　立筋面板隔墙

（a）骨架布置；（b）面板布置；（c）隔墙与墙交接；（d）隔墙与隔墙丁字交接

10.4.2.3　板材式隔墙

板材隔墙是指单块轻质板材的高度相当于房间净高的隔墙,它不依赖骨架,可直接装配面层。目前多采用条板,如碳化石灰板、加气混凝土条板、多孔石膏条板、泰柏板、复合板等。由于板材隔墙是用轻质材料制成的大型板材,施工中直接拼装而不依赖骨架,因此它具有自重轻、安装方便、施工速度快、工业化程度高的特点。安装时,先将条板下部用一对木楔顶紧,然后用细石混凝土堵严,板缝用粘结砂浆或粘结剂进行粘结,并用胶泥刮缝,平整后再做表面装修。条板隔墙构造如图 10-35 所示。

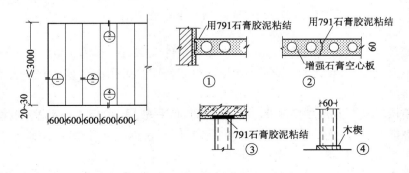

图 10-35　条板隔墙

10.5 幕 墙 构 造

10.5.1 幕墙概念

幕墙是建筑物的外墙护围,不承重,像幕布一样挂上去,故又称为悬挂墙,是现代大型和高层建筑常用的带有装饰效果的轻质墙体。由结构框架与镶嵌板材组成,是不承担主体结构荷载与作用的建筑围护结构。

幕墙的特点是装饰效果好、质量轻、安装速度快,被广泛应用。

10.5.2 幕墙类型

随着建筑幕墙结构体系和饰面材料的发展,幕墙形式多种多样。幕墙按幕面材料不同有玻璃幕墙、金属幕墙和石材幕墙等类型;按安装形式又分为元件式建筑幕墙、单元建筑幕墙等;对于玻璃幕墙按构造方式不同可分为一般玻璃幕墙及全玻璃幕墙和点式玻璃幕墙等。在所有幕墙形式中,玻璃幕墙应用最广泛。

10.5.3 玻璃幕墙

10.5.3.1 一般玻璃幕墙

一般玻璃幕墙分为明框、半隐框、隐框玻璃幕墙等。所谓明框玻璃幕墙是指金属框架构件显露在外表面的玻璃幕墙。半隐框幕墙是指金属框架构件竖向或横向显露在外表面的玻璃幕墙。隐框玻璃幕墙是指金属框架构件全不显露在外表面的玻璃幕墙,如图 10-36 所示。

图 10-36　一般玻璃幕墙
(a)明框玻璃幕墙;(b)隐框玻璃幕墙

这类玻璃幕墙一般由金属边框、玻璃、连接固定件和密封材料等组成。

金属边框有竖框、横框之分,起骨架和传递荷载作用。可用铝合金、铜合金、不锈钢等型材做成。

玻璃有单层、双层、双层中空和多层中空玻璃,起采光、通风、隔热、保温等围护作用。通常选择热工性能好,抗冲击力强的钢化玻璃、吸热玻璃、镜面反光玻璃、中空玻璃等。接缝构造多采用密封层、密封衬垫层、空腔三层构造层。

连接固定件有预埋件、转接件、连接件、支承用材等,在幕墙及主体结构之间以及幕墙元件与元件之间起连接固定作用。

密封材料有密封膏、密封带、压缩密封件等,起密封、防水、保温、隔热等作用。

10.5.3.2　全玻璃幕墙

全玻璃幕墙是由玻璃板和玻璃肋制作的玻璃幕墙,如图 10-37 所示。

图 10-37　全玻璃幕墙

10.5.3.3　点式玻璃幕墙

由玻璃面板、点支撑装置和支撑结构构成的玻璃幕墙称为点式玻璃幕墙,如图 10-38 所示。

图 10-38　点式玻璃幕墙

10.6　墙面装修

10.6.1　墙面装修的作用

1. 保护墙面。墙面装修能够保护墙体不直接受到风、霜、雨、雪的侵蚀,提高墙体的防潮、抗风化的能力。

2. 改善墙体物理性能。对墙面进行了装修处理,增加墙厚,用装修材料堵塞孔隙,可改善墙体的热工性能,提高墙体的保温、隔热和隔声能力等。

3. 美观。墙面装修可以提高建筑物立面的艺术效果,通过材料的质感、色彩和线型的表现,丰富建筑的艺术形象。

10.6.2　墙面装修的分类

1. 按装修部位分类分室外装修和室内装修两类。

2. 按饰面材料和构造不同,常见的墙面装修有抹灰类、贴面类、涂料类、裱糊类、铺钉类等。

10.6.3 墙面装修的构造

10.6.3.1 抹灰类

抹灰是将各种砂浆、装饰性水泥石子浆等涂抹在建筑物的墙面、地面、顶棚等表面上。抹灰分为一般抹灰、装饰抹灰和清水墙勾缝三类。

1. 一般抹灰

一般抹灰所使用的材料为石灰砂浆、混合砂浆、水泥砂浆、聚合物水泥砂浆以及麻刀灰、纸筋灰、石膏灰等。外墙抹灰一般为 20~25mm，内墙抹灰为 15~20mm，顶棚为 12~15mm。为了保护灰面平整，避免裂缝，抹灰层一般应分层组成，分层操作。抹灰层一般由底层灰、中层灰和面层灰三层组成（图 10-39），各层作用和要求各有不同。

底层抹灰作用：与基层粘结及初步找平。

中层抹灰作用：找平作用。

面层抹灰作用：装饰作用。

一般抹灰的施工顺序，一般应遵循"先室外后室内、先上面后下面、先顶棚后墙地"的原则。施工工序为：基层处理→做灰饼、冲筋→抹底层灰→抹中层灰→抹面层灰。

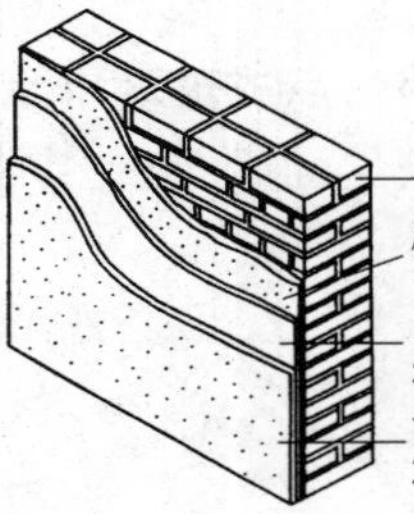

2. 装饰抹灰

装饰抹灰是指面层为水刷石、水磨石、斩假石、干粘石、假面砖、拉条灰、洒毛灰、喷砂、喷涂、滚涂、弹涂、仿石和彩色抹灰等。

图 10-39　墙体抹灰的分层构造

（1）水刷石是把拌入石子的水泥浆抹在墙上，在其凝固前用水冲，使其石子露出来的一种外墙装饰做法。

（2）干粘石是在墙面刮糙的基层上抹上纯水泥浆，撒小石子并用工具将石子压入水泥浆里，做出的装饰面。

（3）斩假石又称剁斧石。一种人造石料。将掺入石屑及石粉的水泥砂浆，涂抹在建筑物表面，在硬化后，用斩凿方法使成为有纹路的石面样式。

3. 清水砖墙

清水砖墙是不做抹灰和饰面的墙面。为了防止雨水浸入墙身和墙面，保持墙面美观，可用 1:1 或 1:2 的水泥细砂浆勾缝，勾缝的形式有平缝、平凹缝、斜缝、弧形缝等。

10.6.3.2 贴面类

贴面类装修是指在内外墙面上粘贴各种天然石板、人造石板、陶瓷面砖等。

1. 面砖饰面

面砖是采用陶土或瓷土煅烧制成，表面处理有施釉的，有不施釉的。

面砖施工时应先放入水中浸泡，安装前取出晾干或擦净，安装时先抹 15mm 厚 1:3 水泥砂浆找平并刮毛，再用 1:0.3:3 水泥石灰混合砂浆或用掺有 108 胶的 1:2.5 水泥砂浆满刮 10mm 后在面砖背面紧粘于墙上。对于贴在外墙的面砖常在面砖之间留出一定的缝隙，让墙面有一定的透气性，有利于湿气的排除，也增加了墙面的美观，如图 10-40 所示。

2. 陶瓷锦砖饰面

陶瓷锦砖也称为马赛克，有陶瓷锦砖和玻璃锦砖之分。陶瓷锦砖是以优质陶土烧制成的小块瓷砖;玻璃锦砖是以玻璃为主要原料,加入外加剂,经高温熔化、压块、烧结、退火而成。由于锦砖尺寸较小,为便于粘贴,出厂前已按各种图案反贴在牛皮纸上。锦砖饰面具有质地坚硬、色调柔和典雅、性能稳定、不褪色和自重轻等特点。

锦砖饰面构造与粘贴面砖相似,所不同的是在粘贴前先在牛皮纸背面每块瓷片见的缝隙中抹以白水泥浆(加5%108胶),然后将纸面朝外粘贴于1:1水泥砂浆上,用木板压平,待砂浆结硬后,洗去牛皮纸即可,如图10-41所示。若发现个别瓷片不正的,可进行局部调整。

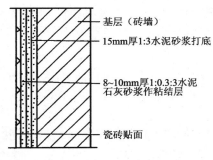

图10-40　面砖饰面示意图　　　　图10-41　马赛克墙面粘贴

3. 天然石材或人造石材饰面

常见天然板材饰面有花岗岩、大理石和青石板等,具有强度高、耐久性好,多作高级装饰用。常见人造石板有预制水磨石板、人造大理石板等。人造板施工方法同天然石板。

(1)石材拴挂法(湿法挂贴)

预先在墙面或柱面上固定钢筋网,再将石板用铜丝、不锈钢丝或镀锌铅丝穿过事先在石板上钻好的孔眼绑扎在钢筋网上。因此,固定石板的水平钢筋的间距应与石板高度尺寸一致。当石板就位并用木楔校正后,绑扎牢固,然后在石板与墙或柱之间浇注30mm厚1:3的水泥砂浆,如图10-42所示。

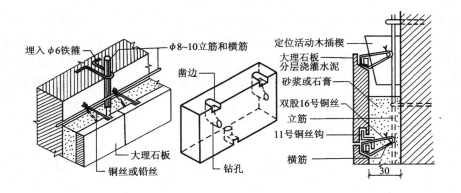

图10-42　石材拴挂法构造

(2)干挂石材法

干挂石材的施工方法是用一组高强耐腐蚀的金属连接件,将饰面石材与结构可靠地连接,其间形成空气层不做灌浆处理。

10.6.3.3 涂料类

涂料类墙面装修是指利用各种涂料喷涂于基层表面形成完整牢固的膜层,起到保护和装饰墙面的作用,构造简单,施工方便。

建筑涂料的种类很多,按其主要成膜物的不同可分为有机涂料和无机涂料两大类。

1. 无机涂料

常用的无机涂料有石灰浆、大白浆、无机高分子涂料等。

2. 有机涂料

有机合成涂料依其主要成膜物质和稀释剂不同,可分为溶剂型涂料、水溶性涂料和乳液型涂料三种。

10.6.3.4 裱糊类

裱糊类墙面装修是将各类装饰性的墙纸、墙布等卷材类材料用粘结剂裱糊在墙面上的一种装修饰面。目前国内使用最多的是 PVC 塑料墙纸和玻璃纤维墙布等。

裱糊类墙面装修的施工工艺如下:

1. 基层处理:在基层刮腻子,以使裱糊墙纸的基层表面达到平整光滑。同时为了避免基层吸水过快,还应对基层进行封闭处理,处理方法为:在基层表面满刷一遍按 1:0.5 ~ 1:1 稀释的 108 胶水。

2. 裱贴墙纸:粘贴剂通常采用 108 胶水。108 胶的含固量为 12% 左右。

10.6.3.5 铺钉类

铺钉类墙面装修是指利用天然木板或各种人造板,用镶、钉、粘等固定方式对墙面进行的装修处理。这种做法一般不需要对墙面抹灰,可节省人工,提高工效。

铺钉类墙面装修构造由骨架和面板两部分组成。

1. 骨架

有木骨架和金属骨架。木骨架由墙筋和横档组成,墙筋截面 50mm × 50mm,横档截面 50mm × 40mm。金属骨架亦采用冷轧钢板构成槽形截面。

2. 面板

包括玻璃、硬木条、石膏板、胶合板、纤维板、甘蔗板、装饰吸声板以及钙塑板等。将圆钉(镀锌铁钉)或木螺钉与骨架固定,与金属骨架的固定主要靠自攻螺丝或预先用电钻打孔后用镀锌螺丝固定。常见的石膏板俗称纸面石膏板,规格为 3000 × 800 × 12、3000 × 800 × 9、600 × 600 × 10 等,石膏板墙面构造如图 10-43 所示。硬质纤维板是用碎木加工而成的,规格为 1830 × 1220 × 3(4.5)、2135 × 915 × 4(5)。

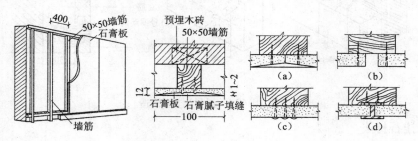

图 10-43 石膏板墙面构造

本　章　小　结

1. 墙体是建筑物竖向的主要承重构件,按照墙体在建筑中的位置分为内墙和外墙;按墙体的布置方向分为纵墙和横墙;按墙体受力情况分为承重墙和非承重墙。

2. 墙体的承重方案有横墙承重、纵墙承重、纵横墙混合承重、内框架承重。

3. 砖墙由砖和砂浆两种材料组砌而成。为了保证墙体的强度,砖墙的组砌原则是:砖缝横平竖直,上下错缝,内外搭接,砂浆饱满,厚薄均匀。

4. 砖墙的组砌方式有一顺一丁、多顺一丁、梅花丁式等。砖墙的细部构造包括勒脚、散水、防潮层、窗台、过梁、圈梁、构造柱等。

5. 砌块墙在设计时,应作出砌块的排列,并给出砌块排列组合图,施工时按图进料和组砌。

6. 建筑中用于分隔室内空间的非承重墙称为隔墙。常见隔墙可分为块材隔墙、骨架式隔墙和板材式隔墙。

7. 幕墙装饰效果好、质量轻、安装速度快,使外墙轻型化、装配化,是较理想的装饰形式,被广泛应用。

8. 墙面装修是墙体构造的重要组成部分,常见墙面装修可分为抹灰类、贴面类、涂料类、裱糊类、铺钉类五大类。

思　考　题

1. 墙体的承重方案有哪些? 各适用于什么情况?

2. 砖墙的基本尺寸包括哪些内容?

3. 砖墙的砌筑要求和组砌方式?

4. 墙身防潮层的位置怎样确定? 有哪几种构造方法?

5. 什么是过梁? 有什么作用? 常见过梁有哪些类型?

6. 什么是圈梁、构造柱? 简述二者的作用。

7. 砌块墙的组砌要求是什么?

8. 隔墙有哪些类型?

9. 幕墙的种类?

10. 常见墙面装修有哪几种?

第11章　楼板与地面

学习目标要求

　　1.掌握楼面的分类；

　　2.掌握钢筋混凝土楼板的构造要求；

　　3.掌握楼地面的构造组成及做法；

　　4.掌握顶棚的类型及构造做法等；

　　5.掌握阳台的构造；

　　6.掌握防水、防潮、隔声构造。

学习重点和难点

　　本章学习重点：1.现浇钢筋混凝土楼板中板式楼板和梁板式楼板的构造要求；2.预制装配式钢筋混凝土楼板的布置与细部构造；3.顶棚的类型及构造做法等。

　　本章学习难点：1.现浇钢筋混凝土楼板的构造要求；2.楼地面的构造组成及做法；3.楼板层的防水构造。

11.1　楼地层的组成与构造

11.1.1　楼地层的组成与构造

　　楼地层实际上是楼板层与底层地坪层的统称。是建筑物中分割竖向空间的水平构件。

　　楼板层指建筑物中分隔上下楼层的水平构件，它不仅承受自重和其上的使用荷载，并将其传递给墙或柱，而且对墙体也起着水平支撑的作用。楼板层主要由面层、结构层和顶棚组成，有些楼板层由于特殊需要在面层下或顶棚层上增设附加层，构造层次如图 11-1 所示。

　　楼板层按其结构层所用材料的不同，可分为木楼板、砖拱楼板、钢筋混凝土楼板及压型钢板与混凝土组合楼板等多种形式。楼板层按其受力情况不同分为单向板、双向板。按照施工方法不同分为预制板、现浇板和装配式、装配整体式。

　　地坪层指建筑物中与土壤直接接触的水平构件，承受作用在它上面的各种荷载，并将其传给地基。地坪层主要由面层、垫层和基层组成，有些也有附加层作为功能层，构造层次如图 11-2 所示。

　　楼板层与地坪层比较，楼板层的结构层是楼板，材料常用钢筋混凝土；地坪层的结构层是垫层，材料常用素混凝土，结构受力层不同。楼板层的下层是顶棚，地坪层的下层是夯实土，面层基本相同。

　　面层：楼板层和地层的面层部分，楼板层的面层称楼面，地层的面层称地面。主要作用有：1）保护楼板；2）承受并传递荷载；3）对室内起美化、装饰作用。

　　结构层：又称楼板。它是楼板层的承重构件，承受楼板层上的全部荷载，并将其传给墙或柱,同时对墙体起水平支撑的作用,增强建筑物的整体刚度和墙体的稳定性。

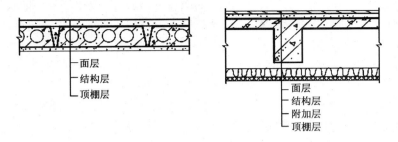

图 11-1　楼板层构造

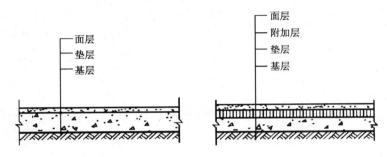

图 11-2　地坪层构造

顶棚层:它既是楼板层下表面的面层,也是室内空间的顶界面,其主要功能是保护楼板、装饰室内、安装灯具、敷设管线及改善楼板在功能上的某些不足。

垫层:是地坪层的承重层。它必须有足够的强度和刚度,以承受面层的荷载并将其均匀地传给垫层下面的土层。

基层:垫层下面的支承的土层。它也必须有足够的强度和刚度,以承受垫层传下来的荷载。

附加层:在楼地层中起隔声、保温、找坡和暗敷管线等作用的构造层。

11.1.2　楼地层的设计要求

1. 楼层和地层具有足够的强度和刚度,以保证结构的安全及变形要求。

2. 根据不同的使用要求和建筑质量等级,要求具有不同程度的隔声、防火、防水、防潮、保温、隔热等性能。

隔声措施,铺设弹性面层(橡胶、地毯),铺设弹性垫层(浮筑式楼板),设置吊顶棚。

3. 便于在楼层和地层中敷设各种管线。

4. 尽量为建筑工业化创造条件,提高建筑质量和加快施工进度。

5. 满足经济性要求。

11.2　钢筋混凝土楼板

钢筋混凝土楼板因其取材广泛、造价低廉、承载能力大、刚度好,且具有良好的耐久、防火和可塑性,目前被广泛采用。

钢筋混凝土楼板按其施工方式不同分为现浇式、预制装配式和装配整体式三种类型。

现浇式钢筋混凝土楼板系指在施工现场通过支模、绑扎钢筋、整体浇筑混凝土及养护等工序而成型的楼板。这种楼板具有整体性好、刚度大、利于抗震、梁板布置灵活等特点,但其模板耗材大,施工进度慢,施工受季节限制。适用于地震区及平面形状不规则或防水要求较高的房间。

预制式钢筋混凝土楼板系指在构件预制厂或施工现场预先制作,然后在施工现场装配而成的楼板。这种楼板可节省模板、改善劳动条件、提高生产效率、加快施工速度并利于推广建筑工业化,但楼板的整体性差。适用于非地震区、平面形状较规整的房间中。由于其抗震性能较差,现在只在一些次要建筑中采用。

装配整体式钢筋混凝土楼板系指预制构件与现浇混凝土面层叠合而成的楼板。它既可节省模板、提高其整体性,又可加快施工速度,但其施工较复杂。目前多用于住宅、宾馆、学校、办公楼等大量性建筑中。

11.2.1 现浇钢筋混凝土楼板

现浇钢筋混凝土楼板是经过现场支模、绑扎钢筋、浇捣混凝土,经养护而成的楼板。其特点有成型自由、整体性和防水性好,但模板用量大,工期长,工人劳动强度大,且受施工季节的影响较大。

根据受力和传力情况分:板式楼板、肋梁楼板、无梁楼板和压型钢板组合板等。

1. 板式楼板

板式楼板,板内不设梁,板直接搁置在四周墙上的板称为板式楼板。这种楼板结构简单,传力明确,根据受力与传力可分为单向板、双向板。一般矩形板划分原则为板的长边与短边之比大于 2 的为单向板,板的长边与短边之比小于等于 2 的为双向板,如图 11-3 所示,在设计时,板的长边与短边之比在 2~3 之间时宜按照双向板设计。

单向板作为民用建筑的楼板时板厚不得小于 60mm,受力钢筋单向布置,两面支撑在墙上,双向板作为民用建筑的楼板时板厚不得小于 80mm,受力钢筋双向布置,四面可以支撑在墙上,板的跨度在 2.5 米以内较为经济,适用于:走廊,浴室,厕所,厨房等跨度不大的房间。

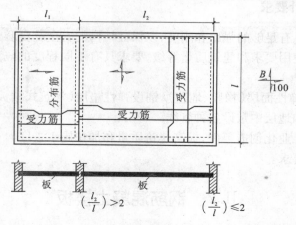

图 11-3　单向板和双向板

2. 肋梁楼板

肋梁楼板是最常见的楼板形式之一,当板为单向板时,称为单向板肋梁楼板,当板为双向板时,称为双向板肋梁楼板。梁有主梁、次梁之分,次梁与主梁一般垂直相交,板搁置在次梁上,次梁搁置在主梁上,主梁搁置在墙或柱上。传力途径为板→次梁→主梁→墙(柱),如图 11-4 所示,主次梁布置对建筑的使用、造价和美观等有很大影响。

梁的跨度:$l = 4 \sim 6m$;板的跨度:(梁的间距)$l = 1.7 \sim 2.7m$;梁高:$h = (1/15 \sim 1/12)l$;梁宽:$b = (1/3 \sim 1/2)h$。

当梁支承在墙上时,为避免墙体局部压坏,支承处应有一定的支承面积,一般情况下,次梁在墙上的支承长度宜采用 240mm,主梁宜采用 370mm。

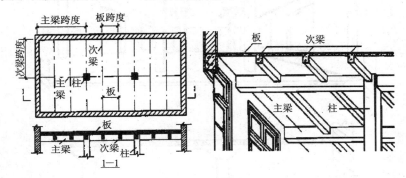

图 11-4　肋梁楼板

3. 井式楼板

井式楼板是肋梁楼板的一种特殊形式。当房间尺寸较大,并接近正方形时,常沿两个方向布置等距离、等截面高度的梁(不分主次梁),板为双向板,形成井格形的梁板结构,纵梁和横梁同时承担着由板传递下来的荷载。井式楼板的跨度一般为 $6 \sim 10m$,板厚为 $70 \sim 80mm$,井格边长一般在 2.5m 之内。井式楼板有正井式和斜井式两种。梁与墙之间成正交梁系的为正井式,如图 11-5(a)所示;长方形房间梁与墙之间常作斜向布置形成斜井式,如图 11-5(b)所示。井式楼板常用于跨度为 10m 左右、长短边之比小于 1.5 的公共建筑的门厅、大厅。如果在井格梁下面加以艺术装饰处理,抹上线腰或绘上彩画,则可使顶棚更加美观。

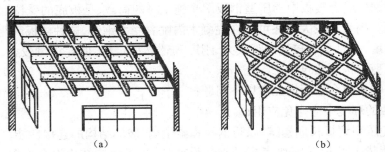

(a)　　　　　　　　　　　　　(b)

图 11-5　井式楼板

(a)正井式;(b)斜井式

4. 无梁楼板

无梁楼板是将楼板直接支承在柱上,不设主梁和次梁。柱网一般布置为正方形或矩形,柱距以 6m 左右较为经济,如图 11-6 所示。为减少板跨、改善板的受力条件和加强柱对板的支承作用,柱顶构造分为有柱帽和无柱帽两种。当楼面荷载较小时,采用无柱帽的形式;当楼面荷载较大时,为提高板的承载能力、刚度和抗冲切能力,可以在柱顶设置柱帽和托板来减小板跨、增加柱对板的支托面积。由于其板跨较大,板厚不宜小于 150mm,一般为 160 ~ 200mm。

无梁楼板楼层净空较大,顶棚平整,采光通风和卫生条件较好,适宜于活荷载较大的商店、仓库和展览馆等建筑。

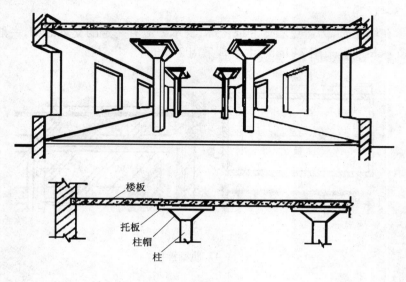

图 11-6   无梁楼板

5. 压型钢板组合楼板

压型钢板组合楼板的基本构造形式如图 11-7 所示,它是由钢梁、压型钢板和现浇混凝土三部分组成。

压型钢板的跨度一般为 2 ~ 3m,铺设在钢梁上,与钢梁之间用栓钉连接。栓钉是组合楼板的抗剪连接件,楼面的水平荷载通过它传递到梁、柱上,所以又称剪力螺栓,其规格和数量是按楼板与钢梁连接的剪力大小确定的。栓钉应与钢梁焊接。上面浇筑的混凝土厚 100 ~ 150mm。压型钢板组合楼板中的压型钢板承受施工时的荷载,是板底的受拉钢筋,也是楼板的永久性模板。当受力较大时还可以在混凝土内配置受力钢筋,这种楼板简化了施工程序,加快了施工进度,并且具有较强的承载力、刚度和整体稳定性,但耗钢量较大,适用于多、高层的框架或框剪结构的建筑中。

使用压型钢板组合楼板应注意以下问题:

① 有腐蚀的环境中应避免应用;

② 应避免压型钢板长期暴露,以防钢板和梁生锈,破坏结构的连接性能;

③ 在动荷载作用下,应仔细考虑其细部设计,并注意保持结构组合作用的完整性和共振问题。

这种楼板的优点为:1)可节省模板;2)改善劳动条件;3)提高劳动生产率,加快施工进度,缩短工期;4)提高施工工业化的水平。

缺点:楼板的整体性差,板缝嵌固不好时,易出现通长裂缝。

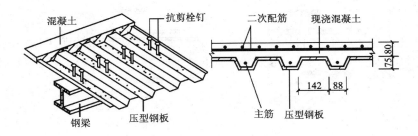

图 11-7　压型钢板组合楼板

11.2.2　预制装配式钢筋混凝土楼板

预制装配式钢筋混凝土楼板,用预制厂生产或现场预制的梁、板构件,现场安装拼合而成的楼板。主要特点为节约模板,减轻工人劳动强度,施工速度快,便于组织工厂化、机械化的生产和施工等。但这种楼板的整体性差,并需要一定的起重安装设备。

1. 预制钢筋混凝土楼板类型

常用的预制钢筋混凝土楼板,根据是否施加预应力分为预应力楼板和非预应力楼板,预应力楼板与非预应力楼板比较,可节省钢材约 30% ~ 50% ,节省混凝土 10% ~ 30% ,使自重减轻,造价降低。

根据其截面形式可分为实心平板、槽形板和空心板三种类型。

(1)实心平板

实心平板上下板面平整,制作简单,但自重较大,隔声效果差,宜用于跨度小的走廊板、楼梯平台板、阳台板、管沟盖板等处。板的两端支承在墙或梁上,板厚一般为 50 ~ 80mm,跨度在 2.4m 以内为宜, 板宽约为 500 ~ 900mm。由于构件小, 起吊机械要求不高,如图 11-8(a)所示。

(2)空心板

空心板孔洞形状有圆形、长圆形和矩形等,以圆孔板的制作最为方便,应用最广,如图 11-8(b)所示。

(3)槽形板

槽形板是一种梁板结合的构件,即在实心板两侧设纵肋,构成槽形截面。它具有自重轻、省材料、造价低、便于开孔等优点。搁置时,槽形板有正置和倒置两种;正置板,指板肋向下,由于板底不平整,有碍观瞻,多作吊顶,如图 11-8(c)所示;倒置板,指板肋向上,板底平整,但需另作面板,若考虑楼板的隔声或保温,亦可在槽内填充轻质多孔材料,如图 11-8(d)所示。

2. 预制楼板的结构布置和连接构造

在进行楼板结构布置时,应先根据房间开间、进深的尺寸确定构件的支承方式,然后选择板的规格进行合理的安排。

板的支承方式有板式和梁板式两种,一种为板式结构布置,即预制板直接搁置在墙上,如图 11-9(a)所示。另一种是梁板式布置,先搁梁,再将板搁置在梁上,如图 11-9(b)所示。板在梁上的搁置方式又分两种,一种是板直接搁置在矩形或 T 形梁顶上,如图 11-10(a)所示;另一种是将板搁置在花篮梁或十字梁上,使板面与梁顶面相平齐,如图 11-10(b)所示。

在结构布置时,应注意以下几点原则:

159

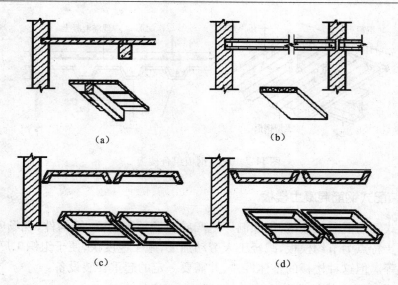

图 11-8　预制钢筋混凝土楼板

（a）实心平板；（b）空心板；（c）正置槽形板；（d）倒置槽形板

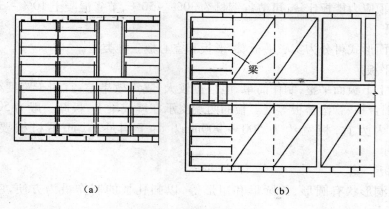

（a）　　　　　　　　　　　（b）

图 11-9　板的支承方式

（a）板式结构布置；（b）梁板式布置

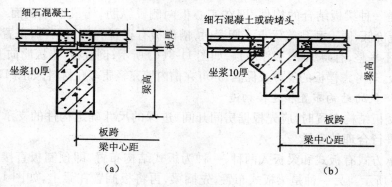

图 11-10　板在梁上的搁置方式

（a）板搁在矩形梁顶面；（b）板搁在花篮梁顶面

① 尽量减少板的规格、类型。板的规格过多,不仅给板的制作增加麻烦,而且施工也较复杂,甚至容易搞错。

② 为减少板缝的现浇混凝土量,应优先选用宽板,窄板作调剂用。

③ 板的布置应避免出现三面支承情况,即楼板的长边不得搁置在梁或砖墙内,否则,在荷载作用下,板会产生裂缝,如图 11-11 所示。

④ 按支承楼板的墙或梁的净尺寸计算楼板的块数,不够整块数的尺寸可通过调整板缝或于墙边挑砖或增加局部现浇板等办法来解决,当板缝宽<50mm 时,用细石混凝土灌实即可。当板缝宽≥50mm 时,常在缝中配置钢筋再灌以细石混凝土,如图 11-12(a)、(b)所示。也可以将板缝调至靠墙处,当缝宽≤120mm 时,可沿墙挑砖填缝,当缝宽≥120mm 时,采用钢筋骨架现浇板带处理,如图 11-12(c)、(d)所示。

⑤ 遇有上下管线、烟道、通风道穿过楼板时,为防止圆孔板开洞过多,应尽量将该处楼板现浇。

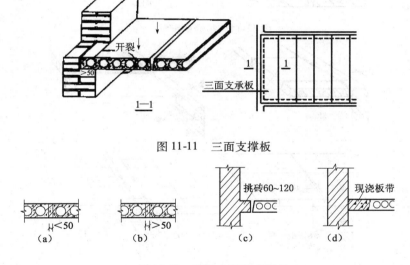

图 11-11　三面支撑板

图 11-12　楼板布置尺寸调整
(a)混凝土灌缝;(b)配筋混凝土灌缝;(c)挑砖;(d)现浇混凝土板带

板的侧缝构造一般有三种形式:V 形缝、U 形缝和凹槽缝,如图 11-13 所示。

安装预制板时,为使板缝灌浆密实,要求板块之间离开一定距离,以便填入细石混凝土。对整体性要求较高的建筑,可在板缝配筋或用短钢筋与预制板吊钩焊接,板的侧缝下口缝宽一般要求不小于 20mm,缝宽在 20～50mm 之间时,可用 C20 细石混凝土现浇;当下口缝宽为 50～200mm 时,用 C20 细石混凝土现浇并在缝中配纵向钢筋。板缝的配筋视各地区情况不同,如图 11-14 所示。

板与墙、梁的连接构造要求,预制板直接搁置在砖墙或梁上时,均应有足够的支承长度。支承于梁上时其搁置长度不小于 80mm;支承于墙上时其搁置长度不小于 110mm,并在梁或墙上坐 M5 水泥砂浆,厚度为 20mm,以保证板的平稳,传力均匀。另外,为增加建筑物的整体刚度,板与墙、梁之间或板与板之间常用钢筋拉结,拉结程度随抗震要求和对建筑物整体性要求不同而异,各地有不同的拉结锚固措施,如图 11-15 所示。

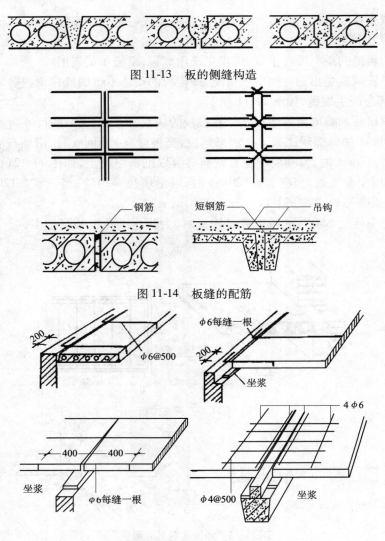

图 11-13　板的侧缝构造

图 11-14　板缝的配筋

图 11-15　板与墙、梁的连接构造

楼板上隔墙的处理:预制钢筋混凝土楼板上设立隔墙时,宜采用轻质隔墙,可搁置在楼板的任何位置。若隔墙自重较大时,如采用砖隔墙、砌块隔墙等,则应避免将隔墙搁置在一块板上,通常将隔墙设置在两块板的接缝处。当采用槽形板或小梁搁板的楼板时,隔墙可直接搁置在板的纵肋或小梁上;当采用空心板时,须在隔墙下的板缝处设现浇板带或梁来支承隔墙,如图 11-16 所示。

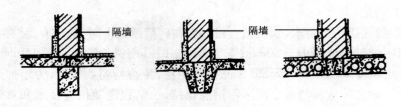

图 11-16　楼板上隔墙的处理

11.2.3　装配整体式钢筋混凝土楼板

（1）密肋填充块楼板

密肋填充块楼板的密肋小梁有现浇和预制两种。现浇密肋填充块楼板是以陶土空心砖、矿渣混凝土实心块等作为肋间填充块来现浇密肋和面板而成。预制小梁填充块楼板是在预制小梁之间填充陶土空心砖、矿渣混凝土实心块、煤渣空心块，上面现浇面层而成，如图11-17 所示。密肋填空块楼板板底平整，有较好的隔声、保温、隔热效果，在施工中空心砖还可起到模板作用，也有利于管道的敷设。此种楼板常用于学校、住宅、医院等建筑中。

（2）预制薄板叠合楼板

预制薄板叠合楼板是由预制薄板和现浇钢筋混凝土层叠合而成的装配整体式楼板。

叠合楼板的预制板部分通常采用预应力或非预应力薄板。为了保证预制薄板与叠合层有较好的连接，薄板上表面需做处理。如将薄板表面作刻槽处理，板面露出较规则的三角形结合钢筋等，如图 11-18 所示。预制薄板跨度一般为 4～6m，最大可达到 9m，板宽为 1.1～1.8m，板厚通常不小于 50mm。现浇叠合层厚度一般为 100～120mm，以大于或等于薄板厚度的两倍为宜。叠合楼板的总厚度一般为 150～250mm。

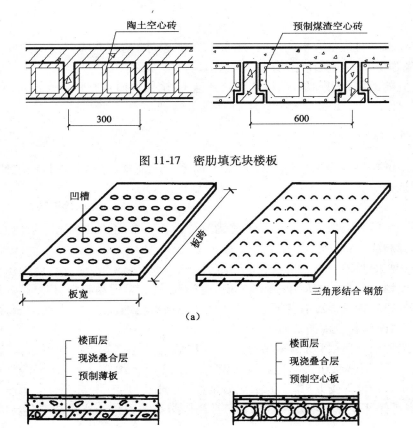

图 11-17　密肋填充块楼板

图 11-18　预制薄板叠合楼板
（a）预制薄板的板面处理；（b）预制薄板叠合楼板；（c）预制空心板叠合楼板

11.3 楼地面装修

11.3.1 地面的构造组成及要求

楼地面构造是指楼板层和地坪层的地面面层。楼板层的面层和地坪的面层在构造和要求上是一致的,均属室内装修范畴,统称地面。

地面应具备下列功能要求:

1. 具有足够的坚固性,即要求在各种外力作用下不易被磨损、破坏,且要求表面平整、光洁、不起灰和易清洁。

2. 保温性能好。作为人们经常接触的地面,应给人们以温暖舒适的感觉,保证寒冷季节脚部舒适。

3. 满足隔声要求。隔声要求主要针对楼地面。可通过选择楼地面垫层的厚度与材料类型来达到要求。

4. 具有一定的弹性。当人们行走时不至于有过硬的感觉,同时有弹性的地面有利于减轻撞击声。

5. 美观要求。

6. 其他要求。对经常有水的房间,地面应防潮、防水;对有火灾隐患的房间,应防火、耐燃烧;有酸碱等腐蚀性介质作用的房间,则要求具有耐腐蚀的能力等。

选择适宜的面层和附加层,从构造设计到施工,确保地面具有坚固、耐磨、平整、不起灰、易清洁、有弹性、防火、防水、防潮、保温、防腐蚀等特点。

11.3.2 地面的类型及构造

根据面层的材料和施工工艺不同,将楼地面分为现浇整体地面、块材镶铺地面、卷材类地面及涂料地面等。

1. 整体地面

用现场浇注的方法做成整片的地面称为整体地面。常用的有水泥砂浆地面、水磨石地面、菱苦土地面等。

(1)水泥砂浆地面

水泥砂浆地面具有构造简单、施工方便、造价低等特点,但易起尘、易结露。适用于标准较低的建筑物中。常见做法有普通水泥地面、干硬性水泥地面、防滑水泥地面、磨光水泥地面、水泥石屑地面和彩色水泥地面等。

水泥砂浆地面有单层和双层构造之分。单层做法是先刷素水泥砂浆结合层一道,再用15~20厚1:2水泥砂浆压实抹光。双层做法是先以15~20厚1:3水泥砂浆打底、找平,再以5~10mm厚1:2或1:2.5的水泥砂浆抹面,如图11-19所示。分层构造虽增加了施工程序,却容易保证质量,减少了表面干缩时产生裂纹的可能。当前以双层水泥砂浆地面居多。

(2)细石混凝土地面

这种地面刚性好、强度高且不易起尘。其做法是在基层上浇筑30~40mm厚C20细石混凝土,随打随压光。为提高整体性、满足抗震要求,可内配直径 4@200 的钢筋网。也可用沥青代替水泥做胶结剂,做成沥青砂浆和沥青混凝土地面,增强地面的防潮、耐水性。

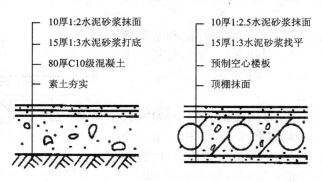

10厚1:2水泥砂浆抹面
15厚1:3水泥砂浆打底
80厚C10级混凝土
素土夯实

10厚1:2.5水泥砂浆抹面
15厚1:3水泥砂浆找平
预制空心楼板
顶棚抹面

图 11-19　双层水泥砂浆地面

（3）水磨石地面

水磨石地面是将水泥作胶结材料、大理石或白云石等中等硬度的石屑做骨料而形成的水泥石屑面层,经磨光打蜡而成。这种地面坚硬、耐磨、光洁、不透水、装饰效果好,常用于较高要求的地面。

水磨石地面一般分为两层施工,水磨石地面的常规做法是先用 10～15mm 厚 1:3 水泥砂浆打底、找平,按设计图采用 1:1 水泥砂浆固定分格条（玻璃条、铜条或铝条等）,再用 1:2～1:2.5 水泥石渣浆抹面,浇水养护约一周后用磨石机磨光,再用草酸清洗,打蜡保护,如图 11-20 所示。水磨石地面分格的作用是将地面划分成面积较小的区格,减少开裂的可能,分格条形成的图案增加了地面的美观,同时也方便了维修。

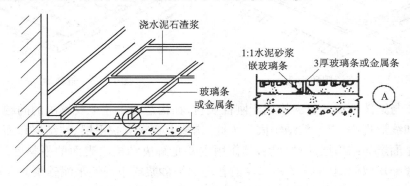

浇水泥石渣浆
玻璃条或金属条
A

1:1水泥砂浆嵌玻璃条
3厚玻璃条或金属条
A

图 11-20　水磨石地面

（4）菱苦土地面

菱苦土面层是用菱苦土、锯木屑和氯化镁溶液等拌合铺设而成。菱苦土地面保温性能好,又有一定的弹性,又美观。缺点是不耐水,易产生裂缝。其为氯化镁溶液遇水溶解,木屑遇水膨胀之故。其构造做法有单面层和双面层两种。

2. 块材镶铺地面

块材楼地面是利用各种天然或人造的预制块材或板材,通过铺贴形成面层的楼地面。这种楼地面易清洁、经久耐用、花色品种多、装饰效果强,但工效低、价格高,属于中高档地面,适用于人流量大、清洁要求和装饰要求高、有水作用的建筑。

按材料不同有陶瓷地砖、陶瓷锦砖、缸砖、水泥砖以及预制水磨石、大理石板、花岗石板塑料板和木地板等。

这一类楼地面尽管面层材料使用性能和装饰效果各异,但其基层处理和中间找平层、粘结材料要求和构造做法较为相似,如图 11-21 所示。

(1)陶瓷锦砖与缸砖

陶瓷锦砖又称马赛克,为高温烧成的小型块材,它的特点是表面致密光滑,耐磨,防水性好,一般不会变色。陶瓷锦砖有不同大小、形状和颜色,并由此可以组合成各种图案,使饰面能达到一定的艺术效果。

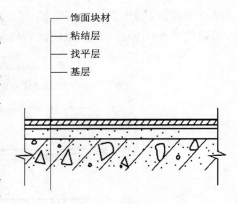

图 11-21　块材楼地面构造

陶瓷锦砖出厂前已按照各种图案反贴在牛皮纸上,以便于施工,如图 11-22 所示。

缸砖是用陶土焙烧而成的一种无釉砖块,形状有正方形(尺寸为 100mm × 100mm 和 150mm × 150mm,厚 10 ~ 19mm)、六边形、八角形等。颜色也有多种,由不同形状和色彩可以组成各种图案。缸砖背面有凹槽,使砖块和基层粘结牢固。铺贴时一般用 15 ~ 20mm 厚 1:3 水泥砂浆做结合材料,要求平整,横平竖直,具有质地坚硬、耐磨、耐水、耐酸碱、易清洁等特点。其构造如图 11-23 所示。

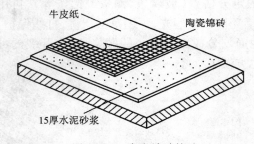

图 11-22　陶瓷锦砖构造

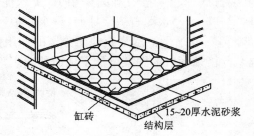

图 11-23　缸砖地面构造

陶瓷锦砖与缸砖地面的材料均属于刚性块材,在构造与工艺上要解决的问题有两方面,一是平整度和线形规则,二是粘结牢固。为此,构造上要求有找平层、粘结层和面层。

找平层是面层与结构层的过渡层,其作用主要是解决结构层表面的平整度。找平层所用材料为一般配比(体积比)1:3 ~ 1:4 的普通水泥砂浆或干硬性水泥砂浆。

粘结层用以保证找平层和面层之间的牢固粘结。影响粘结质量的因素有两方面:一是粘结面积和形式,二是粘结材料的粘结力。

面层的构造,主要是板与板之间的接缝设计问题,既要考虑视觉效果,也要考虑地砖尺寸的精度和操作工艺。板块之间的缝隙应进行勾缝处理。材料为素水泥浆或质量比为1:1的水泥细砂浆。

(2)陶瓷质地砖

陶瓷质地砖是以优质陶土为原料,再加入其他材料配成生料,经半干压成型后于1100℃左右焙烧而成。

根据其面层的装饰,又可分为釉面砖和无釉面砖。施釉的作用主要在于改善墙地砖的表面性能和色彩。墙地砖通过配料和改变制作工艺,还可产生各种表面光泽、肌理和质感效果。

陶瓷地面砖的性能及适用场合见表 11-1,其楼地面构造如图 11-24 所示。

表 11-1　陶瓷地面砖性能及适用场合表

品种	性能	适用场所
彩釉砖	吸水率不大于 10%,炻器材质,强度高,化学稳定性、热稳定性好,抗折强度不小于 20MPa	室内地面铺贴,以及室内外墙面装饰
釉面砖	吸水率不大于 22%,精陶材质,釉面光滑,化学稳定性良好,抗折强度不小于 17MPa	多用于厨房、卫生间
仿石砖	吸水率不大于 5%,质地酷似天然花岗岩,外观似花岗岩粗磨板或剁斧板。具有吸声、防滑和特别装饰功能,抗折强度不低于 25MPa	室内地面及外墙装饰,庭院小径地面铺贴及广场地面
仿花岗石抛光地砖	吸水率不大于 1%,质地酷似天然花岗石,外观似花岗石抛光板,抗折强度不低于 27MPa	适用于宾馆、饭店、剧院、商业大厦、娱乐场所等室内大厅走廊的地面、墙面
瓷质砖	吸水率不大于 2%,烧结程度高,耐酸耐碱,耐磨度高,抗折强度不低于 25MPa	特别适用于人流量大的地面、楼梯踏步的铺贴
劈开砖	吸水率不大于 8%,表面不挂釉的,其风格粗犷,耐磨性好;有釉面的则花色丰富,抗折强度大于 18MPa	室内外地面、墙面铺贴,釉面劈开砖不宜用于室外地面
红地砖	吸水率不大于 8%,具有一定的吸湿防潮性	适宜地面铺贴

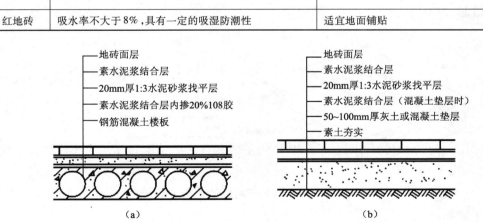

图 11-24　地面砖楼地面构造
(a)楼地面;(b)地面

（3）预制水磨石楼地面

预制水磨石是由水泥、砂子、石渣和添加剂混合搅拌均匀,浇注成型,经过养护、研磨抛光加工成的产品。为了防止运输或安装时碰撞破损,通常配以 $\phi 4 \sim 6@100 \sim 150$ 的钢筋网以增加其抗拉、抗剪性能。其构造见图 11-25。

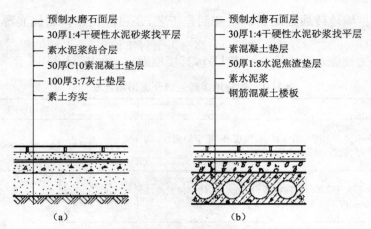

图 11-25　预制水磨石板楼地面构造

(a)地面；(b)楼面

（4）天然石板地面

常用的天然石板有大理石和花岗石板，它们是从天然岩体中开采出来的，经过加工成块材或板材，再经过粗磨、细磨、抛光、打蜡等工序，就可加工成各种不同质感的高级装饰材料，天然石板具有质地坚硬、色泽艳丽的特点，多用于高标准的建筑中。

花岗岩的品质决定于矿物的成分和结构，优良的品种结晶颗粒细而均匀，云母含量少而石英多。大理石的晶粒细小，结构致密，抗压强度高，吸水率小，一般强度可达 $100 \sim 150\mathrm{MPa}$，吸水率小于 1%，密度为 $2700\mathrm{kg/m^3}$ 左右。

其构造做法是：先在基层上刷素水泥浆一道，抹 $1 : 3$ 干硬性水泥砂浆找平 $30\mathrm{mm}$ 厚，再撒 $2\mathrm{mm}$ 厚素水泥（洒适量清水），后粘贴 $20\mathrm{mm}$ 厚大理石板（花岗石）。另外，再用素水泥浆擦缝，如图 11-26 所示。

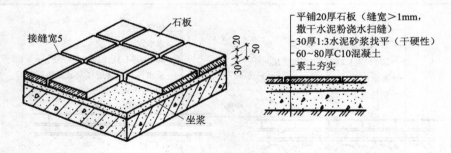

图 11-26　天然石板地面构造

（5）木楼地面

木楼地面一般是指楼地面表面由木板铺钉或硬质木块胶合而成的地面。木地板是一种传统的地面材料，有松木、硬杂木、水曲柳、菲律宾木、红木等。木地面有软木地板、硬木地板，也有普通的条木地板和硬木拼花地板，还有碎拼木地板等。

木地面具有自重轻、保温隔热性好、有弹性和有一定的耐久性以及易于加工等优点。

按其构造形式不同有空铺、实铺和粘贴三种。

空铺木地面常用于底层地面，其做法是砌筑地垄墙，将木地板架空，以防止木地板受潮腐烂，首先砌筑地垄墙到预定标高，地垄墙顶用 $20\mathrm{mm}$ 厚 $1 : 3$ 水泥砂浆找平，在墙顶固定

100mm×50mm 的沿墙木,在沿墙木上钉 50mm×70mm 木龙骨,中距 400mm,在垂直龙骨的方向钉 50mm×50mm 的横撑,中距 800mm,然后再铺钉木地板,表面刷油漆,打蜡抛光,进行成品保护,如图 11-27 所示。

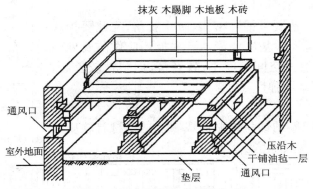

图 11-27　空铺木地面构造

　　实铺木地面是在刚性垫层或结构层上直接钉铺小搁栅,再在小搁栅上固定木板。其搁栅间的空档可用来安装各种管线,其构造为在垫层或结构层上固定木格栅 50mm×70mm 方木,中距 400mm,50mm×50mm 的横撑,中距 800mm,在格栅与横撑上铺钉木地板,根据铺钉的层数分为双层做法和单层做法,双层做法先铺钉一层毛板,毛板要在保温、隔声材料干燥后进行。毛板与搁栅成 30°~45°夹角,采用人字拼花楼地面时也可与搁栅垂直铺设。板间缝隙为 3~5mm,板心向下,表面刨平,四周离墙 10~20mm,防止温度变形。然后铺钉面板,铺钉面板时要注意钉眼隐蔽处理,如图 11-28 所示。单层做法只铺钉面板,如图 11-29 所示。

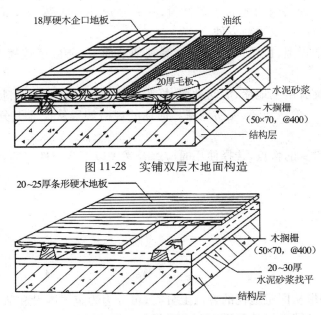

图 11-28　实铺双层木地面构造

图 11-29　实铺单层木地面构造

　　粘贴式木地面就是将地板用胶直接粘在地面上,要求地面必须特别干燥、平整、干净。粘贴式木地面是在钢筋混凝土结构层上(或底层地面的素混凝土结构层上)做好找平层,再用粘结材料将木板直接贴上制成的。通常的做法如图 11-30 所示。

拼花小木块构成的拼花地板是一种硬木地板。拼花形式根据设计图案而定,如图 11-31 所示。

贴式硬木地板构造要求铺贴密实、防止脱落,为此要控制好木板含水率(10%),基层要清洁。木板还应做防腐处理。粘贴式硬木地板占空间高度小,较经济,但弹性较差。若选用软木地板,则地面弹性较好。

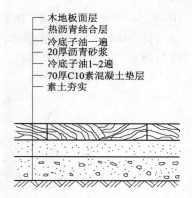

— 木地板面层
— 热沥青结合层
— 冷底子油一遍
— 20厚沥青砂浆
— 冷底子油1~2遍
— 70厚C10素混凝土垫层
— 素土夯实

图 11-30 粘贴式木地面构造

3. 卷材地面

卷材地面是用成卷的铺材铺贴而成。常见卷材有软质聚氯乙烯塑料地毡、橡胶地毡以及地毯等。

图 11-31 木楼地面拼花图案

地毯楼地面是一种高档的地面覆盖材料,具有吸声、隔声、弹性与保温性能好、脚感舒适、美观等特点,同时施工及更新方便。

它可以用在木地板上,也可以用于水泥等其他地面上,所以地毯楼地面被广泛用于宾馆、住宅等各类建筑之中。

地毯按材质分类有羊毛地毯、混纺地毯、橡胶绒地毯、剑麻地毯、塑料地毯。按编织结构分类有手工编织地毯、簇绒地毯、无纺地毯。地毯的规格如果从尺寸上分,有方块地毯及成卷地毯。

各类地毯均有自身的特点,选择使用时应综合考虑以下几个性能的要求:

(1)耐磨性

(2)回弹性

(3)抗静电性

(4)抗老化性

(5)耐菌性

(6)耐燃性

地毯的铺设,如果从固定地毯的方法上分类,可分为固定式铺设和活动式铺设两种。就铺设范围而言,又有满铺和局部铺设之分。满铺可以选择固定与活动式两种形式。局部铺设一般采用固定式。

活动式铺设:是指将地毯明摆浮搁在基层上,不需将地毯同基层固定、四周沿墙角修齐的一种铺设。

一般适用于下列几种情况：

① 装饰性的工艺地毯一般采用活动式铺设,因为大部分装饰性地毯属于工艺地毯,主要是起装饰作用。

② 方块地毯一般是不加任何固定的,平放在基层上即可。

③ 在人活动不是很频繁的部位,采用活动式铺设。

④ 有其他附带固定办法时。

固定式铺设:地毯是一种柔软的地面饰面材料,大部分较轻。当平铺于地面时,由于受到人行走时的外力作用,会使柔软的地毯表面发生变形,甚至被卷起,既影响美观也影响使用。所以,对于绝大部分地毯地面来说,在舒展拉平后,需将地毯固定,使其不再变形,这就是固定地毯的目的。

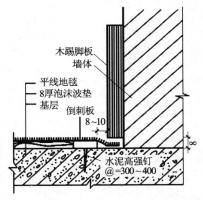

图 11-32　地毯固定式铺设构造

地毯固定式铺设基本构造,如图 11-32 所示,基层主要是要求平整,底层地面基层应做防潮处理;面层固定,固定式铺设方法又分两种,一种是用挂毯条固定,另一种是用胶粘结固定。

4. 涂料地面

涂料类地面是利用涂料涂刷或涂刮而成。它是水泥砂浆或混凝土地面的一种表面处理形式,用以改善水泥砂浆地面在使用和装饰方面的不足。地面涂料品种较多,有溶剂型、水溶型和水乳型等地面涂料。

人工合成高分子涂料是由合成树脂代替水泥或部分代替水泥,再加入填料、颜料等搅拌混合而成的涂料,现场涂布施工,硬化后形成整体的涂料地面,它突出的特点是无缝、易清洁,施工方便、造价低廉,提高地面的耐磨性、韧性、弹性和不透水性,适用于水泥地面装修。

11.3.3　地面细部构造

1. 踢脚线与墙裙

为保护墙面,防止外界碰撞损坏墙面,或擦洗地面时弄脏墙面,通常在墙面靠近地面处设踢脚线(又称踢脚板)。踢脚线的材料一般与地面相同,故可看作是地面的一部分,即地面在墙面上的延伸部分。踢脚线通常凸出墙面,也可与墙面平齐或凹进墙面,如图 11-33 所示,其高度一般为 100 ~ 150mm。

踢脚线是楼地面与内墙面相交处的一个重要构造节点。它的主要作用是遮盖楼地面与墙面的接缝;保护墙面,以防搬运东西、行走或做清洁卫生时将墙面弄脏。常用的踢脚板有水泥砂浆、水磨石、釉面砖、木板等形式,构造如图 11-34 所示。

墙裙是踢脚线沿墙面往上的继续延伸,作法与踢脚类似,常用不透水材料做成。如油漆、水泥砂浆、瓷砖、木材等,通常为贴瓷砖的做法。墙裙的高度和房间的用途有关,一般居室内的墙裙,主要起装饰作用,常用木板、大理石板等板材做成,高度为 900 ~ 1200mm。卫生间、厨房的墙裙,作用是防水和便于清洗,多用水泥砂浆、釉面瓷砖做成,高度为

900～2000mm。其主要作用是防止人们在建筑物内活动时碰撞或污染墙面,并起一定的装饰作用。

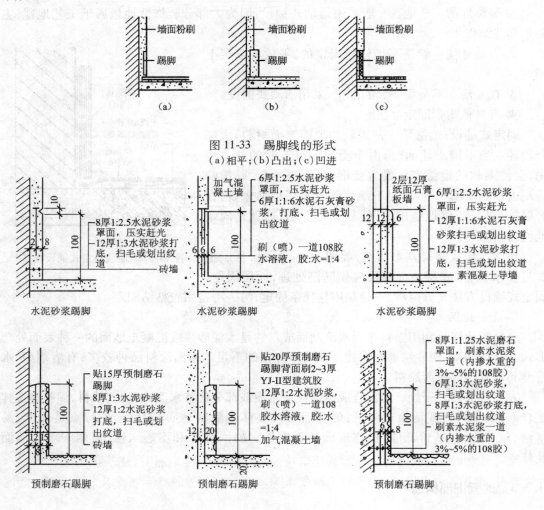

图 11-33 踢脚线的形式
(a)相平;(b)凸出;(c)凹进

图 11-34 踢脚板构造

2. 地面排水和地面防水构造

为排除室内积水,地面应有一定坡度,一般为 1%～1.5%,并设置地漏,使水有组织地排向地漏;为防止积水外溢,影响其他房间的使用,有水房间地面应比相邻房间或地面低20～30mm;若不设此高差,即两房间地面等高时,则应在门口做 20～30mm 高的门槛,如图 11-35 所示。

有水房间楼板以现浇钢筋混凝土楼板为佳,面层材料通常为整体现浇水泥砂浆、水磨石或贴瓷砖等防水性较好的材料。对于防水要求较高的房间,还应在楼板与面层之间设置防水层。常见的防水材料有卷材、防水砂浆和防水涂料。为防止四周墙脚受水,应将防水层沿周边向上泛起至少 150mm。当遇到开门时,应将防水层向外延伸 250mm 以上,如图 11-36所示。

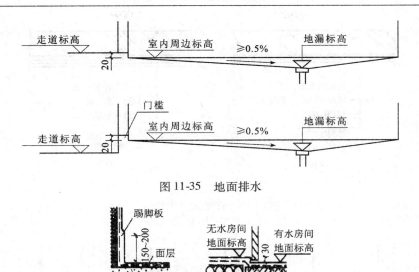

图 11-35　地面排水

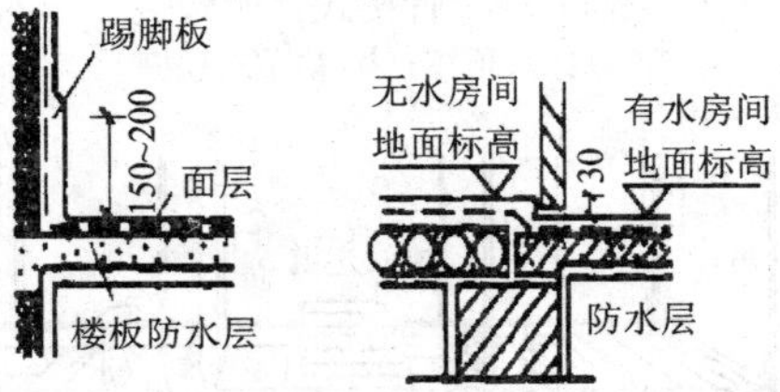

图 11-36　防水构造

11.4　顶棚构造

11.4.1　顶棚的作用和分类

顶棚是指建筑物屋顶和楼层下表面的装饰构件,又称天棚、天花板。顶棚是室内空间的顶界面,同墙面、楼地面一样,是建筑物主要装修部位之一。当悬挂在承重结构下表面时,又称吊顶。顶棚的构造设计与选择应从建筑功能、建筑声学、建筑照明、建筑热工、设备安装、管线敷设、维护检修、防火安全以及美观要求等多方面综合考虑。顶棚要求光洁、美观,能通过反射光照来改善室内采光及卫生状况,对某些特殊要求的房间,还要求顶棚具有隔声、防水、保温、隔热等功能。

顶棚按饰面与基层的关系可归纳为直接式顶棚与悬吊式顶棚两大类。

1. 直接式顶棚

直接式顶棚是在屋面板或楼板上直接抹灰,或固定搁栅然后再喷浆或贴壁纸等而达到装饰目的,如图 11-37 所示。

2. 悬吊式顶棚

悬吊式顶棚是指顶棚的装饰表面悬吊于屋面板或楼板下,并与屋面板或楼板留有一定距离的顶棚,俗称吊顶,如图 11-38 所示。悬吊式顶棚可结合灯具、通风口、音响、喷淋、消防设施等进行整体设计,形成变化丰富的立体造型,改善室内环境,满足不同使用功能的要求,包括整体式吊顶、板材吊顶和开敞式吊顶。

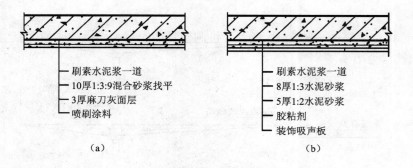

图 11-37　直接式顶棚构造
（a）抹灰顶棚；（b）粘贴式顶棚

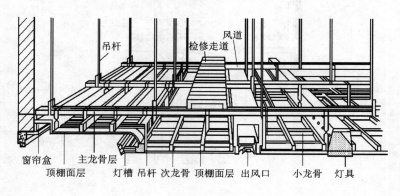

图 11-38　悬吊式顶棚构造

11.4.2　直接式顶棚

直接式顶棚构造简单,施工方便,按施工方法可分为直接式抹灰顶棚、直接喷刷式顶棚、直接粘贴式顶棚、直接固定装饰板顶棚及结构顶棚。

1. 直接抹灰顶棚

这类顶棚是在上部屋面板的底面上直接抹灰,其做法是先在顶棚屋面板或楼板上刷一道纯水泥浆,使抹灰层能与基层很好地粘合,然后用 1：1：6 混合砂浆打底,再做面层抹灰。最后做饰面装修,其方法可以喷刷各种内墙涂料或浆料,颜色可以与墙面相同,也可以与墙面不同,对于装饰要求较高的房间也可以裱糊壁纸或壁布,如图 11-37（a）所示。

2. 直接喷刷涂料顶棚

当楼板底面平整,室内装饰要求不高时,可在楼板底面填缝刮平后直接喷刷大白浆、石灰浆等涂料,以增加顶棚的反射光照作用。

3. 直接粘贴式顶棚

对于某些有保温、隔热、吸声要求的房间,以及楼板底不需要敷设管线而装修要求又高的房间,可于楼板底面用砂浆打底找平后,用粘结剂粘贴墙纸、泡沫塑料板、铝塑板或装饰吸声板等,形成贴面顶棚,如图 11-37（b）所示。

4. 直接固定装饰板顶棚

当屋面板或楼板底面平整光滑时,也可将搁栅直接固定在楼板的底面上,这种搁栅一般采用30mm×40mm方木,以500~600mm的间距纵横双向布置,表面再用各种板材饰面,如PVC板、石膏板,或用木板及木制品板材,如图11-39所示。

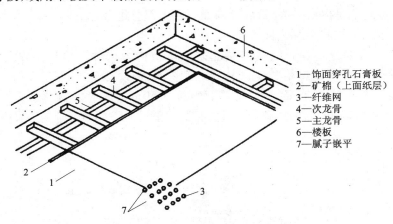

1—饰面穿孔石膏板
2—矿棉(上面纸层)
3—纤维网
4—次龙骨
5—主龙骨
6—楼板
7—腻子嵌平

图11-39 直接固定装饰板顶棚构造

5. 结构顶棚

利用楼层或屋顶的结构构件作为顶棚装饰。采用调节色彩、强调光照效果、改变构件材质、借助装饰品等加强装饰效果,如图11-40所示。

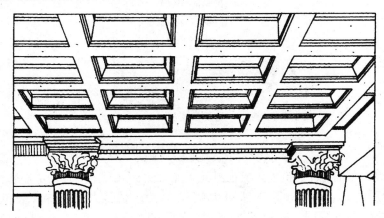

图11-40 结构顶棚

11.4.3 悬吊式顶棚

悬吊式顶棚与结构层之间的距离,可根据设计要求确定。若顶棚内敷设各种管线,为其检修方便可根据情况不同程度地加大空间高度,并可增设检修走道板,以保证检修人员安全、方便,并且不会破坏顶棚面层。

1. 悬吊式顶棚的设计要求

(1)吊顶应具有足够的净空高度,以便于各种设备管线的敷设;

(2)合理地安排灯具、通风口的位置,以符合照明、通风要求;

(3)选择合适的材料和构造做法,使其燃烧性能和耐火极限满足防火规范的规定;

（4）吊顶应便于制作,安装和维修;

（5）对有些房间,吊顶棚应满足隔声、音质、保温等特殊要求;

（6）应满足美观和经济等方面的要求。

2. 悬吊式顶棚构造

悬吊式顶棚多数是由吊筋、龙骨和装饰面层三大部分组成,如图 11-38 所示。悬吊式顶棚按龙骨分为木龙吊顶和金属龙骨吊顶。

吊筋是将吊顶部分与建筑结构连接起来的承重传力构件。吊筋的作用主要是承担吊顶的全部荷载并将其传递给建筑结构层;调整、确定顶棚的空间高度,以适应顶棚的不同部位需要。材料主要有 $\phi 6 \sim 8$ 钢筋、$50\,\text{mm} \times 50\,\text{mm}$ 方木条、钢丝等。间距一般为 $900 \sim 1200\,\text{mm}$。固定方法主要有预留铁件或钢筋、膨胀螺栓、射钉、木楔等方法,如图 11-41 所示。

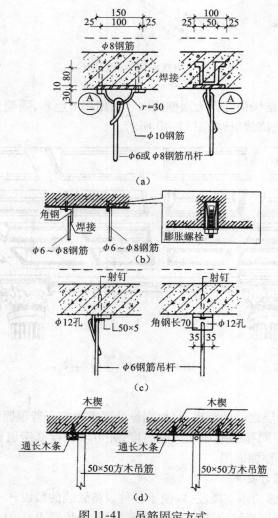

图 11-41 吊筋固定方式

（a）预埋铁件;（b）膨胀螺栓;（c）射钉;（d）木楔

　　龙骨是吊顶的骨架,对吊顶起着支撑的作用,使吊顶达到所设计的外形。吊顶的各种造型变化,无一不是龙骨的变化而形成的。龙骨主要有主龙骨、次龙骨、横撑龙骨。龙骨的材料有木龙骨、金属龙骨。金属龙骨的类型有 U 形龙骨、T 形铝合金龙骨、T 形镀锌铁烤漆龙骨、嵌入式金属龙骨等。

　　装饰面层的作用是装饰室内空间,并有吸声、反射、保温、隔热等功能。饰面材料可分为抹灰饰面和板材饰面。抹灰类饰面一般包括板条抹灰、钢丝网抹灰、钢板网抹灰。板材类饰面由于施工简便,速度快,并且无现场湿作业等优点,现广泛采用。常用的板材有植物板材如各种木条板、胶合板、装饰吸声板、纤维板、木丝板、刨花板等,矿物板包括石膏板、矿棉板、玻璃棉板和水泥板等,金属板包括铝板、铝合金板、薄钢板、镀锌铁等,新型高分子聚合物板材如 PVC 板。

　　3. 木龙骨吊顶

　　木龙骨吊顶的主龙骨截面一般为 50mm × 70mm 方木,中距 900～1200mm,用 φ8 螺栓钢筋或 φ6 钢筋与钢筋混凝土楼板固定。次龙骨截面为 40mm × 40mm 方木,间距根据面板规格,一般为 400～500mm,通过吊木垂直于主龙骨单向布置,如图 11-42 所示,面层可以采用各种饰面板材,如钉固纸面石膏板,然后刷乳胶漆。

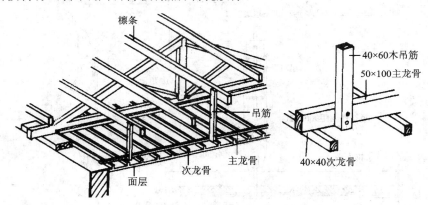

图 11-42　木龙骨吊顶龙骨布置图

　　4. 金属龙骨吊顶

　　金属龙骨吊顶一般以轻钢或铝合金型材作龙骨,具有自重轻、刚度大、防火性能好、施工安装快、无湿作业等特点,得到广泛应用。

　　主龙骨一般是通过 φ6 钢筋或 φ8 螺栓悬挂于楼板下,间距为 900～1200mm,主龙骨下挂次龙骨。龙骨截面有 U 形、⊥形和凹形。为铺钉装饰面板和保证龙骨的整体刚度,应在龙骨之间增设横撑,间距视面板类型及规定而定。最后在次龙骨上固定面板,如图 11-43所示。

　　面板有各种人造板和金属板。人造板一般有纸面石膏板、浇注石膏板、水泥石棉板、铝塑板等;金属板有铝板、铝合金板、不锈钢板等,形状有条形、方形、长方形、折棱形等。面板可借用自攻螺丝固定在龙骨上或直接搁放于龙骨内。

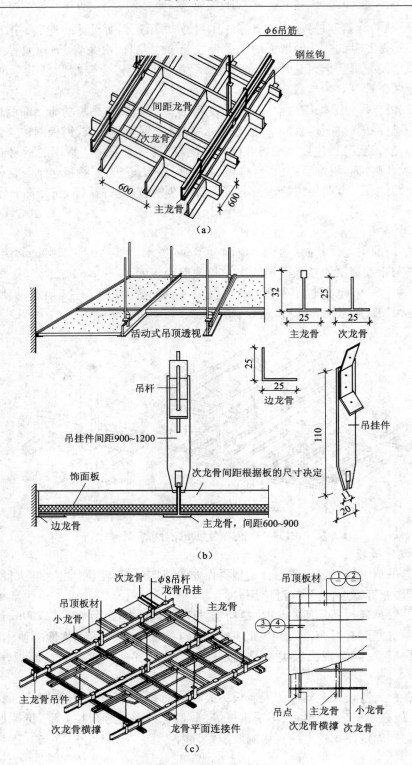

图 11-43 金属龙骨吊顶

(a)T形龙骨吊顶;(b)T形无主龙骨吊顶;(c)U形龙骨吊顶

11.5 阳台与雨篷

11.5.1 阳台的类型和设计要求

阳台是连接室内的室外平台,给居住在建筑里的人们提供一个舒适的室外活动空间,是多层住宅、高层住宅和旅馆等建筑中不可缺少的一部分。

阳台按其与外墙的相对位置分为挑阳台、凹阳台、半挑半凹阳台、转角阳台,如图 11-44 所示。按结构处理不同分有挑梁式、挑板式、墙承式,如图 11-45 所示。

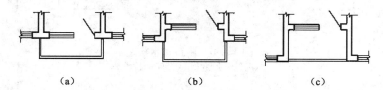

（a）　　　　　　　　　（b）　　　　　　　　　（c）

图 11-44　阳台种类
（a）挑阳台；（b）半挑半凹阳台；（c）凹阳台

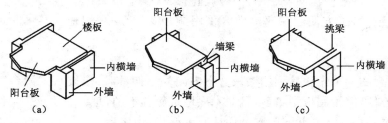

（a）　　　　　　　　　（b）　　　　　　　　　（c）

图 11-45　阳台种类
（a）挑板式；（b）墙承式；（c）挑梁式

1. 阳台的设计要求

（1）安全适用

悬挑阳台的挑出长度不宜过大,应保证在荷载作用下不发生倾覆现象,以 1.2 ~ 1.8m 为宜。低层、多层住宅阳台栏杆净高不低于 1.05m,中高层住宅阳台栏杆净高不低于 1.1m,但也不大于 1.2m。阳台栏杆形式应防坠落（垂直栏杆间净距不应大于 110mm）,防攀爬（不设水平栏杆）,以免造成恶果。放置花盆处,也应采取防坠落措施。

（2）坚固耐久

阳台所用材料和构造措施应经久耐用,承重结构宜采用钢筋混凝土,金属构件应做防锈处理,表面装修应注意色彩的耐久性和抗污染性。

（3）排水顺畅

为防止阳台上的雨水流入室内,设计时要求将阳台地面标高低于室内地面标高 60mm 左右,并将地面抹出 0.5% 的排水坡,将水导入排水孔,使雨水能顺利排出,如图 11-46 所示。

此外,阳台在设计时还应考虑地区气候特点。南方地区宜采用有助于空气流通的空透式栏杆,而北方寒冷地区和中高层住宅应采用实体栏杆,并满足立面美观的要求,为建筑物的形象增添风采。

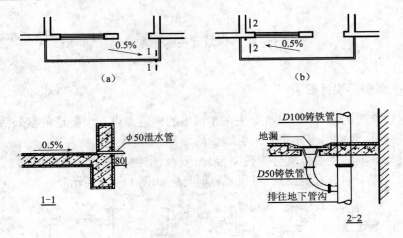

图 11-46　阳台排水构造
(a)、(b)地面抹出 0.5% 的排水坡

2. 阳台的结构布置

(1)搁板式(墙承式)

在凹阳台中,将阳台板搁置于阳台两侧凸出来的墙上,即形成搁板式阳台,阳台板型和尺寸与楼板一致,施工方便。在寒冷地区采用搁板式阳台,可以避免冷桥,如图 11-47(a)所示。

(2)挑板式

挑板式阳台的一种做法是利用楼板从室内向外延伸,即形成挑板式阳台。这种阳台构造简单,施工方便,但预制板型增多,且对寒冷地区保温不利,是纵墙承重住宅阳台的常用做法,阳台的长宽可不受房屋开间的限制而按需要调整,当楼板为现浇楼板时,可选择挑板式,悬挑长度一般为 1.2m 左右。即从楼板外延挑出平板,板底平整美观而且阳台平面形式可做成半圆形、弧形、梯形、斜三角等各种形状。挑板厚度不小于挑出长度的 1/12,一般有两种做法:一种是将房间楼板直接向墙外悬挑形成阳台板;另一种是将阳台板和墙梁现浇在一起,利用梁上部墙体的重量来防止阳台倾覆,如图 11-47(b)(c)所示。

(3)挑梁式

当楼板为预制楼板,结构布置为横墙承重时,可选择挑梁式。即从横墙内向外伸挑梁,其上搁置预制楼板。阳台荷载通过挑梁传给纵横墙,由压在挑梁上的墙体和楼板来抵抗阳台的倾覆力矩。挑梁压在墙中的长度应不小于 1.5 倍的挑出长度,挑梁根部截面高度 H 为 $(1/5 \sim 1/6)L$,L 为悬挑净长,截面宽度为 $(1/2 \sim 1/3)H$,如图 $11 \sim 47$(d)所示。

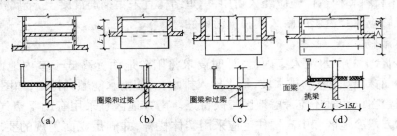

图 11-47　阳台的结构布置
(a)搁板式(墙承式);(b)挑板式;(c)挑板式;(d)挑梁式

11.5.2　雨篷构造

　　雨篷是指设置在建筑物外墙出入口的上方用以挡雨并有一定装饰作用的水平构件,位于建筑物出入口的上方,用来遮挡雨雪,保护外门免受侵蚀,给人们提供一个从室外到室内的过渡空间,并起到保护门和丰富建筑立面的作用。

　　根据雨篷板的支承方式不同,有悬板式和梁板式两种。

　　悬板式雨篷外挑长度一般为 0.9 ~ 1.5m,板根部厚度不小于挑出长度的 1/12,雨篷宽度比门洞每边宽 250mm,雨篷排水方式可采用无组织排水和有组织排水两种。雨篷顶面距过梁顶面 250mm 高,板底抹灰可抹 1:2 水泥砂浆内掺 5% 防水剂的防水砂浆 15mm 厚,多用于次要出入口。悬板式雨篷构造见图 11-48。

　　当门洞口尺寸较大,雨篷挑出尺寸也较大时,雨篷应采用梁板式结构。即雨篷由梁和板组成,为使雨篷底面平整,梁一般翻在板的上面成翻梁,如图 11-49 所示。当雨篷尺寸更大时,可在雨篷下面设柱支撑。

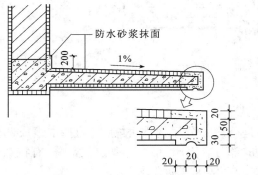

图 11-48　悬板式雨篷构造

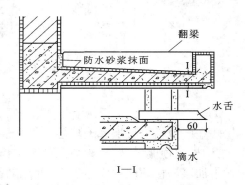

图 11-49　梁板式雨篷构造

　　雨篷顶面应做好防水和排水处理,见图 11-50,一般采用 20mm 厚的防水砂浆抹面进行防水处理,防水砂浆应沿墙面上升,高度不小于 250mm,同时在板的下部边缘做滴水,防止雨水沿板底漫流。雨篷顶面需设置 1% 的排水坡,并在一侧或双侧设排水管将雨水排除。为了立面需要,可将雨水由雨水管集中排除,这时雨篷外缘上部需做挡水边坎。

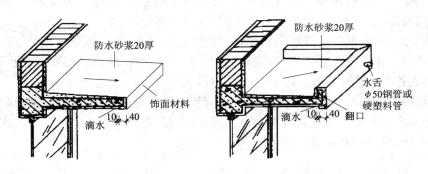

图 11-50　雨篷排水构造(一)

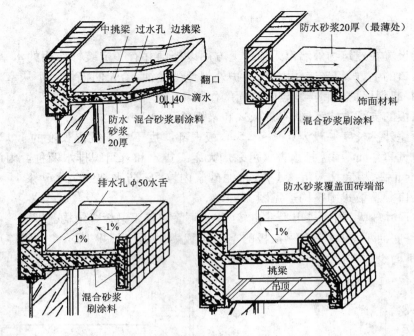

图 11-50 雨篷排水构造(二)

本 章 总 结

1. 楼地层包括楼板层和地坪层。楼板层是楼房的分层构件,楼板层的基本组成部分有面层、结构层和顶棚三部分,地坪层的基本组成部分有面层、垫层和基层三部分,有特殊要求时增设附加层。楼地层要满足安全、使用功能和经济等方面要求。

2. 根据钢筋混凝土楼板的施工方法不同,可分为现浇式、装配式和装配整体式三种。现浇钢筋混凝土楼板有板式楼板、肋梁楼板、无梁楼板和压型钢板组合楼板。装配式钢筋混凝土楼板常用的板型有实心平板、槽形板、空心板等,应注意加强楼板的整体性。装配整体式楼板是在现场安装预制构件,再整体浇筑的楼板。常用装配整体式楼板有密肋楼板和叠合式楼板两种。

3. 根据面层所用的材料及施工方法不同,常见地面有整体地面、块材地面、卷材地面和涂料地面等四种类型。要注意地面变形缝、防排水等细部构造。

4. 顶棚是楼板层下面的装修层。顶棚按构造方式不同有直接式顶棚和悬吊式顶棚两种类型。直接式是直接在楼板底喷刷、抹灰和贴面。悬吊式顶棚悬挂在屋顶或楼板下,由骨架和面板组成,简称吊顶或吊顶棚。阳台分为凸阳台、凹阳台与半凸阳台。

5. 阳台可视为楼板向室外的延伸。按阳台与外墙的位置关系有凸阳台、半凸阳台、凹阳台,阳台的结构布置方式有搁板式、挑板式、挑梁式。雨篷是建筑出入口的挡雨设施,根据板的支承方式不同,有挑板式和梁板式。

习 题

1. 简述题

(1)分析现浇肋形楼板的布置原则和传力特点。

（2）压型钢板组合楼板有何特点？构造要求如何？

（3）装配式钢筋混凝土楼板的结构布置原则有哪些？板缝如何调整？

（4）简述水磨石地面的构造。

（5）阳台板的结构布置形式有哪些？各适用于什么情况？

2.画图题

（1）图示楼板层和地坪层的基本组成。

（2）图示表示装配式楼板的板与板、板与墙和梁的连接构造。

（3）图示表示地面变形逢构造。

第12章 屋 顶

学习目标要求

1. 掌握平屋顶的排水构造；
2. 掌握卷材防水屋面和刚性防水屋面的构造；
3. 掌握坡屋顶的类型和节点构造。

学习重点和难点

本章学习重点：平屋顶的坡度形成方式，卷材防水屋面和刚性防水屋面的构造组成，坡屋顶的承重结构体系。

本章学习难点：平屋顶的排水构造，坡屋顶的排水节点构造。

12.1 屋顶的类型和设计要求

12.1.1 屋顶的作用及构造要求

屋顶是建筑物最上层起覆盖作用的承重围护构件，首先承受屋顶本身的自重、雨雪灰尘以及检修荷载，同时对房屋上部起到水平支撑作用；其次能够抵御外界自然环境的不利影响；再次，屋顶的形式很大程度上影响建筑物的整体造型，起到装饰建筑立面的作用。

屋顶应布置合理，满足坚固耐久、防水排水、保温隔热、抵御侵蚀等使用要求，同时还应做到自重轻、构造简单、施工方便、造价经济，并与建筑整体形象协调。其中防水是对屋顶的最基本的要求，屋面的防水等级和设防要求见表 12-1。

表 12-1　屋面的防水等级和设防要求

项目	建筑物类别	防水层使用年限	防水选用材料	设防要求
屋面的防水等级	Ⅰ级 特别重要的民用建筑和对防水有特殊要求的工业建筑	25 年	宜选用合成高分子防水卷材、高聚物改性沥青防水卷材、合成高分子防水涂料、细石防水混凝土等材料	三道或三道以上防水设防，其中应用一道合成高分子防水卷材，且只能有一道厚度不小于 2mm 的合成高分子防水涂膜
	Ⅱ级 重要的工业与民用建筑、高层建筑	15 年	宜选用高聚物改性沥青防水卷材、合成高分子防水卷材、合成高分子防水涂料、高聚物改性沥青防水涂料、细石防水混凝土、平瓦等材料	二道防水设防，其中应有一道卷材；也可采用压型钢板进行一道设防
	Ⅲ级 一般的工业与民用建筑	10 年	应选用三毡四油沥青防水卷材、高聚物改性沥青防水卷材、合成高分子防水卷材、高聚物改性沥青防水涂料、合成高分子防水涂料、沥青基防水涂料、刚性防水层、平瓦、油毡瓦等材料	一道防水设防，或两种防水材料复合使用
	Ⅳ级 非永久性的建筑	5 年	可选用二毡三油沥青防水卷材、高聚物改性沥青防水涂料、沥青基防水涂料、波形瓦等材料	一道防水设防

12.1.2 屋顶的类型

按外形和坡度分平屋顶、坡屋顶、曲面屋顶。

平屋顶：是指坡度小于5%的屋顶，常用坡度为2%～3%。是应用最广泛的一种屋顶形式，可以节约建筑空间，提高预制安装程度，加快施工速度。还可用作上人屋面，上人屋顶屋面坡度为1%～2%，方便人们在屋面行走，给人们提供一个休闲活动场所，如图12-1所示。

坡屋顶：通常是指坡度大于10%的屋顶，常用坡度范围为10%～60%。坡屋顶在我国有着悠久的历史，容易就地取材，符合传统的审美要求，在古代建筑中广泛使用，在现代建筑中也常采用，如图12-2所示。

曲面屋顶：是由各种薄壳结构、悬索结构、拱结构和网架结构作为屋顶承重结构的屋顶，如双曲拱屋顶、球形网壳屋顶、扁壳屋顶、马鞍形悬索屋顶等，这类结构的内力分布合理，能充分发挥材料的力学性能，因而能节约材料，但是，这类屋顶施工复杂，故常用于大体量的公共建筑，如图12-3所示。

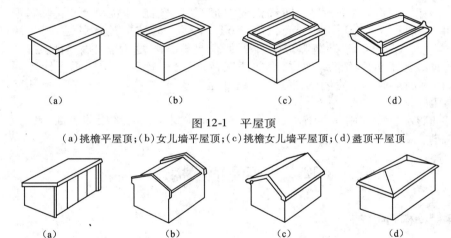

图 12-1 平屋顶
（a）挑檐平屋顶；（b）女儿墙平屋顶；（c）挑檐女儿墙平屋顶；（d）盝顶平屋顶

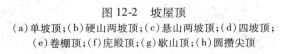

图 12-2 坡屋顶
（a）单坡顶；（b）硬山两坡顶；（c）悬山两坡顶；（d）四坡顶；
（e）卷棚顶；（f）庑殿顶；（g）歇山顶；（h）圆攒尖顶

根据屋面防水材料划分，屋面可分为柔性防水屋面、刚性防水屋面、瓦屋面、波形瓦屋面、金属薄板屋面、粉剂防水屋面等。

（1）柔性防水屋面是用防水卷材或制品做防水层，如沥青卷材、橡胶卷材、合成高分子防水卷材等，这种屋面有一定的柔韧性。

（2）刚性防水屋面是用细石混凝土等刚性材料做防水层，构造简单，施工方便，造价低，但这种做法韧性差，屋面易产生裂缝而渗漏水，在寒冷地区应慎用。

（3）瓦屋面使用的瓦有平瓦、小青瓦、筒板瓦、平板瓦、石片瓦等。其中，最常用的是平

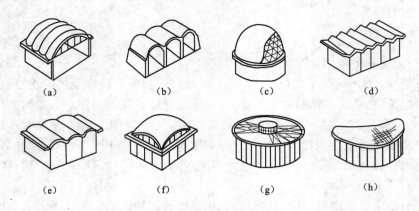

图 12-3　曲面屋顶

(a)双曲拱屋顶;(b)砖石拱屋顶;(c)球形网壳屋顶;(d)V形折板屋顶;
(e)筒壳屋顶;(f)扁壳屋顶;(g)车轮形悬索屋顶;(h)马鞍形悬索屋顶

瓦。瓦屋面的坡度,一般大于 10% ,瓦屋面都是坡屋面。

（4）波形瓦屋面有石棉水泥瓦、镀锌铁皮波形瓦、钢丝瓦、水泥波形瓦、玻璃钢瓦等,波形瓦的尺寸,一般长为 1200～2800mm,宽为 660～1000mm,波形瓦重量轻,耐久性能好,是良好的非导体,非燃烧体,不受潮湿与煤烟侵蚀,但易折断破裂,保温、隔热性能差。

（5）金属薄板屋面是用镀锌铁皮,涂塑薄钢板,铝合金板和不锈钢板等作屋面,常采用折叠接合,使屋面形成一个密闭的覆盖层。这种屋面的坡度可小些,在 10%～20% 之间,可用于曲面屋顶。

（6）粉剂防水屋面是用一种惰水、松散粉末状防水材料做防水层的屋面,具有良好的耐久性和应变性。

12.2　平屋顶的构造

12.2.1　平屋顶构造组成

平屋顶在实际应用中比较广泛,特别是在北方地区,平屋顶坡度较小,可以上人作为活动的平台,其构造层次比较简单。平屋顶一般由屋面、承重结构、保温隔热层、顶棚等基本层次组成,如图 12-4 所示。

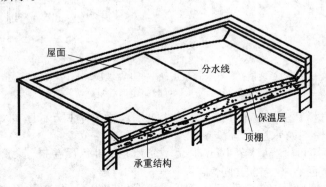

图 12-4　平屋顶构造

屋面是屋顶最上面的表面层次,要承受施工荷载和使用时的维修荷载,以及自然界风吹、日晒、雨淋、大气腐蚀等的长期作用,因此屋面材料应有一定的强度、良好的防水性和耐久性能。

承重结构主要承受屋面传来的各种荷载和屋顶自重。

顶棚位于屋顶的底部,用来满足室内对顶部的平整度和美观要求。

当对屋顶有保温隔热要求时,需要在屋顶中设置相应的保温隔热层,以防止外界温度变化对建筑物室内空间带来影响。

12.2.2 平屋顶的排水

1. 影响屋顶坡度的因素

屋面坡度的大小,与屋面材料、地区降水量、屋顶结构形式、施工方法、构造组合方式、建筑造型要求以及经济条件等因素有关,其中屋面防水材料的形体尺寸是最主要的决定因素。

一般说来,防水材料的形体尺寸越小,整个防水层的接缝就越多,这样渗水的可能性就越大,故屋面坡度应大一些。降水量大的地区,屋面渗漏的可能性较大,屋面排水坡度应适当加大;反之则小些。

2. 坡度的表示方法

坡度大小是影响排水速度的主要因素,坡度的表示方法主要有斜率法(比值法)、百分比法、角度法三种常用方法。

1)用斜率(比值法)表示:对于坡屋顶(过去)常用屋架的高跨比来表示屋面的坡度;当比值为 1/2 或 0.5 时,称为 5 分水;当比值为 3/4 或 0.75 时,称为 7 分半水,如图 12-5(a)所示。

2)百分比表示法:常用屋顶斜面的垂直投影高度(H)与水平投影长度(L)之比 $\times 100\%$ $\left(\dfrac{H}{L} \times 100\%\right)$ 来表示,如 50%、20%、10%、3% 等,如图 12-5(b)所示。

3)角度表示法:用屋面与水平面之间形成的夹角来表示坡度的大小,如 30°、15°、5° 等,如图 12-5(c)所示。

常用坡度如图 12-6 所示。

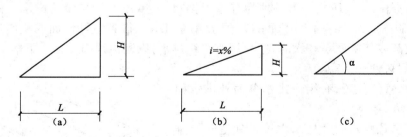

图 12-5 坡度表示方法
(a)斜率法;(b)百分比法;(c)角度法

3. 平屋顶排水坡度的形成

1)材料找坡又称构造找坡、垫置坡度、建筑找坡

做法:将屋面板水平搁置,屋面坡度由铺设在屋面板上的轻质、价廉的材料垫坡,如用炉渣等,材料找坡要求坡底最小铺层厚度不小于 30mm,适用 2% 以内的屋面找坡。

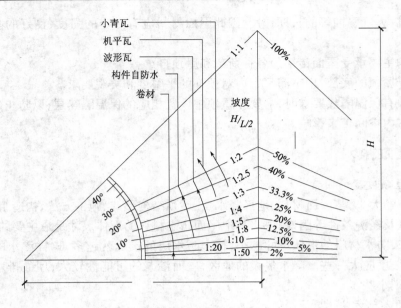

图 12-6　常用坡度

特点:结构底面平整,容易保证室内空间的完整性,但垫置坡度不宜太大,否则会使找坡材料用量过大,增加屋顶荷载。

2)结构找坡又称搁置坡度

做法:是将屋面板搁置在顶部倾斜的梁上或墙上形成屋面排水坡度的方法,一般用于坡度大于 3% 的找坡。

特点:无须再在屋顶上设置找坡层,屋面其他层次的厚度也不变化,减轻了屋面荷载,施工简单,造价低。但不符合人们的使用习惯,顶棚是倾斜的,需要吊顶处理。

4. 平屋顶的排水方式

屋顶的排水方式主要有两种,一种为无组织排水,即将屋顶沿外墙挑出,形成挑檐,屋面雨水经挑檐自由下落至室外地坪,其构造简单、造价经济、不易漏雨和堵塞,适用于低层建筑或少雨地区,如图 12-7 所示。另一种为有组织排水,在屋顶设置与屋面排水方向相垂直的纵向天沟,汇集雨水后,将雨水由雨水口、雨水管有组织地排到室外地面或室内地下排水系统,当房屋较高或年降雨量较大时,应采用有组织排水,以避免因雨水自由下落对墙面冲刷,影响房屋的耐久性和美观。

按照雨水管的位置,有组织排水分为外排水和内排水。

外排水:屋顶雨水由室外雨水管排到室外的排水方式。按照檐沟在屋顶的位置,外排水的檐口形式有沿屋面四周设檐沟、沿纵墙设檐沟、女儿墙外设檐沟、女儿墙内设檐沟等,如图 12-8 所示。

内排水:屋顶雨水由设在室内的雨水管排到地下排水系统的排水方式,如图 12-9 所示。一般适用于大跨度建筑、高层建筑、严寒地区及对建筑立面

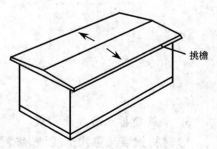

图 12-7　无组织排水

有特殊要求的建筑。

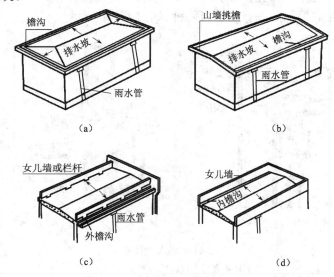

（a） （b）

（c） （d）

图 12-8 有组织外排水

（a）沿屋面四周设檐沟；（b）沿纵墙设檐沟；（c）女儿墙外设檐沟；（d）女儿墙内设檐沟

图 12-9 有组织内排水

5. 排水装置

天沟：汇集屋顶雨水的沟槽，有钢筋混凝土槽形天沟和在屋面板上用找坡材料形成的三角形天沟两种，如图 12-10 所示。

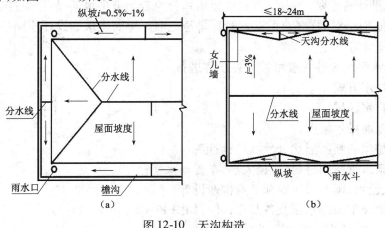

（a） （b）

图 12-10 天沟构造

（a）槽形天沟；（b）三角形天沟

雨水口:雨水口是将天沟的雨水汇集至雨水管的连通构件,雨水口有设在檐沟底部的水平雨水口和设在女儿墙根部的垂直雨水口两种,如图 12-11 所示。

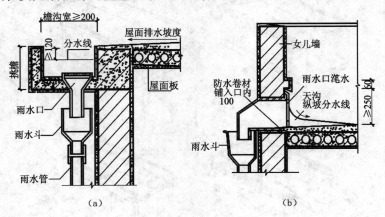

图 12-11　雨水口构造
(a)垂直雨水口;(b)水平雨水口

雨水管:与雨水口相连的管子,常用的材料有金属管和合成高分子管材。有组织排水系统中,雨水管的数量应依据地区每小时最大降雨量时一根雨水管所能承担的屋面排水面积进行设置。一般情况下,当雨水管的口径为 100mm 左右,每根雨水管所承担的屋面排水面积为 100 ~ 200m²。

经验公式:

$$F = 438D^2/H$$

式中　F——容许集水面积(m^2);

　　　D——雨水管直径(cm);

　　　H——每小时降雨量(mm/h)。

6. **屋面组织排水设计**

屋面排水设计对于屋面排水来说有至关重要的作用,降雨量较大时,如果不能及时排水,可能使雨水渗入屋面,特别是有组织排水,排水组织设计不合理使得雨水口区域雨水集中,雨水口处会出现渗漏、雨水溢出等现象,失去有组织排水的优势。

屋面排水设计的主要任务是:首先将屋面划分为若干个排水区,然后通过适宜的排水坡和排水沟,分别将雨水引向各自的落水管再排至地面。屋面排水的设计原则是排水通畅、简捷,雨水口负荷均匀。

屋面的排水组织设计一般可按下列步骤进行:

(1)确定排水方式 ;

(2)划分排水区域;

(3)确定屋面排水坡度;

(4)确定檐沟的断面形状、尺寸以及坡度;

(5)确定雨水管所用材料、口径大小,布置雨水管;

(6)檐口、泛水、雨水口等细部节点构造设计;

(7)绘出屋顶平面排水图及各节点详图,如图 12-12 所示。

屋面的排水组织设计注意事项:

（1）单坡排水屋面宽度不宜大于 12m；

（2）矩形天沟净宽不小于 200mm，天沟纵坡最高处离天沟上口的距离不小于 80mm；

（3）落水管径不小于 75mm，落水管间距一般为 18～24m，每根落水管可排 200m² 左右屋面的雨水。

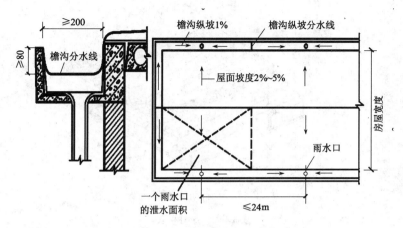

图 12-12　屋面排水图示

12.2.3　平屋顶的防水

平屋面防水，按照材料分为柔性防水、刚性防水、涂膜防水、粉剂防水，其中柔性防水在应用中最为广泛。

1. 柔性防水屋面

柔性防水屋面是用具有良好的延伸性、能较好地适应结构变形和温度变化的材料做防水层的屋面，包括卷材防水屋面和涂膜防水屋面两种。卷材防水屋面是用防水卷材和胶结材料分层粘贴形成防水层的屋面，具有优良的防水性和耐久性，因而被广泛采用。涂膜防水屋面是用防水涂料，在找平层上分层涂刷，形成致密的不透水层达到防水的目的。

（1）卷材防水屋面的基本构造

卷材防水屋面由结构层、找坡层、找平层、结合层、防水层、保护层组成，如图 12-13 所示，它适用于防水等级为 Ⅰ～Ⅳ 级的屋面防水。卷材防水层的防水卷材包括沥青类卷材、高聚物改性沥青防水卷材和合成高分子防水卷材三类，如表 12-2 所示。

① 结构层为装配式钢筋混凝土板时，应采用细石混凝土灌缝，其强度等级不应小于 C20。

② 找坡层按照材料找坡或结构找坡设置，排水坡度一般为 2%～3%，檐沟处 1%。

③ 找平层表面应压实平整，一般用 1∶3 的水泥砂浆或细石混凝土做，厚度为 20～30mm。找平层宜设分格缝（分仓缝），缝宽 20mm，缝内嵌填密封材料。缝应留在板端缝处，其纵横缝的最大间距为：找平层为水泥砂浆或细石混凝土时，不宜大于 6m；找平层为沥青砂浆时，不宜大于 4m。

④ 防水层主要采用沥青类卷材、高聚物改性沥青防水卷材和合成高分子防水卷材三类。

⑤ 保护层分为不上人屋面保护层和上人屋面保护层。不上人屋面保护层构造做法，是

在防水层上撒绿豆砂或做反光涂层。上人屋面保护层做法,在防水层上用水泥砂浆或沥青砂浆铺贴缸砖、大阶砖、预制混凝土板等,或在防水层上浇筑40mm厚Ç20细石混凝土。

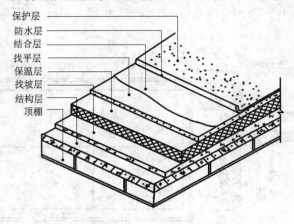

保护层
防水层
结合层
找平层
保温层
找坡层
结构层
顶棚

图 12-13 卷材防水屋面构造

表 12-2 卷材种类

卷材分类	卷材名称举例	卷材粘结剂
沥青类卷材	石油沥青卷材	石油沥青玛碲脂
	焦油沥青卷材	焦油沥青玛碲脂
高聚物改性沥青防水卷材	SBS 改性沥青防水卷材	热熔、自粘、粘贴均有
	APP 改性沥青防水卷材	
合成高分子防水卷材	三元乙丙丁基橡胶防水卷材	丁基橡胶为主体的双组分,A 与 B 液 1:1 配比搅拌均匀
	三元乙丙橡胶防水卷材	
	氯磺化聚乙烯防水卷材	CX-401 胶
	再生胶防水卷材	氯丁胶胶粘剂
	氯丁橡胶防水卷材	CY-409 液
	氯丁聚乙烯 – 橡胶共混防水卷材	BX-12 及 BX-12 乙组分
	聚氯乙烯防水卷材	粘结剂配套供应

为了确保防水工程质量,使屋面在防水层合理使用年限内不发生渗漏,除卷材的材质因素外,其厚度也应考虑为最主要的因素,防水层的厚度要满足表 12-3 要求。

表 12-3 防水层厚度要求

屋面防水等级	设防道数	合成高分子防水卷材	高聚物改性沥青防水卷材	沥青防水卷材和沥青复合胎柔性防水卷材	自粘聚酯胎改性沥青防水卷材	自粘橡胶沥青防水卷材
Ⅰ级	三道或三道以上设防	不应小于 1.5mm	不应小于 3mm	—	不应小于 2mm	不应小于 1.5mm
Ⅱ级	二道设防	不应小于 1.2mm	不应小于 3mm	—	不应小于 2mm	不应小于 1.5mm

续表

屋面防水等级	设防道数	合成高分子防水卷材	高聚物改性沥青防水卷材	沥青防水卷材和沥青复合胎柔性防水卷材	自粘聚酯胎改性沥青防水卷材	自粘橡胶沥青防水卷材
Ⅲ级	一道设防	不应小于1.2mm	不应小于4mm	三毡四油	不应小于3mm	不应小于2mm
Ⅳ级	一道设防	—	—	二毡三油	—	—

（2）卷材防水层的铺贴

卷材防水层的铺贴方法包括冷粘法、自粘法、热熔法等常用铺贴方法。

冷粘法铺贴卷材是在基层涂刷基层处理剂后，将胶粘剂涂刷在基层上，然后再把卷材铺贴上去。

自粘法铺贴卷材是在基层涂刷基层处理剂的同时，撕去卷材的隔离纸，立即铺贴卷材，并在搭接部位用热风加热，以保证接缝部位的粘结性能。

热熔法铺贴卷材是在卷材宽幅内用火焰加热器喷火均匀加热，直到卷材表面有光亮黑色即可粘合，并压粘牢，厚度小于3mm的高聚物改性沥青卷材禁止使用。当卷材贴好后还应在接缝口处用10mm宽的密封材料封严。

以上粘贴卷材的方法主要用于高聚物改性沥青防水卷材和合成高分子防水卷材防水屋面，在构造上一般是采用单层铺贴，极少采用双层铺贴。

卷材铺贴方向应符合下列规定：

屋面坡度小于3%时，卷材宜平行屋脊铺贴。

屋面坡度在3%～15%时，卷材可平行或垂直屋脊铺贴。

屋面坡度大于15%或屋面受振动时，沥青防水卷材应垂直屋脊铺贴，高聚物改性沥青防水卷材和合成高分子防水卷材可平行或垂直屋脊铺贴。

铺贴卷材采用搭接法时，上下层及相邻两幅卷材的搭接缝应错开。各种卷材搭接宽度应符合表12-4的要求。

表12-4　各种卷材搭接宽度（mm）

铺贴方法＼卷材种类		短边搭接		长边搭接	
		满粘法	空铺、点粘、条粘法	满粘法	空铺、点粘、条粘法
沥青防水卷材		100	150	70	100
高聚物改性沥青防水卷材		80	100	80	100
合成高分子防水卷材	胶粘剂	80	100	80	100
	胶粘带	50	60	50	60
	单缝焊	60,有效焊接宽度不小于25			
	双缝焊	80,有效焊接宽度10×2+空腔宽			

（3）卷材防水屋面的节点构造

屋面防水中有很多的细部构造需要注意，往往都是在屋面的细部节点处容易发生渗漏现象，卷材防水屋面的节点构造主要有：卷材防水屋面在檐口、屋面与突出构件之间、变形缝、泛水处、上人孔等处特别容易产生渗漏,所以应加强这些部位的防水处理。

泛水是指屋面防水层与突出构件之间的防水构造。一般在屋面防水层与女儿墙、上人屋面的楼梯间、突出屋面的电梯机房、水箱间、高低屋面交接处等都需做泛水。泛水高度不应小于250mm,转角处应将找平层做成半径不小于20mm的圆弧或45°斜面,使防水卷材紧贴其上,如图12-14所示。

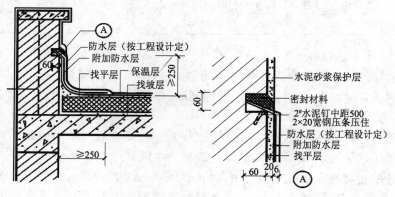

图12-14 屋面泛水构造

檐口是屋面防水层的收头处,此外的构造处理方法与檐口的形式有关,檐口的形式由屋面的排水方式和建筑物的立面造型要求来确定,一般有无组织排水檐口、挑檐沟檐口、女儿墙檐口和斜板挑檐檐口等。

无组织排水檐口的挑檐板一般与屋顶圈梁整体浇筑,屋面防水层的收头压入距挑檐板前端40mm处的预留凹槽内,先用钢压条固定,然后用密封材料进行密封,如图12-15所示。

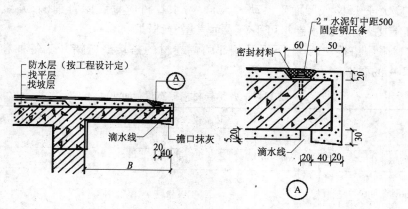

图12-15 无组织排水檐口构造

有组织排水檐口是将聚集在檐沟中的雨水分别由雨水口经水斗、雨水管(又称水落管)等装置导至室外明沟内。在有组织的排水中,通常可有两种情况:檐沟排水和女儿墙排水。檐沟可采用钢筋混凝土制作,挑出墙外,挑出长度大时可用挑梁支承檐沟。檐沟内的水经雨水口流入雨水管,如图12-16(a)所示。带女儿墙的檐口,檐沟也可设于外墙内侧,如图12-16(b)所示。并在女儿墙上每隔一段距离设雨水口,檐沟内的水经雨水口流入雨水管中。亦有不设檐沟,雨水顺屋面坡度直通至雨水口排出女儿墙外,或借弯头直接通至雨水管中。

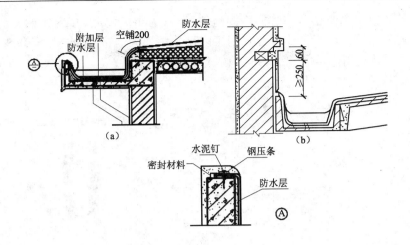

图 12-16　有组织排水檐口构造

(a)檐沟排水；(b)带女儿墙的檐口排水

挑檐沟檐口,当檐口处采用挑檐沟檐口时,卷材防水层应在檐沟处加铺一层附加卷材,并注意做好卷材的收头,如图 12-17 所示。

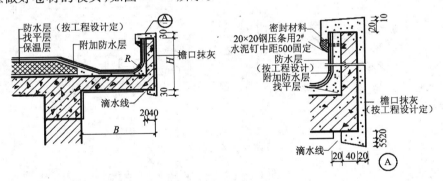

图 12-17　挑檐沟檐口构造

斜板挑檐檐口是考虑建筑立面造型、对檐口的一种处理形式,它给较呆板的平屋顶建筑增添了传统的韵味,丰富了城市景观。但挑檐端部的荷载较大,应注意悬挑构件的倾覆问题,处理好构件的拉结锚固,如图 12-18 所示。

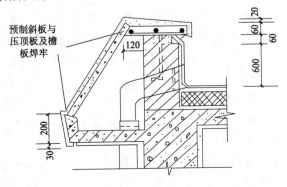

图 12-18　斜板挑檐檐口构造

雨水口是屋面雨水排至落水管的连接构件,通常为定型产品,多用铸铁、钢板制作。雨水口分直管式和弯管式两大类。直管式用于内排水中间天沟,外排水挑檐等,弯管式只适用女儿墙外排水天沟,如图 12-19 所示。

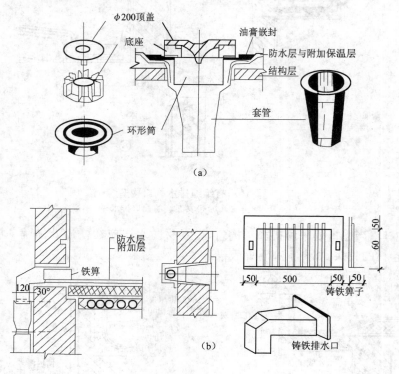

图 12-19 柔性防水雨水口构造
(a)直管式雨水口;(b)弯管式雨水口

不上人屋面需设屋面上人孔,以方便对屋面进行维修和安装设备。上人孔的平面尺寸不小于 600mm×700mm,且应位于靠墙处,以方便设置爬梯。上人孔的孔壁一般与屋面板整浇,高出屋面至少 250mm,孔壁与屋面之间做成泛水,孔口用木板上加钉 0.6mm 厚的镀锌薄钢板进行盖孔,如图 12-20 所示。

2. 刚性防水屋面

刚性防水屋面是用刚性防水材料,如防水砂浆、细石混凝土、配筋的细石混凝土等做防水层的屋面。其特点主要是构造简单、施工方便、造价低廉,但对温度变化和结构变形较敏感,容易产生裂缝而渗漏。不适用于温差变化大、有振动荷载、基础有较大不均匀沉降的建筑。

(1)刚性防水屋面的基本构造

刚性防水屋面是由结构层、找平层、隔离层和防水层组成,如图 12-21 所示。

① 结构层

刚性防水屋面的结构层应具有足够的强度和刚度,以尽量减少结构层变形对防水层的影响。一般采用现浇钢筋混凝土屋面板,当采用预制钢筋混凝土屋面板时,应加强对板缝的处理。刚性防水屋面的排水坡度一般采用结构找坡,所以结构层施工时要考虑倾斜搁置。

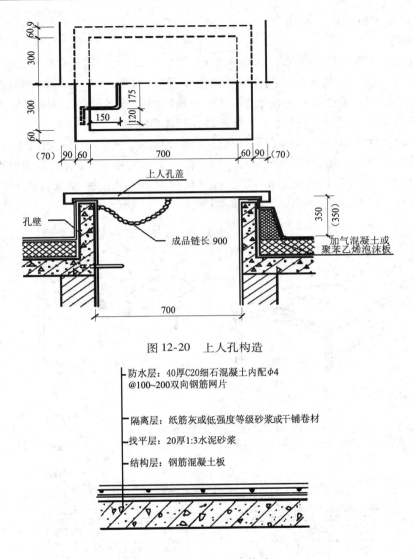

图 12-20　上人孔构造

图 12-21　刚性防水构造

② 找平层

为使刚性防水层便于施工,厚度均匀,应在结构层上用 20 厚 1∶3 的水泥砂浆找平。当采用现浇钢筋混凝土屋面板时,若能够保证基层平整,可不做找平层。

③ 隔离层

为了减小结构层变形对防水层的影响,应在防水层下设置隔离层。隔离层一般采用麻刀灰、纸筋灰、低强度等级水泥砂浆或干铺一层卷材等做法。如果防水层中加有膨胀剂,其抗裂性较好,则无须再设隔离层。

④ 防水层

刚性防水层一般采用配筋的细石混凝土形成。细石混凝土的强度等级不低于 C20,厚度不小于 40mm,并应配置直径为 4~6mm 的双向钢筋,间距 100~200mm。钢筋应位于防水层中间偏上的位置,上面保护层的厚度不小于 10mm。

（2）刚性防水屋面的细部构造

① 分格缝

分格缝是为了避免刚性防水层因结构变形、温度变化和混凝土干缩等产生裂缝所设置的"变形缝"。分格缝的间距应控制在刚性防水层受温度影响产生变形的许可范围内，一般不宜大于 6m，并应位于结构变形的敏感部位，如预制板的支承端，不同屋面板的交接处、屋面与女儿墙的交接处等，并与板缝上下对齐，如图 12-22 所示。

分格缝的宽度为 20～40mm，有平缝和凸缝两种构造形式。平缝适用于纵向分格缝，凸缝适用于横向分格缝和屋脊处的分格缝。为了有利于伸缩变形，缝的下部用弹性材料，如聚乙烯发泡棒、沥青麻丝等填塞；上部用防水密封材料嵌缝。当防水要求较高时，可再在分格缝的上面加铺一层卷材进行覆盖，如图 12-23 所示。

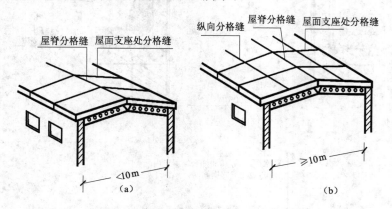

图 12-22　刚性防水屋面分格缝划分
（a）房间进深小于 10m 的分格缝划分；（b）房间进深大于 10m 的分格缝划分

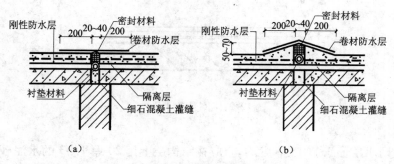

图 12-23　刚性防水屋面分格缝构造
（a）平缝；（b）凸缝

② 泛水构造

刚性防水屋面泛水构造与柔性防水屋面原理基本相同，一般做法是将细石混凝土防水层直接引伸到墙面上，细石混凝土内的钢筋网片也同时上弯。泛水应有足够的高度，转角外做成圆弧或 45°斜面，与屋面防水层应一次浇成，不留施工缝，上端应有挡雨措施，一般做法是将砖墙挑出 1/4 砖，抹水泥砂浆滴水线。刚性屋面泛水与墙之间必须设分格缝，以免两者变形不一致，使泛水开裂漏水，缝内用弹性材料充填，缝口应用油膏嵌缝或铁皮盖缝，如图 12-24所示。

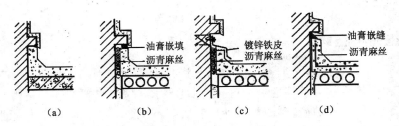

图 12-24　刚性防水屋面泛水构造
(a)挑砖；(b)挑砖嵌油膏；(c)挑砖盖铁皮；(d)配筋细石混凝土油膏嵌缝

③ 刚性防水屋面的檐口

刚性防水屋面的檐口形式分为无组织排水檐口和有组织排水檐口。无组织排水檐口通常直接由刚性防水层挑出形成,挑出尺寸一般不大于 450mm,也可设置挑檐板,刚性防水层伸到挑檐板之外；有组织排水檐口有挑檐沟檐口、女儿墙檐口和斜板挑檐檐口等做法。挑檐沟檐口的檐沟底部应用找坡材料垫置形成纵向排水坡度,铺好隔离层后再做防水层,防水层一般采用 1∶2 的防水砂浆；女儿墙檐口和斜板挑檐檐口与刚性防水层之间按泛水处理,其形式与卷材防水屋面的相同,如图 12-25 所示。

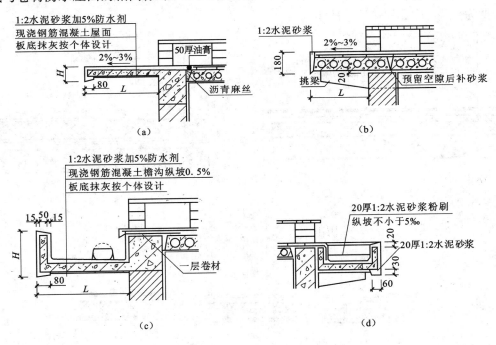

图 12-25　刚性防水屋面檐口构造
(a)现浇钢筋混凝土檐口板；(b)预制板檐口；(c)现浇檐口；(d)预制檐口

④ 刚性防水屋面雨水口

刚性防水屋面雨水口的规格和类型与柔性防水屋面所用雨水口相同。安装直管式雨水口时,为防止雨水从套管与沟底接缝处渗漏,应在雨水口四周加铺柔性卷材,卷材应铺入套管的内壁。檐口内浇筑的混凝土防水层应盖在附加的卷材上,防水层与雨水口相接处用油膏嵌封。安装弯式雨水口前,下面应铺一层柔性卷材,然后再浇筑屋面防水层,防水层与弯头交接处用油膏嵌封。

12.2.4　平屋顶的保温构造

　　平屋顶的保温是在屋顶上加设保温材料来满足保温要求,屋面保温材料应具有吸水率低、表观密度和导热系数小的特性、并有一定强度要求。保温材料按物理特性分为三大类:

　　散料类保温材料,如炉渣、矿渣等工业废料,以及膨胀陶粒、膨胀蛭石和膨胀珍珠岩等。

　　整浇类保温材料,一般是以散料类保温材料为骨料,掺入一定量的胶结材料,现场浇筑而形成的整体保温层,如水泥炉渣、水泥膨胀珍珠岩及沥青蛭石、沥青膨胀珍珠岩等。

　　板块类保温材料,一般现场浇筑的整体类保温材料都可由工厂预先制作成板块类保温材料,如预制膨胀珍珠岩、膨胀蛭石以及加气混凝土、泡沫塑料等块材或板材。

　　保温层在屋顶上的设置位置有以下三种:

　　正铺保温层:即保温层位于结构层与防水层之间,如图 12-26 所示。

　　倒铺保温层:即保温层位于防水层之上,如图 12-27 所示。

　　保温层与结构层结合:有三种做法,一种是保温层设在槽形板的下面,如图 12-28(a)所示;一种是保温层放在槽形板朝上的槽口内,如图 12-28(b)所示;还有一种是将保温层与结构层融为一体,如图 12-28(c)所示。

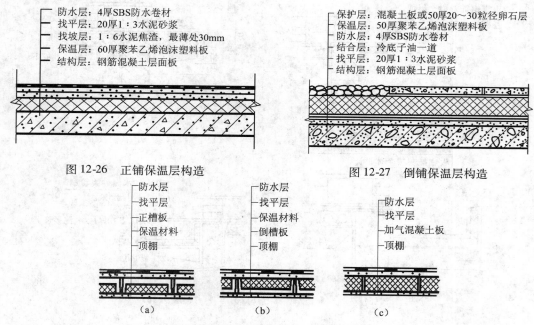

图 12-26　正铺保温层构造　　　　图 12-27　倒铺保温层构造

图 12-28　保温层与结构层结合构造
(a)保温层设在槽形板下;(b)保温层设在倒槽形板上;(c)保温层与结构层结合为一体

12.2.5　平屋顶的隔热构造

　　平屋顶的隔热构造可以采用通风隔热、蓄水隔热、植被隔热、反射隔热等方法。

1.通风隔热

通风隔热有两种做法:一种是在结构层与悬吊顶棚之间设置通风间层,将通风层设在结构层的下面,即利用屋顶与室内顶棚之间的空间作隔热层,同时利用檐墙上的通风口将大部分的热量带走。净高为 500mm 左右,并设置一定数量的通风孔,以利空气对流;通风孔应考虑防飘雨措施,如图 12-29(a)所示;另一种是设架空屋面,在外墙上设进气口与排气口,用预制板块架空搁置在防水层上形成架空层,净高一般以 180 ~ 240mm 为宜;架空层周边设一定数量的通风孔,以保证空气流通;当女儿墙上不宜开设通风孔时,应在距女儿墙 250mm 范围内不铺架空板,如图 12-29(b)所示。

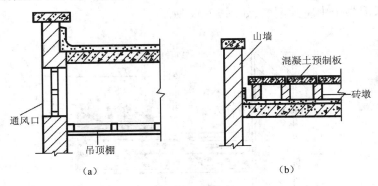

图 12-29 通风隔热屋面
(a)顶棚通风;(b)屋面架空通风

2. 蓄水隔热

蓄水隔热是在屋顶上蓄积一层水,当太阳辐射到屋顶上时,水吸收热量而蒸发,这样就会减少屋顶吸收的热能,从而达到降温隔热的目的。蓄水屋面宜采用整体现浇的混凝土刚性防水层,在屋顶构造处理时要增加一壁三孔,即蓄水分仓壁、溢水孔、泄水孔和过水孔。如图 12-30 所示。

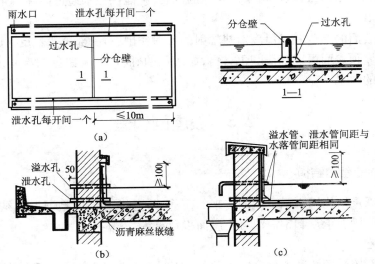

图 12-30 蓄水隔热构造
(a)分仓壁、过水孔、泄水孔的布置;
(b)溢水孔与泄水孔的细部构造;(c)溢水管、泄水管与水落管的间距

蓄水屋面的设计要点有:1)首先应有合适的蓄水深度,一般为 150 ~ 200mm;2)根据屋面面积的大小,用分仓壁将屋面划分为若干个蓄水区,每区的最大边长一般不大于 10m,在

分仓壁底部应设过水孔,使整个屋面上水能相互贯通;3)合理设置溢水孔和泄水孔,保证适宜的蓄水深度以便于在不需隔热降温时将积水排除;4)应有足够的泛水高度,至少应高出溢水孔的上口100mm左右;5)应注意做好管道的防水处理,避免渗漏。

3. 植被隔热

在屋顶上种植植物,利用植被的蒸腾和光合作用吸收太阳辐射热,从而达到隔热降温的目的。种植屋面也应采用整体现浇的刚性防水层,并必须对其进行防腐处理,避免水和肥料日久天长渗入混凝土中腐蚀钢筋,如图12-31所示。

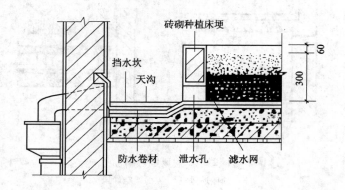

图12-31 植被隔热屋面构造

种植屋面的设计要点有:1)种植介质应尽量选用谷壳、膨胀蛭石等轻质材料,以减轻屋顶自重;2)屋顶四周须设栏杆或女儿墙作为安全防护措施,保证上屋顶人员的安全;3)挡墙下部设排水孔和过水网,过水网可采用堆积的砾石,它能保证水通过而种植介质不流失。

4. 反射降温

利用材料表面的颜色和光滑度对热辐射的反射作用,将一部分热量反射回去,从而达到降温的目的。屋顶表面可以铺浅颜色材料,如浅色的砾石,或刷白色的涂料及银粉,都能使屋顶产生降温的效果。

12.3 坡屋面构造

12.3.1 坡屋顶的承重结构

坡屋顶的承重结构用来承受屋面传来的荷载,并把荷载传给墙或柱,其结构类型有横墙承重、屋架承重、梁架承重和钢筋混凝土屋面板承重等。

1. 山墙承重

将横墙顶部按屋面坡度大小砌成三角形,在墙上直接搁置檩条或钢筋混凝土屋面板来支承屋面传来的荷载,又叫硬山搁檩,这种承重方式一般适合于多数开间相同且并列的房屋,如住宅、旅馆、宿舍等。其优点是节约钢材和木材,构造简单,施工方便,房间的隔声、防火效果好,是一种较为合理的承重体系,如图12-32所示。

2. 屋架承重

是指利用建筑物的外纵墙或柱支承屋架,然后在屋架上搁置檩条来承受屋面重量的一种承重方式,屋架是由多个杆件组合而成的承重桁架,可用木材、钢材、钢筋混凝土制作,形状有三角形、梯形、拱形、折线形等。上面搁置檩条或钢筋混凝土屋面板承受屋面传来的荷载。屋架承重与横墙承重相比,可以省去横墙,使房屋内部有较大的空间,增加了内部空间划分的灵活性,这种承重方式多用于要求有较大空间的建筑,如食堂、教学楼等,如图 12-33 所示。

3. 梁架承重

梁架结构是我国古代建筑的主要结构形式,它一般由立柱和横梁组成屋顶和墙身部分的承重骨架,檩条把一排排梁架联系起来形成整体骨架,这种结构形式的内外墙填充在木构架之间,不承受荷载,仅起分隔和围护作用。构架交接点为榫齿结合,整体性及抗震性较好;但消耗木材量较多,耐火性和耐久性均较差,维修费用高,如图 12-34 所示。

图 12-32　山墙承重构造

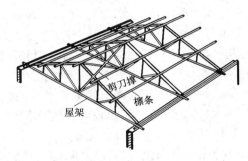

图 12-33　屋架承重构造

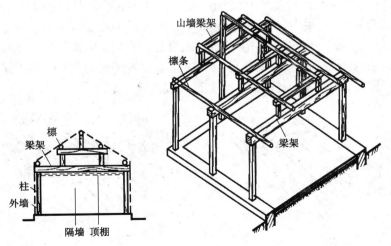

图 12-34　梁架承重构造

4. 钢筋混凝土屋面板承重

在墙上倾斜搁置现浇或预制钢筋混凝土屋面板(类似于平屋顶的结构,找坡屋面板的搁置方式)来作为坡屋顶的承重结构。这种承重方式的特点为节省木材,提高了建筑物的防火性能,构造简单,近年来常用于住宅建筑和风景园林建筑中。

12.3.2 坡屋顶的屋面构造

12.3.2.1 平瓦屋面

平瓦屋面根据平瓦的构造布置和施工方法不同有空铺平瓦屋面、实铺平瓦屋面、钢筋混凝土挂瓦板平瓦屋面。

1. 空铺平瓦屋面

也叫冷摊瓦屋面,是平瓦屋面中最简单的一种做法,具体做法是在檩条上固定橡条,然后再在橡条上钉挂瓦条并直接挂瓦。这种屋面做法的特点是施工方便、经济,但雨雪易从瓦缝飘进室内,故通常用于质量要求不高的临时建筑中,如图 12-35 所示。

2. 实铺平瓦屋面

也叫木望板瓦屋面,具体做法是在檩条上铺钉一层 15～20mm 厚的平口毛木板,即木望板,板与板间可不留缝隙,也可留 10～20mm 的缝隙,木望板上平行于屋脊方向干铺一层卷材,再用 30mm×10mm 的板条(称压毡条或顺水条)将卷材钉牢,最后在压毡条上平行于屋脊方向钉挂瓦条并挂瓦,挂瓦条的断面和间距与冷摊瓦屋面相同,如图 12-36 所示。这样,挂瓦条与卷材之间因夹有顺水条而有了空隙,便于把飘入瓦缝的雨水排出,所以这种屋面的防水能力较空铺平瓦屋面有了很大的提高,同时也提高了屋面的保温隔热性能,但它的缺点是耗用木材较多,造价相对较高,故多用于质量要求较高的建筑中。

3. 钢筋混凝土挂瓦板平瓦屋面

这种屋面是用预应力或非预应力的钢筋混凝土挂瓦板直接搁置在横墙或屋架上,代替实铺平瓦屋面中的檩条、屋面板和挂瓦条,成为三合一的构件,如图 12-37 所示。挂瓦板的屋面坡度不宜小于 1:2.5,挂瓦板与砖墙或屋架固定时,可将挂瓦板两端挂在预埋在砖墙或屋架中的钢筋头上,再用 1:3 水泥砂浆填实。挂瓦板的细部尺寸应与平瓦的尺寸相符,断面形式有 ∏ 形、T 形、F 形三种,并在板筋根部留有泄水孔,以排除由瓦面渗下的雨水。这种屋面的优点是构造简单,节约木材且防水可靠,但在施工时应严格控制构件的几何尺寸,切实保证施工质量,避免因瓦材搭接不密实而造成雨水渗漏。

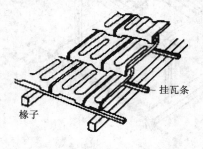

图 12-35　空铺平瓦屋面构造

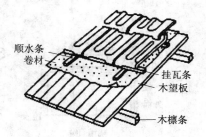

图 12-36　实铺平瓦屋面构造

12.3.2.2 油毡瓦屋面

油毡瓦是以玻璃纤维为胎基,经浸涂石油沥青后,面层热压各色彩砂,背面撒以隔离材料而制成的瓦状材料,形状有方形和半圆形,如图 12-38 所示。

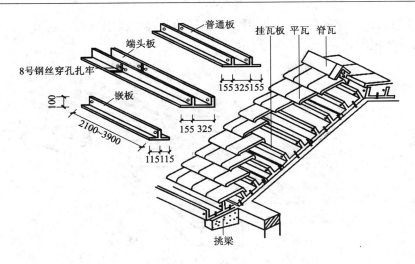

图 12-37　钢筋混凝土挂瓦板平瓦屋面构造

油毡瓦适用于排水坡度大于 20% 的坡屋面,可铺设在木板基层和混凝土基层的水泥砂浆找平层上,铺设方法同平瓦屋面,如图 12-39 所示。

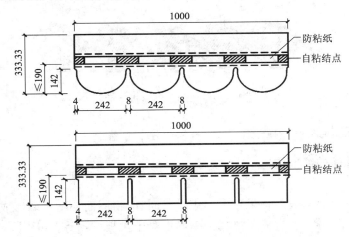

图 12-38　油毡瓦

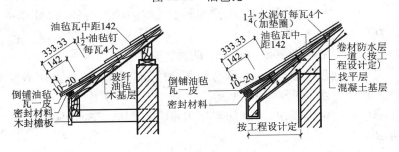

图 12-39　油毡瓦屋面构造

12.3.2.3　压型钢板屋面

压型钢板是将镀锌钢板轧制成型,表面涂刷防腐涂层或彩色烤漆而成的屋面材料,具有多种规格,有的中间填充了保温材料,成为夹芯板,可提高屋顶的保温效果。有自重轻、施工

205

方便、装饰性与耐久性强的优点,一般用于对屋顶的装饰性要求较高的建筑中。压型钢板屋面一般与钢屋架相配合,如图 12-40 所示。

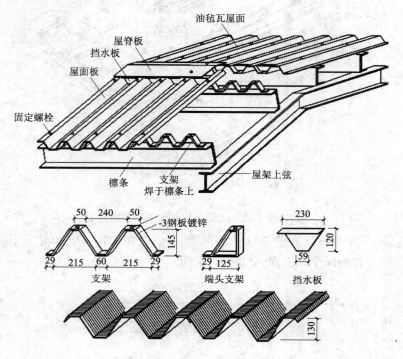

图 12-40　梯形压型钢板屋面

12.3.3　坡屋顶的屋面细部构造

12.3.3.1　平瓦屋面的细部构造

1. 纵墙檐口

无组织排水檐口。当坡屋顶采用无组织排水时,应将屋面伸出纵墙形成挑檐,挑檐的构造做法有砖挑檐、椽条挑檐、挑檐木挑檐和钢筋混凝土挑板挑檐等,如图 12-41 所示。

有组织排水檐口。当坡屋顶采用有组织排水时,一般多采用外排水,需在檐口处设置檐沟,檐沟的构造形式一般有钢筋混凝土挑檐沟和女儿墙内檐沟两种,如图 12-42 所示。

2. 山墙檐口

双坡屋顶山墙檐口的构造有硬山和悬山两种。

硬山是将山墙升起包住檐口,女儿墙与屋面交接处应做泛水,一般用砂浆粘结小青瓦或抹水泥石灰麻刀砂浆泛水,如图 12-43 所示。

悬山是将檩条伸出山墙挑出,上部的瓦片用水泥石灰麻刀砂浆抹出披水线,进行封固,如图 12-44 所示。

3. 屋脊、天沟和斜沟构造

互为相反的坡面在高处相交形成屋脊,屋脊处应用 V 形脊瓦盖缝,如图 12-45 所示。在等高跨和高低跨屋面相交处会形成天沟,两个互相垂直的屋面相交处会形成斜沟。天沟和斜沟应保证有一定的断面尺寸,上口宽度应为 300～500mm,沟底一般用镀锌铁皮铺于木基层上,镀锌铁皮两边向上压入瓦片下至少 150mm。

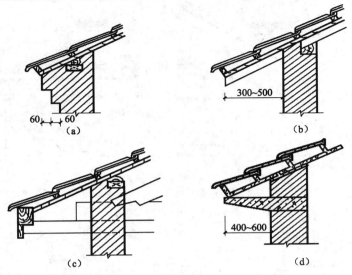

图 12-41　无组织排水檐口构造
(a)砖挑檐;(b)椽条挑檐;(c)挑梁挑檐;(d)钢筋混凝土挑板挑檐

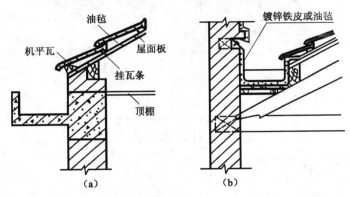

图 12-42　有组织排水檐口构造
(a)钢筋混凝土挑檐构造;(b)女儿墙封檐构造

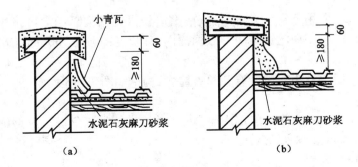

图 12-43　硬山檐口构造
(a)小青瓦泛水构造;(b)水泥砂浆泛水构造

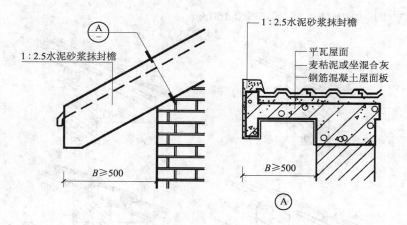

图 12-44 悬山檐口构造

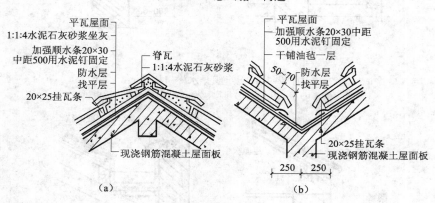

图 12-45 悬山檐口构造
(a)屋脊;(b)天沟

12.3.3.2 压形钢板屋面的细部构造

1. 无组织排水檐口

当压型钢板屋面采用无组织排水时,挑檐板与墙板之间应用封檐板密封,以提高屋面的围护效果,如图 12-46 所示。

2. 有组织排水檐口

当压型钢板屋面采用有组织排水时,应在檐口处设置檐沟。檐沟可采用彩板檐沟或钢板檐沟,当用彩板檐沟时,压型钢板应伸入檐沟内,其长度一般为 150mm,如图 12-47 所示。

3. 屋脊构造

压型钢板屋面屋脊分为双坡屋脊和单坡屋脊,构造如图 12-48 所示。

4. 山墙构造

压型钢板屋面与山墙之间一般用山墙包角板整体包裹,包角板与压型钢板屋面之间用通长密封胶带密封,如图 12-49 所示。

5. 屋面高低跨构造

压型钢板屋面高低跨交接处,加铺泛水板进行处理,泛水板上部与高侧外墙连接,高度不小于 250mm,下部与压型钢板屋面连接,宽度不小于 200mm,如图 12-50 所示。

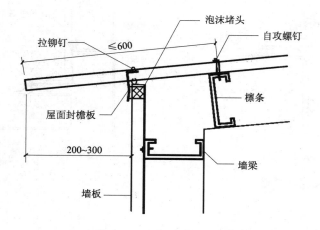

图 12-46　无组织排水檐口构造

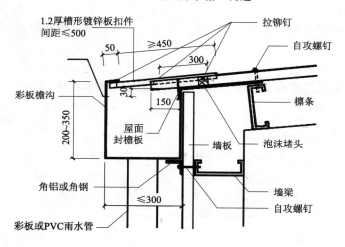

图 12-47　有组织排水檐口构造

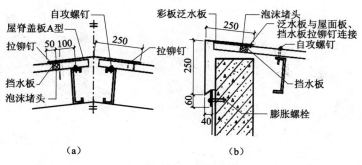

（a）　　　　　　　　　　（b）

图 12-48　屋脊构造
（a）双坡屋脊；（b）单坡屋脊

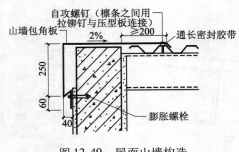

图 12-49　屋面山墙构造

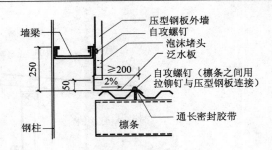

图 12-50　屋面高低跨构造

12.3.4　坡屋顶的保温与隔热

12.3.4.1　坡屋顶的保温

坡屋顶的保温有顶棚保温和屋面保温两种。

1. 顶棚保温

顶棚保温是在坡屋顶的悬吊顶棚上加铺木板,上面干铺一层卷材做隔汽层,然后在卷材上面铺设轻质保温材料,如图 12-51 所示。

2. 屋面保温

传统的屋面保温是在屋面铺草秸,将屋面做成麦秸泥青灰顶,或将保温材料设在檩条之间,如图 12-52 所示。

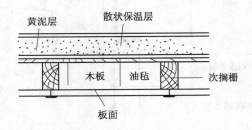

图 12-51　顶棚层保温

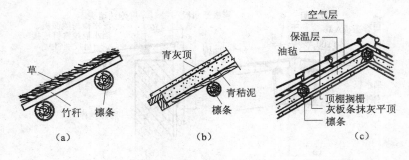

（a）　　　　　　　（b）　　　　　　　（c）

图 12-52　坡屋顶保温
（a）、（b）保温层在屋面层中；（c）保温层在檩条之间

12.3.4.2　坡屋顶的隔热

坡屋顶一般利用屋顶通风来隔热,有以下两种方式:

1. 屋面通风,把屋面做成双层,在坡屋顶中设进风口和出气口,利用屋顶内外的热压差

和迎风面的风压差,组织空气对流,形成屋顶内的自然通风,以减少由屋顶传入室内的辐射热,达到隔热降温的目的。进风口一般设在檐墙上、屋檐上或室内顶棚上,出气口最好设在屋脊处,以增大高差,加速空气流通,如图 12-53 所示。

2. 吊顶棚通风,利用吊顶棚与坡屋面之间的空间作为通风层,在坡屋顶的歇山、山墙或屋面等位置设进风口,如图 12-54 所示。

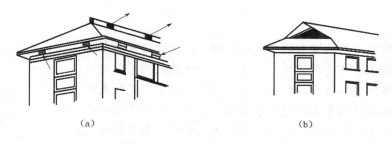

（a）　　　　　　　　　　　　　（b）

图 12-53　坡屋顶通风隔热
（a）檐口屋脊通风；（b）歇山通风百叶窗

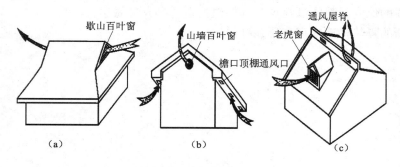

（a）　　　　　　　　（b）　　　　　　　　（c）

图 12-54　悬吊顶棚通风隔热
（a）歇山百叶窗；（b）山墙百叶窗和檐口通风；（c）老虎窗与通风屋脊

本 章 总 结

1. 屋顶按屋面坡度及结构选型的不同,可分为平屋顶、坡屋顶及其他形式的屋顶。平屋顶的坡度小于 5% ,坡屋顶的坡度一般大于 10% 。

2. 屋面排水设计的内容包括:确定屋面排水坡度、排水方式、进行屋顶排水设计。屋顶排水坡度的形成主要有材料找坡和结构找坡两种。屋顶的排水方式分为无组织排水和有组织排水。屋面排水设计的步骤包括确定屋面坡度的形成方法和坡度大小;选择排水方式,划分排水区域;确定天沟的断面形式及尺寸;确定落水管所用材料和大小及间距,绘制屋顶排水平面图。

3. 平屋顶防水屋面按其防水层做法的不同可分为柔性防水屋面、刚性防水屋面、涂膜防水屋面和粉剂防水屋面等类型。

4. 卷材防水屋面下需做找平层,上面应做保护层,上人屋面用地面做保护层。保温层铺在防水层之下时,须在其下加隔汽层,铺在防水层之上时则不加,但必须选择不透水的保温材料。卷材防水屋面的细部构造包括泛水、天沟、雨水口、变形缝等。

5. 混凝土刚性防水层多用于我国的南方地区。为防止开裂,应在防水层中加钢筋网片,设置分格缝,在防水层与结构层之间加隔离层。泛水、分格缝、变形缝、檐口、雨水口等细部构造须有可靠的防水措施。

6. 坡屋顶屋面的防水包括平瓦屋面、彩板屋面、装饰瓦屋面等,坡屋顶的细部构造有檐口、山墙、天沟等部位。

思 考 题

1. 影响屋顶坡度的因素有哪些? 如何形成屋顶的排水坡度?
2. 屋顶的排水方式有哪几种? 简述各自的优缺点和适用范围。
3. 屋顶排水组织设计主要包括哪些内容? 具体要求是什么?
4. 卷材防水屋面的基本构造层次有哪些? 各层次的作用是什么?
5. 柔性防水屋面的细部构造有哪些? 各自的设计要点是什么?
6. 刚性防水屋面的基本构造层次有哪些? 各层次的作用是什么?
7. 刚性防水屋面的细部构造有哪些? 各自的设计要点是什么?
8. 平屋顶的保温材料有哪几类? 其保温构造有哪几种做法?
9. 平屋顶的隔热构造处理有哪几种做法?

第13章 楼 梯

学习目标要求

1. 掌握楼梯的作用、类型和构造组成；
2. 掌握钢筋混凝土楼梯的构造和设计方法；
3. 掌握室外台阶与坡道的构造；
4. 掌握了解电梯和自动扶梯设计的基本要求；
5. 掌握楼梯建筑施工图设计方法。

学习重点和难点

本章学习重点：1. 楼梯的构造组成和尺度要求；2. 钢筋混凝土楼梯构造及细部构造；3. 楼梯构造设计。

本章学习难点：楼梯构造设计。

建筑物的竖向交通联系主要依靠楼梯、电梯、自动扶梯、台阶、坡道和爬梯等交通设施来实现。其中，楼梯作为竖向交通和人员疏散的主要交通设施，应用最广泛；电梯用于七层及七层以上的建筑，标准较高或有特殊需要的建筑（如宾馆、医院）中也有应用；自动扶梯用于人流量大且使用要求较高的公共建筑，如商场、候车楼等；台阶用于室内外高差之间和室内局部高差之间的联系；坡道用于建筑物入口处方便行车；爬梯用于建筑物消防和检修。

13.1 楼梯的组成、作用及分类

13.1.1 楼梯的作用和组成

楼梯是由梯段、休息平台及栏杆和扶手组成，如图 13-1 所示。楼梯作为建筑物垂直交通设施之一，首要作用是联系上下交通通行；其次，楼梯还是建筑物的竖向承重构件，除此之外，楼梯还有安全疏散、美观装饰的作用。

1. 楼梯段

楼梯段又称楼梯跑，是由若干踏步组成的一个倾斜构件，是楼梯的主要使用和承重部分。为了减缓人们上楼梯时的疲劳感，一个梯段的踏步数量不能超过 18 级，但也不能少于 3 级。

2. 平台

平台是楼梯段两端的水平构件，供楼梯转折或使用者略作休息之用。平台有楼层平台和中间平台之分，位于两个楼层之间的平台称为中间平台，与楼层标高一致的平台称为楼层平台。其主要作用可以解决楼梯的转向问题和供人们休息缓冲，让人们在连续上楼时可在平台上稍加休息。

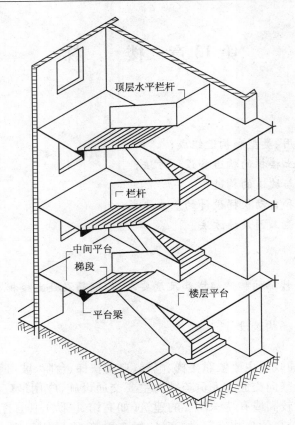

图 13-1　楼梯的组成

3. 栏杆和扶手

栏杆(栏板)和扶手是楼梯段的安全设施,一般设置在梯段和平台的临空边缘。要求它必须坚固可靠,有足够的安全高度,并应在其上部设置供人们手扶持用的扶手。

4. 梯井

楼梯的两梯段或三梯段之间形成的竖向空隙称为梯井。

13.1.2　楼梯的类型

1. 按照楼梯的位置分类。有室内楼梯和室外楼梯。

2. 按楼梯的材料分类。有钢筋混凝土楼梯、钢楼梯、木楼梯等。

3. 按照楼梯间的平面形式分类。有开敞楼梯间、封闭楼梯间、防烟楼梯间,如图 13-2所示。

4. 按照楼梯的使用性质分类。有主要楼梯、辅助楼梯、消防楼梯。

(1)主要楼梯。一般布置在建筑物主要入口处,其主要起到疏散人流的作用。

(2)次要楼梯。在建筑次要入口附近或适当的位置设置,起分担一部分人流的作用。

(3)消防楼梯。常设于建筑的端部,采取开敞式楼梯间,有利于消防。

5. 按楼梯的平面形式分类。

按楼梯的平面的形式不同,可分为如下几种:

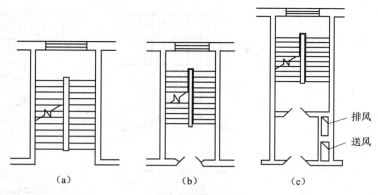

图 13-2　楼梯间平面形式
(a)开敞楼梯间;(b)封闭楼梯间;(c)防烟楼梯间

(1)单跑楼梯

单跑楼梯不设中间平台,由于其梯段踏步数不能超过 18 步,所以一般用于层高较少的建筑内。见图 13-3(a)。

(2)交叉式楼梯

由两个直行单跑梯段交叉并列布置而成。通行的人流量较大,且为上下楼层的人流提供了两个方向,对于空间开敞,楼层人流多方向进入有利,但仅适合于层高小的建筑。如图 13-3(b)所示。

(3)双跑楼梯

双跑楼梯由两个梯段组成,中间设休息平台。图 13-3(c)为双跑折梯,这种楼梯可通过平台改变人流方向,导向较自由。折角可改变,当折角≥90°时,由于其行进方向似直行双跑梯,故常用于仅上二层楼的门厅、大厅等处。当折角<90°成锐角时,往往用于不规则楼梯间中。

图 13-3(d)为双跑直楼梯。直楼梯也可以是多跑(超过二个梯段)的,用于层高较高的楼层或连续上几层的高空间。这种楼梯给人以直接、顺畅的感受,导向性强,在公共建筑中常用于人流较多的大厅。用在多层楼面时会增加交通面积并加长人流行走的距离。

图 13-3(e)为双跑平行楼梯,这种楼梯由于上完一层楼刚好回到原起步方位,与楼梯上升的空间回转往复性吻合,比直跑楼梯省面积并缩短人流行走距离,是应用最为广泛的楼梯形式。

(4)双分双合式平行楼梯

图 13-3(f)为双分式平行楼梯,这种形式是在双跑平行楼梯基础上演变出来的。第一跑位置居中且较宽,到达中间平台后分开两边上,第二跑一般是第一跑的二分之一宽,两边加在一起与第一跑等宽。通常用在人流多,需要梯段宽度较大时。由于其造型严谨对称,经常被用作办公建筑门厅中的主楼梯。如图 13-3(g)所示为双合式平行楼梯,情况与双分式楼梯相似。

(5)剪刀式楼梯

剪刀式楼梯实际上是由两个双跑直楼梯交叉并列布置而形成的。它既增大了人流通行能力,又为人流变换行进方向提供了方便。适用于商场、多层食堂等人流量大,且行进方向有多向性选择要求的建筑中。如图 13-3(h)所示。

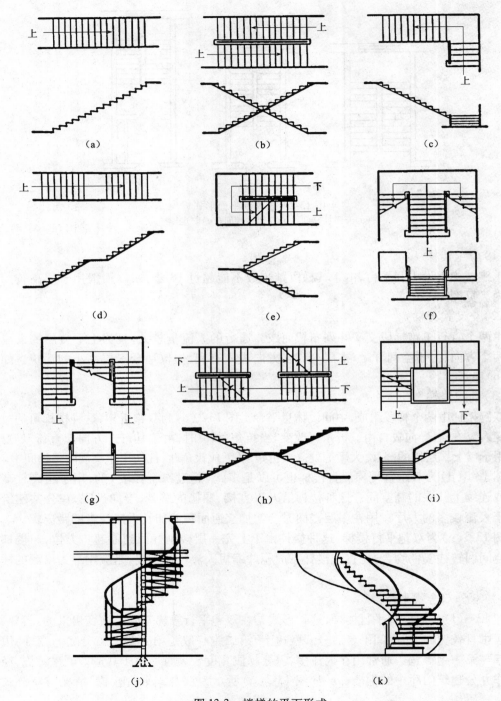

图 13-3　楼梯的平面形式
(a)单跑楼梯;(b)交叉式楼梯;(c)双跑折梯;(d)双跑直楼梯;(e)双跑平行楼梯;
(f)双分式平行楼梯;(g)双合式平行楼梯;(h)剪刀式楼梯;(i)三跑楼梯;
(j)螺旋楼梯;(k)弧形楼梯

（6）转折式三跑楼梯

这种楼梯中部形成较大梯井,有时可利用作电梯井位置。由于有三跑梯段,踏步数量较多,常用于层高较大的公共建筑中。如图 13-3(i)所示。

（7）螺旋楼梯

螺旋楼梯平面呈圆形,通常中间设一根圆柱,用来悬挑支承扇形踏步板。由于踏步外侧宽度较大,并形成较陡的坡度,行走时不安全,所以这种楼梯不能用作主要人流交通和疏散楼梯。螺旋楼梯构造复杂,但由于其流线形造形比较优美,故常作为观赏楼梯。如图 13-3(j)所示。

（8）弧形楼梯

弧形楼梯的圆弧曲率半径较大,其扇形踏步的内侧宽度也较大,使坡度不致于过陡。一般规定这类楼梯的扇形踏步上、下级所形成的平面角不超过 10°,且每级离内扶手 0.25m 处的踏步宽度超过 0.22m 时,可用作疏散楼梯。弧形楼梯常用作布置在大空间公共建筑门厅里,用来通行一至二层之间较多的人流,也丰富和活跃了空间处理。但其结构和施工难度较大,成本高。如图 13-3(k)所示。

13.2　楼梯的尺度和设计

13.2.1　楼梯的尺度

1. 楼梯的坡度

楼梯的坡度是指楼梯段的坡度。楼梯的坡度有两种表示方法:可以用楼梯斜面与水平面的夹角来表示,如 30°、45°等;也可用楼梯斜面的垂直投影高度与斜面的水平投影长度之比来表示,如 1 : 12、1 : 8 等。楼梯常见坡度为 20°～45°。坡度小于 20°常采用坡道的形式。坡度大于 45°则采用爬梯。楼梯、坡道、爬梯的坡度范围如图 13-4 所示。

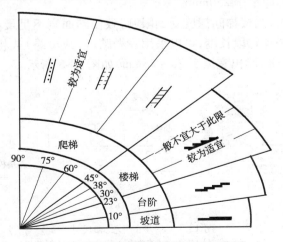

图 13-4　楼梯、爬梯及坡道的适用范围

楼梯的坡度小时,行走舒适,但会增加面积,不经济;楼梯坡度大时,可节约面积,但行走吃力。公共建筑的楼梯,一般人流量比较大,坡度应比较平缓,常采用坡度 26°34′(正切为

1/2)左右,住宅建筑中人流量小,坡度可相对陡一些。

楼梯梯段坡度可由踏步的高宽比决定。踏步的高宽比需根据人流行走的舒适、安全和楼梯间的尺度、面积等因素进行综合考虑。

2. 楼梯踏步尺寸

踏步是人们上下楼脚踏的地方,每个踏步的水平面叫踏面,每个踏步的垂直面叫踢面。踏步高度与人们的步距有关,宽度则应与人脚长度相适应。确定和计算踏步尺寸的方法和公式有很多,通常采用两倍的踏步高度加踏步宽度等于一般人行走时的步距的经验公式确定,即:

$$2h + b = 600 \sim 620 \text{ mm}$$

式中　　h——踏步高度,

　　　　b——踏步宽度。

600～620 mm 为一般人行走时的平均步距。

常见民用建筑的楼梯踏步尺寸如表 13-1 所示。

表 13-1　一般楼梯的踏步尺寸(mm)

楼梯类别	踏面宽	踢面高
住宅	250～300	150～175
学校、办公楼	280～340	140～160
剧院、会堂	300～350	120～150
医院	300	150
幼儿园	250～280	120～150

对成年人而言,楼梯踏步高度以 150mm 左右较为舒适,不应高于 175mm。踏步的宽度以 300mm 左右为宜,不应窄于 250mm。

在设计踏步宽度时,当楼梯间深度受到限制,致使踏面宽不足最小尺寸时,为了保证踏面有足够尺寸而又不增加梯段长度,可以采用加做踏口(或突缘)或将踢面倾斜的方式加宽踏面。一般踏口(或突缘)跳出宽度为 20～25mm,如图 13-5 所示。

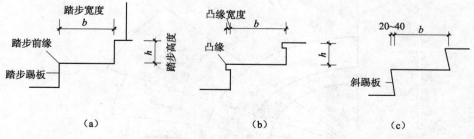

图 13-5　踏步的形式和尺寸
(a)无凸缘;(b)有凸缘(直踏板);(c)有凸缘(斜踏板)

3. 梯段长和梯段高

楼梯梯段的长度 L 是每一梯段的水平投影长度,其值为 $L = (n-1) \times b$,其中,b 为踏步踏面宽度,n 为每一梯段的踏步数,如图 13-6 所示。

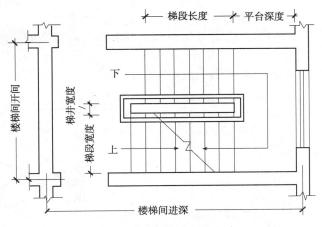

图 13-6 楼梯平面尺寸

每一梯段的高度值等于每一个梯段的踏步数与踏步高的乘积，即 $H = n \times h$，其中，H 为一个梯段的高度，n 是每一个梯段的踏步数，h 是踏步的踢面高度。

4. 楼梯的净空高度

楼梯的净空高度包括楼梯段间的净高和平台上的净空高度。楼梯段间的净高是指下层梯段踏步前缘至其正上方梯段下表面的垂直距离。平台过道处的净高是指平台过道地面至上部结构最低点（通常为平台梁）的垂直距离。在确定这两个净高时，还应充分考虑人们肩扛物品对空间的实际需要，避免由于碰头而产生压抑感。我国规定，楼梯段间净高不应小于 2.2m，平台过道处净高不应小于 2.0m，起止踏步前缘与顶部凸出物内边缘线的水平距离不应小于 0.3m，如图 13-7 所示。

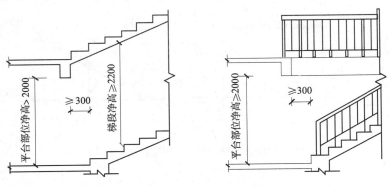

图 13-7 梯段及平台部位净高要求

在平行双跑楼梯中，当楼梯底层中间平台下做通道时，为使平台 2m 净高满足要求，常采用以下几种处理方法：

（1）降低底层楼梯中间平台下的地面标高，即将部分室外台阶移至室内，如图 13-8（a）所示。但应注意两点：其一，降低后的室内地面标高至少应比室外地面高出一级台阶的高度，即 100 ~ 150mm；其二，移至室内的台阶前缘线与顶部平台梁的内边缘之间的水平距离不应小于 300mm。

（2）采用不等跑楼梯，即增加楼梯底层第一个梯段踏步数量，进而抬高底层中间平台，如图 13-8(b)所示。

（3）将上述两种方法结合，即降低楼梯中间平台下的地面标高的同时，增加楼梯底层第一个梯段的踏步数量，如图 13-8(c)所示。

（4）底层采用直跑楼梯，如图 13-8(d)所示。

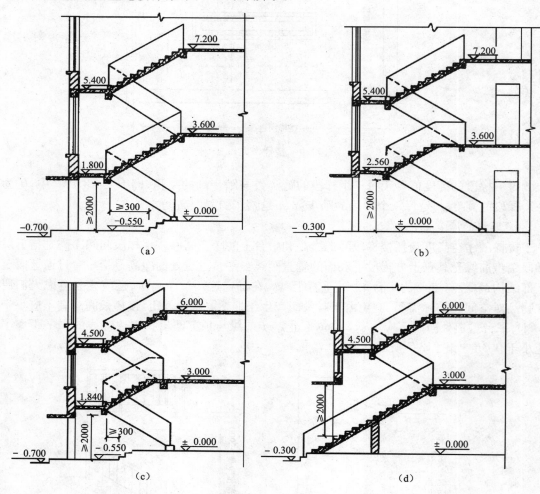

图 13-8　楼梯底层中间平台下做通道的几种处理方法

5. 梯井

梯井是指平行两梯段之间的竖向孔隙，从底层到顶层贯通。在住宅建筑和公共建筑中，根据使用和空间效果不同而确定不同的取值。梯井宽一般 60~200mm，住宅建筑应尽量减小梯井宽度，以增大梯段净宽，一般取值为 100~200mm。公共建筑梯井宽度的取值一般不小于 160mm，并应满足消防要求。

6. 梯段的宽度

梯段宽是指，楼梯段临空侧扶手中心线到另一侧墙面（或靠墙扶中心线）之间的水平距离。梯段宽度应满足安全疏散及搬运物品的要求。从确保安全的角度出发，楼梯宽度是由通过该梯段的人流股数来确定的，一般不少于两股人流。

每股人流宽度 0.55m + (0 ~ 0.15)m。0.55m 是人体的宽度,0 ~ 0.15m 为人流在行进中人体的摆幅,公共建筑人流众多的场所应取上限值。一般双人通行时梯段宽 1100 ~ 1400mm;三股人流通行时,梯段净宽不小于 1650 ~ 2100mm。

7. 平台的深度

为了保证通过楼梯段的人流和货物能在楼梯平台上顺利通过,楼梯平台的深度不得小于梯段的净宽,并不小于 1200mm;对于直跑楼梯,平台宽不受限制;开敞式楼梯间,由于楼梯平台已经同走廊连成一体,这时楼层平台的深度为最后一个跳步前缘到靠走廊墙的距离,梯段宽度一般不受限制,一般在 500 ~ 600mm 之间,如图 13-9 所示。

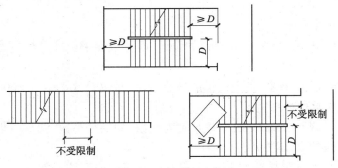

图 13-9　楼梯平台深度

8. 栏杆(或栏板)扶手高度

栏杆是布置在楼梯梯段和平台边缘处有一定安全保障度的围护构件。栏杆或栏板顶部供人们行走倚扶用的连续构件,称为扶手。

扶手高度是指踏面宽度中点至扶手面的竖向高度,一般室内楼梯扶手高度为 900mm;室外楼梯扶手的高度不应小于 1050mm,但不大于 1200mm;托幼儿教育环境中,除设成人扶手外,还应增设儿童扶手,扶手高度不应大于 600mm,一般取 500 ~ 600mm;顶层平台的扶手高度不应小于 1000mm,如图 13-10 所示。

扶手应至少于梯段一侧设置,当梯段净宽达三股人流时应两侧设扶手,达四股人流时宜加设中间扶手。

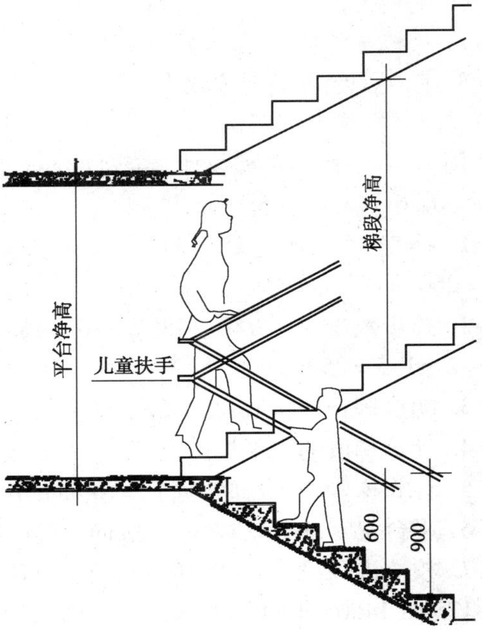

图 13-10　楼梯栏杆和扶手高度

13.2.2　楼梯设计

13.2.2.1　楼梯的设计要求

楼梯的建筑设计首先应保证足够的通行能力,即保证楼梯有足够的宽度和合适的坡度,满足疏散要求。除此之外,还应满足以下要求:

1. 位置要求

作为主要楼梯,应与主要出入口临近,且位置明显;同时还应避免垂直交通与水平交通在交接处拥挤、堵塞。

2. 防火要求

楼梯间必须满足防火要求,楼梯间四周墙壁必须为防火墙;对防火要求高的建筑物,特别是高层建筑,应设计成封闭式或防烟式楼梯间。

3. 采光要求

楼梯间必须有良好的自然采光,并且楼梯间除允许直接对外开窗采光外,不得向室内任何房间开窗。

13.2.2.2 楼梯的设计步骤

设计楼梯主要是解决楼梯梯段和平台的设计,而梯段和平台的尺寸与楼梯间的开间、进深和层高有关。

1. 根据楼梯的性质和用途,确定楼梯的适宜坡度,根据公式 $2h + b = 600 \sim 620mm$,初步选择合适的踏步高度 h 和踏步宽度 b。

2. 确定踏步数量 $N =$ 层高 $H/$ 踏步高 h 应为整数,如果是小数,调整踏步高 h 值。

3. 确定每个梯段的踏步数 n,$3 < n \leqslant 18$。

4. 计算梯段的水平投影长度 L,$L = (n-1) \times b$(等梯段双跑)。

5. 确定梯井宽度 C,计算梯段净宽度 B,梯段净宽 $B =$(楼梯间净宽 $-$ 梯井宽 C)$/2$。

6. 确定平台宽 D_1 和 D_2,$D_1 > B$ 并且 $D_2 > B$。

7. 校核进深尺寸,进深尺寸 $\geqslant D_1 + L + D_2$。

8. 首层平台下做通道或出入口的处理。

13.2.2.3 楼梯设计实例

例1. 多层住宅楼梯设计,楼梯间开间尺寸为 2.7m,进深尺寸为 4.8m,层高 2.8m,室内外高差 0.6m,要求平台下做出入口。

1. 据表 13-1,住宅 $h = 150 \sim 175mm$,$b = 250 \sim 300mm$,初选 $h = 170mm$,则 $b = 600 - 2 \times 170 = 260mm$

2. 踏步数量 $N = H/h = 2800/170 = 16.5$,取整数 $N = 16$,则 $h = 2800/16 = 175mm$,$b = 600 - 2 \times 175 = 250mm$

3. 初选等跑楼梯,每个梯段的踏步数 $n = 16/2 = 8$

4. 计算梯段的水平投影长度 L。$L = (n-1) \times b = 7 \times 250 = 1750mm$

5. 计算梯段宽,取梯井宽 $C = 100mm$,$B = (2700 - 120 \times 2 - 100)/2 = 1180mm$

6. 平台宽度 D_1,$D_2 \geqslant B = 1180mm$,并且 D_1,$D_2 \geqslant 1200mm$,取 $D_1 = 1400mm$,$D_2 = 1200mm$。

7. 校核进深尺寸。楼梯间净进深 $4800 - 240 = 4560mm$

$1750 + 1400 + 1200 = 4350mm < 4560mm$。满足要求。

$D_1 = 1400mm$,$D_2 = 1200 + (4560 - 4350) = 1410mm$

8. 首层平台下做通道或出入口的处理。

当采用等跑楼梯时,中间平台应处于上下层高度的中点。本例一层中间平台的标高为 1.4m。因为底层中间平台下做出入口,平台下净高应不小于 2000mm。需要对底层楼梯作必要的处理。

本例中假定中间平台梁高度为 250mm，则平台梁底标高为 $1.4 - 0.25 = 1.15m$，即平台净高为 1150mm < 2000mm，不满足要求。

可以将平台下的地面标高降至 -0.450m，则平台净高为 1150 + 450 = 1600mm < 2000mm。还不满足要求，可以同时采用不等跑楼梯。

第一个梯段应增加的踏步数量为：$(2000 - 1600)/175 \approx 3$ 级

此时，平台净高为：$1600 + 175 \times 3 = 2125mm > 2000mm$，满足要求。

9. 绘制平面图和剖面图，如图 13-11 所示。

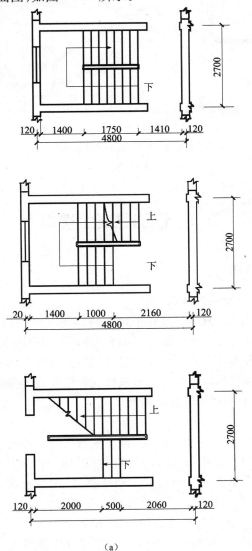

（a）

图 13-11　楼梯平面图和剖面图（一）
（a）平面图

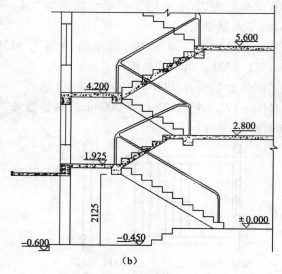

图 13-11　楼梯平面图和剖面图(二)
(b)剖面图

13.3　钢筋混凝土楼梯

13.3.1　现浇钢筋混凝土楼梯

13.3.1.1　现浇钢筋混凝土楼梯的特点

现浇钢筋混凝土楼梯是指楼梯段、楼梯平台等整体浇注在一起的楼梯。其结构整体性好、刚度大、可塑性好,可以适应各种楼梯间平面和楼梯形式;但施工过程中,需要支模板、绑钢筋、浇筑混凝土、养护、拆模等一系列程序,模板耗费量大,施工周期长,劳动强度大。

根据楼梯段的传力与结构形式的不同,分成板式和梁板式楼梯两种。

13.3.1.2　现浇钢筋混凝土楼梯的分类及构造

1. 板式楼梯

板式楼梯的梯段作为一块现浇板,斜向搁置在平台梁上。楼梯段相当于一块斜放的板,平台梁是支座,平台梁之间的距离即为板的跨度,这时梯段内的受力钢筋沿梯段的长向布置,如图 13-12(a)所示。为保证平台过道处的净空高度,可在板式楼梯的局部位置取消平台梁,形成折板式楼梯,即把两个或一个平台板和一个梯段组合成一块折板,此时板的跨度为梯段水平投影长度与平台深度之和,如图 13-12(b)所示。

从力学和结构角度要求,梯段板的跨度大或梯段上使用荷载大,都将导致梯段板的截面高度加大。所以板式楼梯适用于荷载较小、建筑层高较小(建筑层高对梯段长度有直接影响)的情况,如住宅、宿舍建筑。板式楼梯梯段的底面平整、美观,也便于装饰。

近年在公共建筑和庭园建筑的外部楼梯出现了一种造型新颖,具有空间感的悬臂板式楼梯,其特点是楼梯梯段和平台均无支承,完全靠上下梯段和平台组成的空间结构与上下层楼板共同受力,如图 13-12(c)所示。

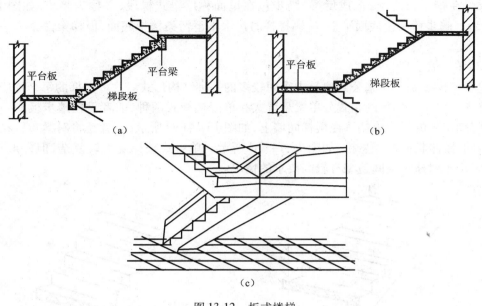

图 13-12　板式楼梯

(a)有平台梁；(b)没有平台梁；(c)悬挑平台板

2. 梁板式楼梯

当楼梯荷载较大、楼梯段的跨度也比较大时，采用板式梯段不经济，需增加梯段斜梁以承受梯段荷载，并将其荷载传给平台梁，这种由踏步、楼梯斜梁、平台梁和平台板组成的楼梯称为梁板式楼梯，在结构上有双梁布置和单梁布置之分。

(1)双梁式梯段

双梁式楼梯是将梯段斜梁布置在踏步的两端，这时踏步板的跨度就是梯段的宽度，也是梯段斜梁的间距。

梯梁在踏步板之下，踏步板外露的称为正梁式梯段，又称为明步，如图 13-13(a)所示。其形式较为明快，但在板下梁与板形成的阴角容易积灰，对清洁不利。

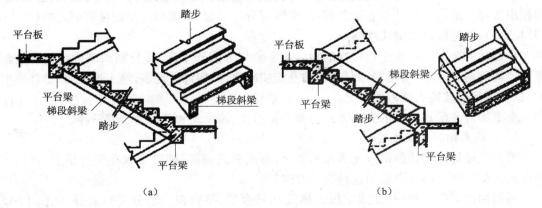

图 13-13　明步楼梯和暗步楼梯

(a)明步楼梯(正梁式梯段)；(b)暗步楼梯(反梁式梯段)

梯梁在踏步板之上,形成反梁,踏步包在里面称反梁式梯段,又称为暗步,如图 13-13(b)所示。暗步楼梯段底面平整,洗刷楼梯时污水不至污染楼梯底面,但梯梁占去了一部分梯段宽度。

（2）单梁式梯段

单梁式梯段是近年来公共建筑中采用较多的一种结构形式。这种楼梯的每个梯段有一根梯梁支承踏步。梯梁的布置分单梁悬臂式和单梁挑板式两种,前者是在踏步板的一侧设斜梁,将踏步板的另一侧搁置在楼梯间墙上,如图 13-14（a）所示;后者是将斜梁布置在踏步板的中间,踏步板向两侧悬挑,如图 13-14（b）所示。单梁式楼梯受力较复杂,但外形轻巧、美观,多用于对建筑空间造型有较高要求的情况。

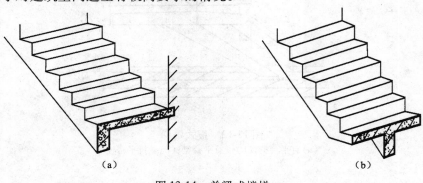

图 13-14 单梁式楼梯
（a）单梁悬臂式;（b）单梁挑板式

梁板式楼梯的楼梯板跨度小,适用于荷载较大、层高较大的建筑,如教学楼、商场等。

13.3.2 预制钢筋混凝土楼梯

预制装配式钢筋混凝土楼梯是指构件在工厂预制,运到工地再被起吊、安装组合而成的楼梯。其特点是节约模板、现场湿作业少、施工进度快,但整体性、抗震性、灵活性较差。适用于工业化程度较高,工期要求紧的工程,但不适宜抗震区。

根据生产、运输、吊装和建筑体系的不同,预制钢筋混凝土楼梯有许多不同的构造形式。根据组成楼梯的构件尺寸及装配的程度,大致可分为小型、中型和大型构件装配式楼梯。

13.3.2.1 小型构件装配式楼梯

小型构件装配式楼梯是将楼梯的梯段和平台划分成若干部分,分别预制成小构件装配而成。构件的尺寸小、重量轻,制作、运输及安装简便,但构件数量多,施工速度慢,整体刚度差,只适用于吊装能力较差的情况。

小型构件装配式楼梯的支承方式主要有梁承式、墙承式和悬臂踏步式三种。

1. 梁承式钢筋混凝土楼梯

梁承式楼梯是指预制踏步支承在梯梁上,形成梁式梯段,梯梁支承在平台梁上,任何一种形式的预制踏步都可以采用这种支承方式。

预制构件可按梯段（板式或梁板式梯段）、平台梁、平台板三部分进行划分,如图 13-15所示。

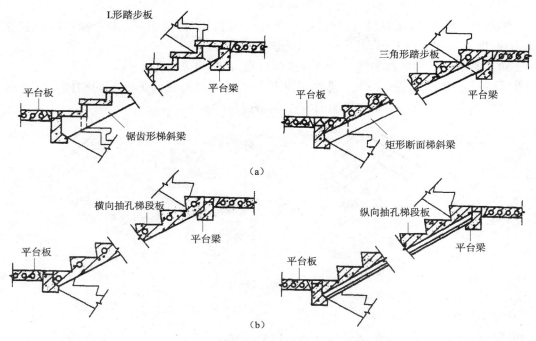

图 13-15　预制装配梁承式楼梯
(a)梁板式梯段;(b)板式梯段

（1）梯段

（A）梁板式梯段

梁板式梯段由梯斜梁和踏步板组成。一般在踏步板两端各设一根梯斜梁,踏步板支承在梯斜梁上。由于构件小型化,不需大型起重设备即可安装,施工简便。梯梁的形式随支承的踏步形式而变化。

① 踏步板:踏步板断面形式有一字形、L 形、三角形等,如图 13-16 所示。

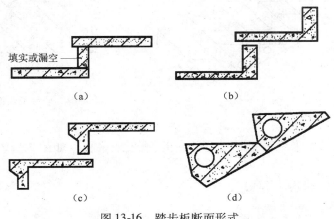

图 13-16　踏步板断面形式
(a)一字形;(b)、(c)L形;(d)三角形

227

其中一字形没有踢板，制作方便，但容易积灰。

L形踏步自重较轻、用料较省，但拼装后底面形成折板，容易积灰。L形踏步的搁置方式有两种，即正L形和倒L形，其中正L形踏步受力较合理。

三角形踏步安装后底面平整。为减轻踏步自重，踏步内可抽孔。

② 梯斜梁：用于搁置一字形、L形断面踏步板的梯斜梁为锯齿形变断面构件。用于搁置三角形断面踏步板的梯斜梁为等断面构件，如图13-17所示。

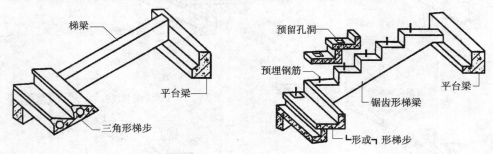

图13-17　预制梯段斜梁的形式

（B）板式梯段

板式梯段为整块或数块带踏步条板，如图13-18所示。

（2）平台梁

平台梁一般为L形截面，将梯梁搁置在L形平台梁的翼缘上，或在矩形断面平台梁的两端局部做成L形断面，形成缺口，将梯梁插在缺口内。这样，不会由于梯梁的搁置，导致平台梁底面标高降低而影响平台净高。如图13-19所示为平台梁断面尺寸。

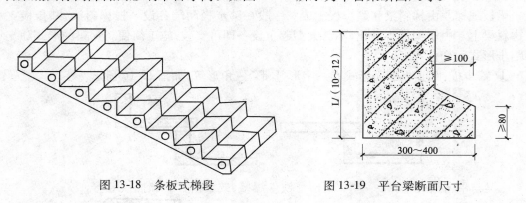

图13-18　条板式梯段　　　　　　图13-19　平台梁断面尺寸

（3）平台板

平台板可根据需要采用钢筋混凝土空心板、槽板或平板。如图13-20所示为平台板布置方式。

（4）构件连接构造（图13-21）

（A）踏步板与梯斜梁连接

预制踏步在安装时，踏步之间以及踏步与梯梁之间应用水泥砂浆做浆。L形和一字形踏步预留孔洞，与锯齿形梯梁上预埋的插件套接，孔洞用水泥砂浆填实。这个预留洞和插铁还可作为栏杆的固定件。

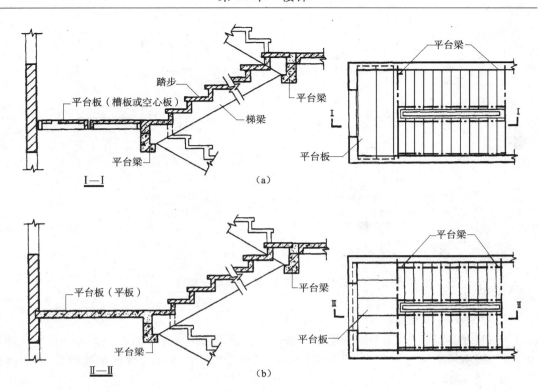

图 13-20　梁承式梯段与平台的结构布置

（a）平台板两端支承在楼梯间侧墙上，与平台梁平行布置；（b）平台板与平台梁垂直布置

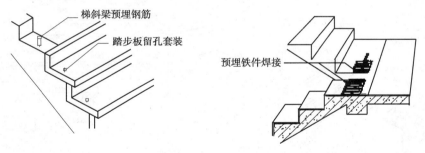

图 13-21　构件连接构造

（B）梯斜梁或梯段板与平台梁连接

梯梁与平台梁的连接，一般采用预埋铁件焊接，或预留孔洞和插铁套接。

2. 墙承式钢筋混凝土楼梯

预制装配墙承式钢筋混凝土楼梯系指预制钢筋混凝土踏步板直接搁置在墙上，将荷载直接传给两侧的墙体。预制踏步板一般采用一字形、L 形断面。

墙承式楼梯一般用于直跑楼梯或中间有电梯间的三跑楼梯。如果平行双跑楼梯采用墙承式，为了支承踏步，需要在楼梯间中部设墙（图 13-22），这样阻挡视线，搬运家具不方便，上下人流易相撞。通常在中间墙上开设观察口，以使上下人流视线流通。也可将中间墙两端靠平台部分局部收进，以使空间通透，有利于改善视线和搬运家具物品。但这种方式对抗震不利，施工也较麻烦。

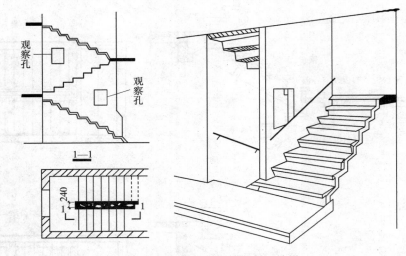

图 13-22　墙承式钢筋混凝土楼梯

3. 悬臂踏步式钢筋混凝土楼梯

预制装配墙悬臂式钢筋混凝土楼梯系指预制钢筋混凝土踏步板一端嵌固于楼梯间侧墙上,另一端悬挑的楼梯形式,如图 13-23 所示,利用悬挑踏步承受楼梯段全部荷载,并直接传给墙体。预制踏步采用 L 形或一字形,以正 L 形最为多见。为了施工方便,踏步砌入墙体部分均为矩形。

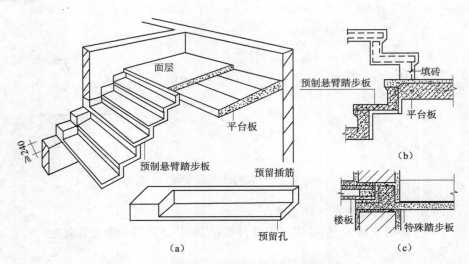

图 13-23　预制装配墙悬臂式钢筋混凝土楼梯
(a)安装示意;(b)平台转弯处节点;(c)遇楼板处节点

从结构方面考虑,预制装配墙悬臂式钢筋混凝土楼梯用于嵌固踏步板的墙体厚度不应小于240mm,踏步板悬挑长度一般≤1500mm。楼梯平台可以采用实心板、空心板和槽型板,不设梯梁和平台梁,因此,外观轻巧,平台下的净空有所增加。预制踏步在安装时,需在踏步临空一面设临时支撑,以防倾覆,故施工较麻烦。

13.3.2.2 中型构件装配式楼梯

中型构件装配式楼梯,是把楼梯梯段和平台分别预制,再装配而成。中型构件装配式楼梯构件的规格和数量少,对简化施工过程、加快速度、减少劳动强度有一定意义。但需要有一定的吊装设备相配合。

中大型构件装配式楼梯一般把楼梯段和平台板作为基本构件。

1. 楼梯段

楼梯段有板式和梁式两种。

(1)板式梯段

板式梯段踏步为明步,底面平整,有实心和空心之分。为了减轻自重,可以采用空心梯段。空心梯段有横向和纵向抽孔两种,横向抽孔制作方便,应用较广,孔型可以是圆形或三角形;当梯段板厚度较大时,可以采用纵向抽孔,如图 13-24 所示。

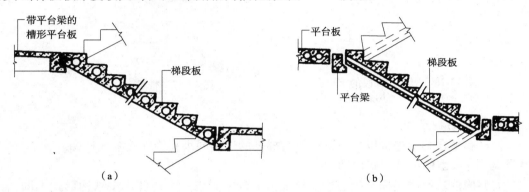

图 13-24 钢筋混凝土板式楼梯
(a)横向孔板式梯段;(b)纵向孔板式梯段

(2)梁式梯段

梁式梯段是把踏步板和边梁组合成一个构件,一般采用暗步,形成槽板式梯段,如图 13-25 所示。

梁式梯段是梁板合一构件,一般比板式梯段节省材料。为进一步节省材料、减轻构件自重,一般可采用以下几种办法对踏步截面进行改造:

(A)踏步板内留孔。在踏步板内抽圆孔或三角形孔,以减轻自重。

(B)把踏步板踏面和踢面相交处的凹角处理成小斜面。此时梯段的底面可提高约 10~20mm,如图 13-26(a)所示。

(C)折板式踏步 如图 13-26(b)所示。这种方法节约效果最明显,但加工梯段比较麻烦,梯段底面凹角多,易积灰,不易清扫。

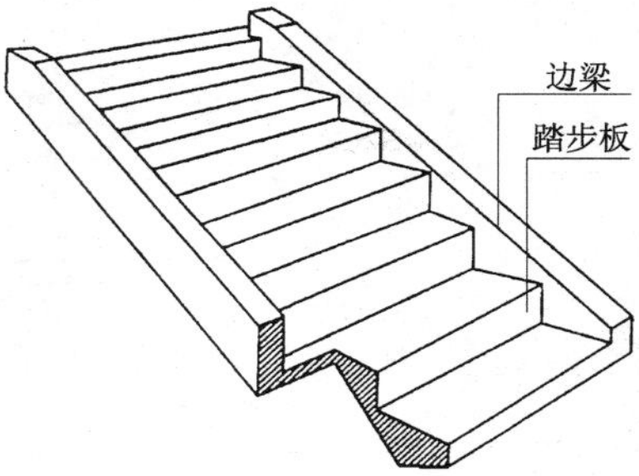

图 13-25 槽板式梯段

2. 平台板

平台板有带梁和不带梁两种。带梁平台板是把平台梁和平台板制作成一个构件。平台板一般为槽形断面,其中一个边肋截面加大,并留出缺口,以供搁置楼梯段用,如图 13-27 所示。楼梯顶层平台板的细部处理与其他各层略有不同,边肋的一半留有缺口,另一半不留缺口,但应预留埋件或插孔,供安装水平栏杆用。当构件预制和吊装能力不高时,可以把平台板和平台梁制成两个构件。此时平台构件与梁承式楼梯相同。

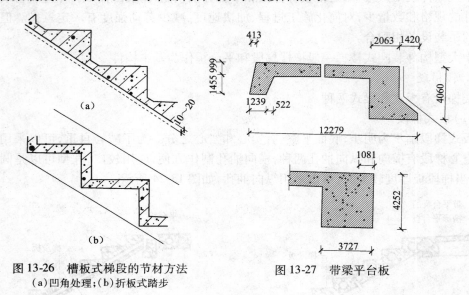

图 13-26　槽板式梯段的节材方法
(a)凹角处理;(b)折板式踏步

图 13-27　带梁平台板

3. 梯段的搁置

梯段和平台梁的连接以及底层梯段与梯基的连接同小型构件装配式楼梯。

13.3.2.3　大型构件装配式楼梯

大型构件装配式楼梯是指把整个梯段和平台预制成一个构件。按结构形式不同,有板式楼梯和梁板式楼梯两种,如图 13-28 所示。

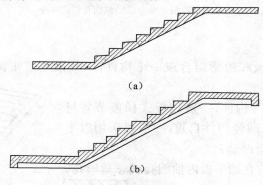

图 13-28　大型构件装配式楼梯
(a)板式楼梯;(b)梁式楼梯

大型构件装配式楼梯,构件数量少,装配化程度高,施工速度快,但施工时需要大型的起重设备,主要用于大型装配式建筑中。

13.3.3　楼梯的细部构造

13.3.3.1　踏步面层

楼梯的面层应光洁、耐磨、防滑,方便清扫,同时要求美观。

现浇楼梯拆模后一般表面粗糙,不仅影响美观,更不利于通行,一般需要做面层。踏步面层所采用的材料一般与门厅或走道的面层一致。常用的有水泥砂浆、水磨石、大理石和缸砖等,如图 13-29 所示。

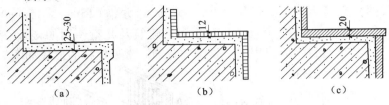

图 13-29　踏面面层的类型
(a)水磨石面层;(b)缸砖面层;(c)花岗石、大理石或人造石面层

13.3.3.2　防滑处理

在人流量过大或者踏步比较光滑的楼梯上,为了防止人们在上下楼梯时滑倒,通常要在踏步踏面上采取适当的防滑和耐磨措施:

1. 通常在踏步靠近踏口处,用不同于面层的材料做防滑条,常用的防滑条材料可以是金属条、马赛克、金刚砂等;

2. 在踏步面层留二、三道防滑凹槽;

3. 采用金属板等材料做防滑包口,既防滑又起保护作用。

踏步防滑处理如图 13-30 所示。

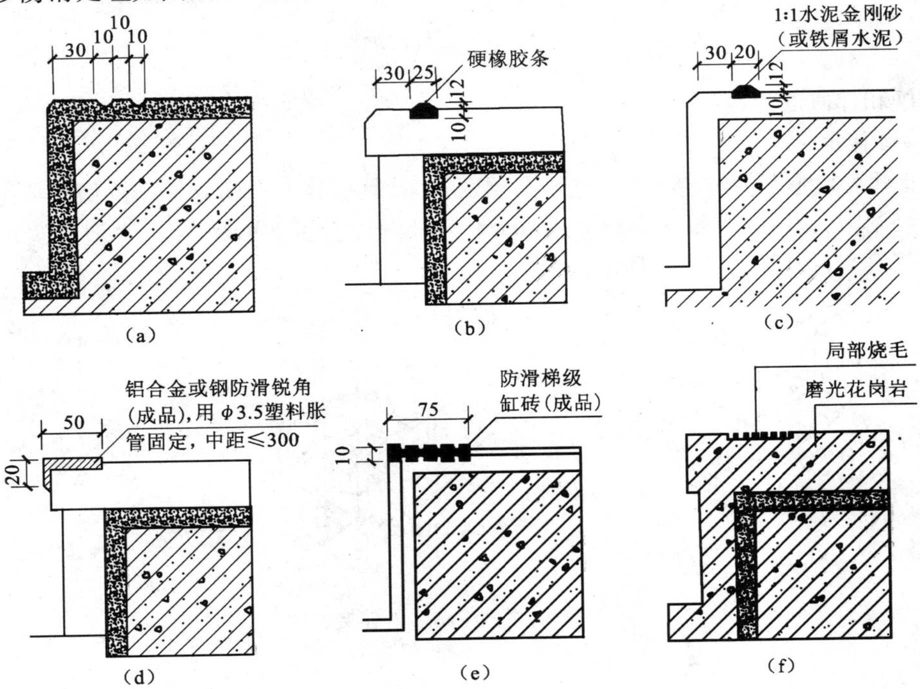

图 13-30　踏步防滑措施
(a)水泥砂浆踏步面防滑槽;(b)橡胶防滑条;(c)水泥金刚砂防滑条;(d)铝合金或钢筋滑包角;
(e)缸砖面踏步防滑砖;(f)花岗岩踏步烧毛贴面条

13. 3. 3. 3　栏杆、栏板和扶手

1. 栏杆

栏杆多用方钢、圆钢、扁钢等材料焊接或铆接成各种图案,既起防护作用,又有一定的装饰作用。常用栏杆断面尺寸为:圆钢 $\phi16 \sim \phi25mm$,方钢(15mm × 15mm)~(25mm × 25mm),扁钢(30~50)mm ×(3~6)mm。对于居住建筑及儿童使用的楼梯,栏杆垂直杆件的净距不应大于110mm,且不应采用便于攀爬的花饰。常见栏杆的形式如图 13-31 所示。

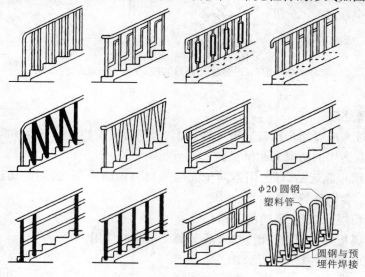

图 13-31　栏杆的形式

栏杆和梯段的连接

(1)锚接

锚接也称为预留洞插接,是在踏步上预留孔洞,然后将栏杆的立杆端部做成燕尾插入梯段的预留洞内,预留孔一般为 50mm × 50mm,插入洞内至少 80mm,再用水泥砂浆或细石混凝土灌缝填实,如图 13-32(a)所示。

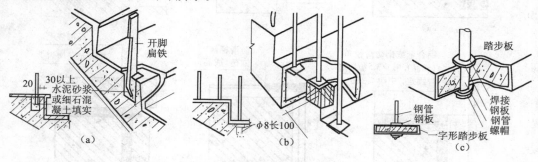

图 13-32　栏杆与踏步的连接方式
(a)锚接;(b)焊接;(c)螺栓连接

(2)预埋件焊接

焊接是在浇筑楼梯踏步时,在需要设置栏杆的部位,沿踏面预埋钢板,或在踏步内埋套管,然后将栏杆的立杆与楼梯段中预埋的钢板或套管焊接在一起,如图 13-32(b)所示。

（3）螺栓连接

用螺栓将栏杆固定在梯段上,固定方式有多种,如图13-32(c)所示。

2. 栏板

用实体构造做成的栏板,多用钢筋混凝土,加筋砖砌体及钢筋网水泥制作,也可用钢化玻璃或有机玻璃等制作,可获得较强的装饰效果。

砖砌栏板通常采用普通砖侧砌,1/4砖厚,外侧要用钢筋网加固,增加整体性,再用钢筋混凝土扶手与栏板连成整体。

钢筋混凝土栏板与钢丝网水泥栏板类似,多采用现浇处理,比砖砌栏板牢固、安全耐久,但栏板厚度自重大,造价也比较高。

3. 扶手

栏杆或栏板顶部供人们行走倚扶用的连续构件,称为扶手。楼梯栏杆顶部的扶手一般采用硬木、塑料和金属扶手,其中硬木应用最为普遍,但不能用于室外。扶手的顶面应便于手握抓牢,扶手顶面宽度一般为40～90mm,另外,栏板顶部的扶手可用水泥砂浆抹面,也可用大理石板、预制水磨石板或木板贴面制作。常见扶手类型如图13-33所示。

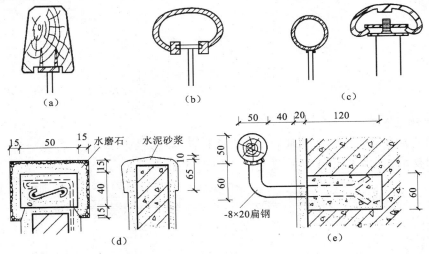

图 13-33　栏杆及栏板的扶手构造
（a）木扶手;（b）塑料扶手;（c）金属扶手;（d）栏板扶手;（e）靠墙扶手

4. 扶手的连接构造

（1）栏杆与扶手的连接

扶手与栏杆应该有可靠的连接,连接方法视扶手材料而定。硬木扶手与金属栏杆的连接,通常是在金属栏杆的顶部先焊接一根带小孔的通长扁铁,然后用木螺丝通过扁铁上预留小孔,将木扶手和栏杆连接成整体;塑料扶手与金属栏杆连接方法与硬木扶手类似,或塑料扶手通过预留的卡口直接卡在扁铁上;金属扶手与金属栏杆多用焊接。栏板上的扶手多采用水磨石或水泥砂浆粘贴石材、面砖扶手。

（2）栏杆扶手与墙柱的连接

靠墙扶手以及楼梯顶层的水平栏杆扶手应与墙、柱连接。一般扶手应距墙面100mm左右,可在砖墙上预留孔洞,将栏杆扶手铁件插入洞口内,用水泥砂浆或细石混凝土填缝,若为钢筋混凝土墙或柱,则可预埋铁件焊接,如图 13-33(e)所示。

5. 扶手的转弯处理

平行双跑楼梯在平台转折处,上行楼梯段和下行楼梯段的第一个踏步口常设在一条竖线上,如果平台栏杆紧靠踏步设置,扶手转弯处需做成一个较大的弯曲线,即鹤颈扶手,如图 13-34(a)所示。这种方法费工费料,使用不便;通常的处理方法是将平台处栏杆移至距踏步口约半个踏步宽的位置上,如图 13-34(b)所示;或将上下行梯段错开一步,如图 13-34(c)所示。

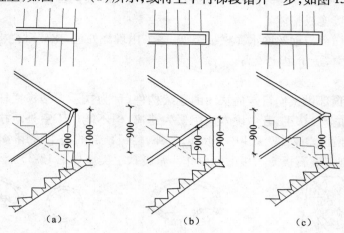

（a）　　　　　　　　　（b）　　　　　　　　　（c）

图 13-34　扶手的转弯处理
（a）鹤颈扶手;（b）栏杆扶手伸出踏步半步;（c）上下梯段错开一步

6. 楼梯的基础

楼梯的基础简称梯基。梯基的做法有两种:一是楼梯直接设砖、石或混凝土基础;另一种是楼梯支承在钢筋混凝土地基梁上,如图 13-35 所示。

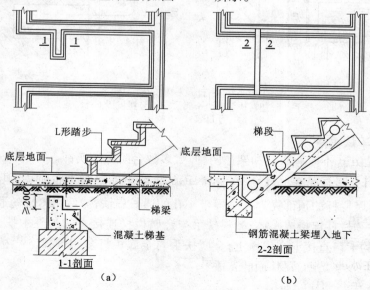

图 13-35　梯基的构造
（a）楼梯直接设砖、石或混凝土基础;（b）楼梯支承在钢筋混凝土地基梁上

13.4 室外楼梯与坡道

台阶与坡道都是解决室内外高差的连接构件。一般多采用台阶,当有车辆出入及特殊情况下,可以采用坡道。

13.4.1 室外台阶

台阶是指在室外或室内的地坪或楼层不同标高处设置的供人们行走的阶梯,由踏步和平台组成,分为室内台阶和室外台阶。由于室外台阶应用较多,本节主要介绍室外台阶。

13.4.1.1 台阶的形式

台阶的形式有单面踏步式、三面踏步式等,有时为了行车方便可将台阶和坡道结合使用,如图 13-36 所示。

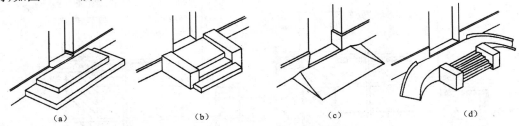

图 13-36 台阶与坡道的形式
(a)三面踏步式;(b)单面踏步式;(c)坡道式;(d)踏步坡道结合式

13.4.1.2 台阶的基本要求

1. 台阶应坚固耐磨,具有较好的耐久性、抗冻性和抗水性。

2. 台阶的坡度比较平缓,踏步的高宽比一般为 1∶2 ~ 1∶4,常用踏步高取 100 ~ 150mm,踏步宽取 300 ~ 400mm。当台阶高度超过 1m 时,左右宜设护栏等围护设施。

3. 室外台阶和出入口之间一般设置平台,起缓冲作用。平台深度一般不小于 900mm,为了防止雨水积聚或溢水室内,平台面宜比室内地面低 20 ~ 60mm,并向外找坡 1% ~ 3%,以利排水。台阶宽度应比门宽,一般每边加 500mm 左右。

13.4.1.3 台阶的构造

台阶按构造方式不同有实铺和架空两种,大多数台阶采用实铺。

台阶按材料不同有混凝土台阶、石台阶、砖台阶和钢筋混凝土台阶等,其中混凝土台阶应用最普遍。

台阶由面层、结构层和垫层组成。

面层应满足耐磨、光洁、易于清扫等要求,可采用水泥砂浆、水磨石、缸砖及天然石板等材料。水磨石在冰冻地区容易打滑,应慎用,若使用时,必须采取防滑措施。

结构材料应具有抗冻、抗水及质地坚硬等特点,常采用的材料有黏土砖、混凝土、天然石材等。普通黏土砖抗冻、抗水性能差,容易损坏,即使做了面层也常会剥落,故除在次要建筑或临时性建筑中使用外,一般很少用。

垫层可采用灰土、三合土或碎石等。

严寒地区,若台阶下为冻胀土,为保证台阶稳定,减少冻胀影响,可改换砂、石类土,或采用钢筋混凝土架空台阶或者换土地基台阶。

台阶构造如图 13-37 所示。

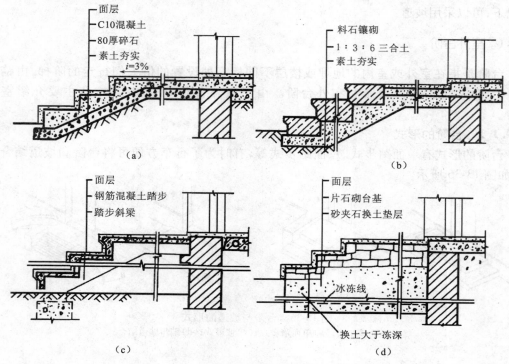

图 13-37　台阶构造示例
(a)混凝土台阶;(b)石砌台阶;(c)钢筋混凝土架空台阶;(d)换土地基台阶

为防止建筑主体结构下沉时拉裂台阶,应将建筑主体结构与台阶分开,并待主体结构有一定沉降后,再做台阶。

13.4.2　坡道

坡道是指连接不同标高的楼地面,供人们或车通行的斜坡式的交通道。当考虑车辆通行时,可用坡道代替台阶,或将二者组合使用。

13.4.2.1　坡道的形式

坡道多为单面坡形式,极少三面坡。坡道按照其使用用途的不同,可分为行车坡道和轮椅坡道两类。

行车坡道分为普通行车坡道与回车坡道两种,如图 13-38(a)、(b)所示。前者布置在有车辆进出的建筑入口处,如车库、库房等。回车坡道与台阶踏步组合在一起,后者布置在某些大型公共建筑的入口处,如办公楼、旅馆、医院等。轮椅坡道是专供残疾人使用的。

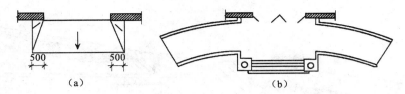

图 13-38 行车坡道
(a)普通行车坡道;(b)回车坡道

13.4.2.2 坡道的基本要求

1. 坡道应与台阶一样坚固耐磨,具有良好的耐久性、抗冻性和抗水性。

2. 坡道的坡度与使用要求、面层材料和做法有关,应以有利于推车通行为佳。坡道的坡度一般为 1 : 6 ~ 1 : 12。坡道的坡度还与建筑的室内外高差及坡道的面层处理方法有关。光滑材料坡道不宜大于 1 : 12;粗糙材料坡道(包括设置防滑条的坡道)的坡度可适当加大,但不应大于 1 : 6;带防滑齿坡道加大至 1 : 4。

3. 普通行车坡道的宽度应大于所连通的门洞口宽度,一般每边至少大于 500mm。回车坡道的宽度与坡道半径及车辆规格有关,坡道的坡度应不大于 1 : 10。供残疾人使用的轮椅坡道的宽度不应小于 0.9m;每段坡道的坡度、允许最大高度和水平长度应符合表 13-2 的规定;当坡道的高度和长度超过表 13-2 的规定时,应在坡道中部设休息平台,其深度不应小于 1.20m;坡道在转弯处应设休息平台,其深度不应小于 1.50m;在坡道的起点和终点,应留有深度不小于 1.50m 的轮椅缓冲地带;在坡道两侧 0.9m 高度处设扶手,如图 13-39 所示,两段坡道之间应保持连贯;坡道起点和终点处扶手应水平延伸 0.3m 以上;坡道两侧临空时,在栏杆下端设高度不小于 50mm 的安全挡台。

表 13-2 坡道的坡度与长度之比

坡道坡度(高/长)	1/8	1/10	1/12
每段坡道允许高度(m)	0.35	0.60	0.75
每段坡道允许水平长度(m)	2.80	6.00	9.00

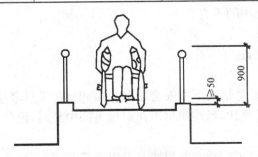

图 13-39 坡道扶手和安全挡台

13.4.2.3 坡道的构造

坡道与台阶一样,一般多采用混凝土坡道,也可采用天然石坡道等。坡道的构造做法与台阶类似,但由于坡道平缓,所以对防滑要求比较高。混凝土坡道可在水泥砂浆面层上划格,以增加摩擦力,亦可设防滑条,或做成锯齿形。天然石坡道可对表面做粗糙处理,如图 13-40 所示。

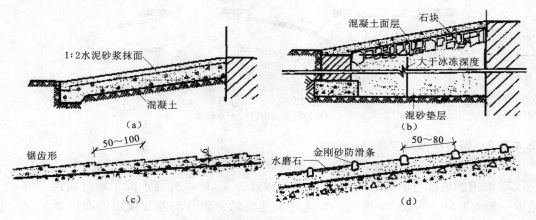

图 13-40 坡道构造
（a）混凝土坡道；（b）块石坡道；（c）锯齿防滑坡道；（d）防滑条坡道

13.5 电梯与自动扶梯

13.5.1 电梯

为了解决人们上下楼时的体力及时间消耗问题，对于住宅七层以上（含七层）、楼面高度 16m 以上、标准较高的建筑和有特殊需要的建筑等，一般设置电梯。

对于高层住宅则应该根据层数、人数和面积来确定是否设置。一台电梯的服务人数应在 400 人以上，服务面积在 450～500m² ，服务层数应在 10 层以上，比较经济。

13.5.1.1 电梯的类型

1. 按使用性质分

（1）客梯

主要用于人们在建筑物中的垂直联系。

（2）货梯

主要用于运送货物及设备。

（3）消防电梯

用于发生火灾、爆炸等紧急情况下作安全疏散人员和消防人员紧急救援使用。

消防电梯应当是双路电源，即当建筑物工作电梯电源中断时，消防电梯的非常规电源能自动闭合继续运行。

消防电梯应当具有紧急控制功能，即当楼上发生火灾时，它可接受指令，及时返回首层，而不再继续接纳乘客，只可供消防人员使用。

消防电梯应当在轿厢顶部预留一个紧急疏散出口，万一电梯的开门机构失灵时，可由此处疏散逃生。

2. 按电梯行驶速度分

（1）高速电梯

速度大于 2m／s ，梯速随层数增加而提高，消防电梯常用高速。

（2）中速电梯

速度在 2m/s 之内，一般货梯，按中速考虑。

（3）低速电梯

运送食物电梯常用低速，速度在 1.5m/s 以内。

3. 其他分类

有按单台、双台分；按交流电梯、直流电梯分；按轿厢容量分；按电梯门开启方向分等。

4. 观光电梯

观光电梯是把竖向交通工具和登高流动观景相结合的电梯。透明的轿厢使电梯内外景观相互沟通。

13.5.1.2 电梯的组成

1. 电梯井道

电梯井道是电梯运行的通道，井道内包括出入口、电梯轿厢、导轨、导轨撑架、平衡锤及缓冲器等。不同用途的电梯，井道的平面形式不同，如图 13-41 所示。

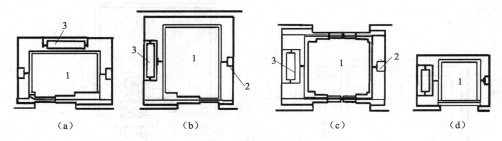

图 13-41 电梯分类及井道平面
（a）客梯（双扇推拉门）；（b）病床梯（双扇推拉门）；（c）货梯（中分双扇推拉门）；（d）小型杂物货梯
1—电梯厢；2—导轨及撑架；3—平衡重

2. 电梯机房

电梯机房一般设在井道的顶部。机房和井道的平面相对位置允许机房任意向一个或两个相邻方向伸出，并满足机房有关设备安装的要求。机房楼板应按机器设备要求的部位预留孔洞。

3. 井道地坑

井道地坑在最底层平面标高下 ≥1.4m，考虑电梯停靠时的冲力，作为轿厢下降时所需的缓冲器的安装空间。

4. 组成电梯的有关部件

（1）轿厢。

轿厢是直接载人、运货的厢体。电梯轿厢应造型美观，经久耐用，当今轿厢采用金属框架结构，内部用光洁有色钢板壁面或有色有孔钢板壁面，花格钢板地面，荧光灯局部照明以及不锈钢操纵板等。入口处则采用钢材或坚硬铝材制成的电梯门槛。

（2）井壁导轨和导轨支架。

井壁导轨和导轨支架是支承、固定厢上下升降的轨道。

（3）牵引轮及其钢支架、钢丝绳、平衡锤、轿厢开关门、检修起重吊钩等。

（4）有关电器部件。交流电动机、直流电动机、控制柜、继电器、选层器、动力、照明、电源开关、厅外层数指示灯和厅外上下召唤盒开关等。

13.5.1.3 电梯与建筑物相关部位的构造

1. 井道、机房建筑的一般要求

（1）通向机房的通道和楼梯宽度不小于 1.2m，楼梯坡度不大于 45°。

（2）机房楼板应平坦整洁，能承受 6kPa 的均布荷载。

（3）井道壁多为钢筋混凝土井壁或框架填充墙井壁。井道壁为钢筋混凝土时，应预留 150mm 见方，150mm 深孔侚、垂直中距 2m，以便安装支架。

（4）框架（圈梁）上应预埋铁板，铁板后面的焊件与梁中钢筋焊牢。每层中间加圈梁一道，并需设置预埋铁板。

（5）电梯为两台并列时，中间可不用隔墙而按一定的间隔放置钢筋混凝土梁或型钢过梁，以便安装支架。

2. 电梯导轨支架的安装导轨支架分预留孔插入式和预埋铁件焊接式。电梯构造如图 13-42 所示。

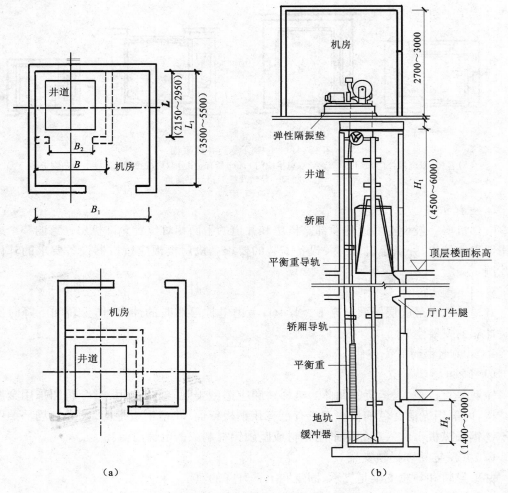

（a）

（b）

图 13-42　电梯构造示意

（a）平面；（b）通过电梯门剖面（无隔声层）

242

13.5.1.4 电梯井的构造

1. 电梯井道的设计应满足下列要求：

（1）井道的防火

井道是建筑中的垂直通道，极易引起火灾的蔓延，因此井道四周应为防火结构。井道壁一般采用现浇钢筋混凝土或框架填充墙井壁。同时当井道内超过两部电梯时，需用防火围护结构予以隔开。

（2）井道的隔振与隔声

电梯运行时产生振动和噪声。一般在机房机座下设弹性垫层隔振；在机房与井道间设高 1.5m 左右的隔声层。

（3）井道的通风

为使井道内空气流通，火警时能迅速排除烟和热气，应在井道肩部和中部适当位置（高层时）及地坑等处设置不小于 300mm × 600 mm 的通风口，上部可以和排烟口结合，排烟口面积不少于井道面积的 3.5%。通风口总面积的 1/3 应经常开启。通风管道可在井道顶板上或井道壁上直接通往室外。

（4）其他

地坑应注意防水、防潮处理，坑壁应设爬梯和检修灯槽。

2. 电梯井道的细部构造

电梯井道的细部构造包括厅门的门套装修及厅门的牛腿处理，导轨撑架与井壁的固结处理等。

电梯井道可用砖砌加钢筋混凝土圈梁，但大多为钢筋混凝土结构。井道各层的出入口即为电梯间的厅门，在出入口处的地面应向井道内挑出一牛腿。

由于厅门系人流或货流频繁经过的部位，故不仅要求做到坚固适用，而且还要满足一定的美观要求。具体的措施是在厅门洞口上部和两侧装上门套。门套装修可采用多种做法，如水泥砂浆抹面、贴水磨石板、大理石板以及硬木板或金属板贴面。除金属板为电梯厂定型产品外，其余材料均系现场制作或预制。厅门门套装修构造如图 13-43 所示。

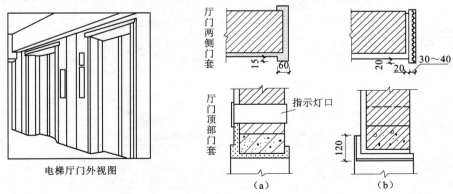

电梯厅门外视图

图 13-43 厅门门套装修构造
(a)水泥砂浆门套；(b)水磨石门套

厅门牛腿部位构造如图 13-44 所示。

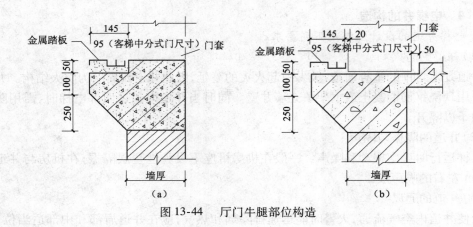

图 13-44　厅门牛腿部位构造

13.5.2　自动扶梯

　　自动扶梯适用于人流量大的场所,比如车站、商场、超市、地铁站等。自动扶梯可正、逆方向运行。

　　自动扶梯由电动机械牵动梯段连同栏杆扶手带一起运转。机房悬挂在楼板下面。电动扶梯的基本尺寸如图 13-45 所示。

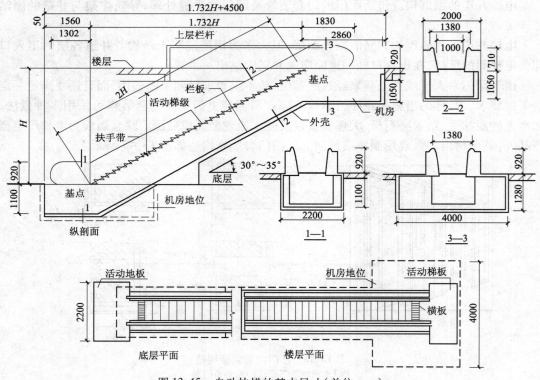

图 13-45　自动扶梯的基本尺寸(单位:mm)

　　自动扶梯的驱动方式分为链条式和齿条式两种。自动扶梯的角度有 27.3°、30°、

35°,其中 30°是优先选用的角度。宽度有 600mm（单人）、800mm（单人携物）、1000mm、1200mm（双人）。

自动扶梯一般设在室内，也可以设在室外。根据自动扶梯在建筑中的位置及建筑平面布局，自动扶梯的布置方式主要有以下几种：

1. 并联排列式，见图 13-46（a）：楼层交通乘客流动可以连续，升降两方向交通均分离清楚，外观豪华，但安装面积大。

2. 平行排列式，见图 13-46（b）：安装面积小，但楼层交通不连续。

3. 串连排列式，见图 13-46（c）：楼层交通乘客流动可以连续。

4. 交叉排列式，见图 13-46（d）：乘客流动升降两方向均为连续，且搭乘场相距较远，升降客流不发生混乱，安装面积小。

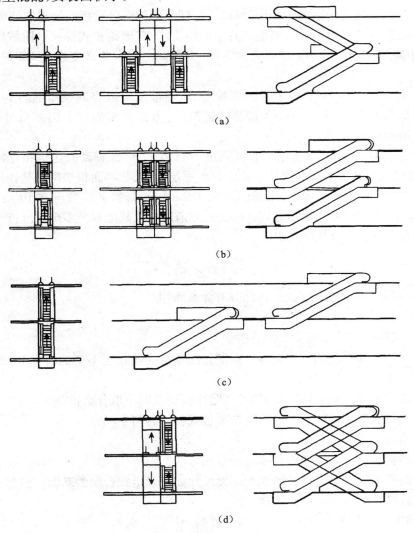

图 13-46　自动扶梯的布置方式
（a）并联排列式；（b）平行排列式；（c）串联排列式；（d）交叉排列式

本 章 总 结

1. 楼梯作为建筑物垂直交通设施之一,应满足交通和疏散的要求,一般由楼梯段、平台及栏杆(或栏板)三部分组成。梯段、踏步、平台、净空高度等多个尺寸均应满足相关要求。常见楼梯平面形式有直跑楼梯、双跑楼梯、多跑楼梯、剪刀楼梯、螺旋楼梯等。楼梯的位置应明显,具有明确的导向性,同时构造合理,安全坚固,也要具有一定的美观性。

2. 钢筋混凝土楼梯包括现浇钢筋混凝土楼梯和预制钢筋混凝土楼梯,现浇钢筋混凝土楼梯根据楼梯段的传力与结构形式的不同,分成板式和梁板式楼梯两种。预制钢筋混凝土楼梯由组成楼梯的构件尺寸及装配的程度,大致可分为小型构件装配式和中大型构件装配式两大类。

3. 楼梯的细部构造包括踏步面层处理、栏杆扶手的构造以及相关的连接处理。

4. 台阶由踏步和平台组成。其形式有单面踏步式、三面踏步式等。台阶坡度较楼梯平缓,每级踏步高为 100～150mm,踏面宽为 300～400mm。当台阶高度超过 1m 时,宜有护栏设施。

5. 坡道多为单面坡形式,极少有三面坡的,坡道坡度应以有利推车通行为佳,一般为 1/10～1/8,也有 1/30 的。还有些大型公共建筑,为考虑汽车能在大门入口处通行,常采用台阶与坡道相结合的形式。

6. 对于住宅七层以上(含七层)、楼面高度 16m 以上、标准较高的建筑和有特殊需要的建筑等,一般设置电梯。对于高层住宅则应该根据层数、人数和面积来确定是否设置。一台电梯的服务人数应在 400 人以上,服务面积在 450～500m^2,服务层数应在 10 层以上,比较经济。电梯的组成一般有电梯井道、电梯机房、井道地坑及其他有关零部件。自动扶梯适合用于有大量人流上下的公共建筑中。

习 题

1. 楼梯有哪些组成部分组成? 各部分有什么作用?

2. 楼梯如何分类?

3. 楼梯、爬梯和坡道的坡度范围是多少?

4. 一般民用建筑踏步的尺寸有什么限制? 在保持梯段长度不变的情况下,怎样增加踏面的宽?

5. 底层楼梯平台下有通行需要,但不满足净高要求时采取什么措施?

6. 现浇钢筋混凝土楼梯中板式梯段与梁板式梯段有何不同?

7. 楼梯踏面防滑构造如何?

8. 楼梯转折处扶手高差处理有哪几种常用方法?

9. 台阶的平面形式有几种? 踏面和踢面尺寸如何规定? 台阶的基础一般怎么处理?

10. 坡道的坡度、宽度有何具体规定?

11. 电梯主要有哪几部分组成? 电梯设置的条件是什么?

12. 自动扶梯的布置形式有几种? 各自有什么特点?

作业:楼梯构造设计任务书

依下列条件和要求,设计某住宅的钢筋混凝土平行双跑楼梯。

一、设计条件

1. 某住宅为三层,楼梯间平面(图 13-47)及剖面(图 13-48)。开间尺寸 2700mm,层高 2.8m,室内外高差 0.6m。

2. 楼梯间墙厚为 240mm,定位轴线对墙中。

3. 楼梯间底层休息平台下设置对外出入的门洞,门洞口净高要求 ≥2m,洞口顶部设有过梁及雨篷,雨篷挑出 1000mm。

4. 采用现浇钢筋混凝土楼梯(板式或斜梁式),楼板与平台板厚 100mm,平台梁断面尺寸 200mm×300mm(包括板厚在内)。

5. 楼梯间休息平台外墙可设栏板,也可设窗洞。

6. 楼梯栏杆采用漏空式(金属或预制水泥花格)。

二、设计要求

1. 设计确定楼梯段宽度、长度、踏步级数及其高、宽尺寸。

2. 设计确定楼层走廊宽度及休息平台宽度。

3. 设计确定楼梯间进深尺寸(不大于 13.8m),要求符合 3M 模数。

4. 设计确定栏杆形式、材料及各细部尺寸。

三、图纸内容

1. 楼梯底层平面图、二层平面图、及顶层平面图 1:50。

2. 楼梯剖面图(屋顶可断开不画)1:30 或 1:50。

3. 楼梯详图(包括栏杆详图、栏杆与扶手连接详图、栏杆与梯段连接详图)。

四、图纸要求:

1. 采用 A2 图幅,手绘图纸。

2. 图面要求字迹工整、图样布局均匀,线型粗细及材料图例等应符合施工图要求及建筑制图国家标准。

五、几点提示

1. 楼梯平面图应绘出楼梯间的墙体、住宅入户门洞(宽度 900mm)、楼梯段平面、踏步及休息平台外墙栏板或窗洞等;标出开间、进深尺寸(画轴线圆圈,不编号)、墙厚、梯段宽度、梯段长度(含踏步宽度)、梯井宽度、平台宽度、楼梯上下箭头方向及步数;标出楼面、地坪、休息平台表面及室内外地坪标高;画出雨篷轮廓线及尺寸(二层平面)、门洞出口处室外坡道轮廓线(底层平面);标出剖面图的剖切位置符号。

2. 楼梯剖面图应绘出剖到及未剖到的梯段、踏步;剖到的楼板、平台板、平台梁、墙体、栏板(或窗洞)及门洞(包括过梁及雨篷)、室内外地坪坡道等;标出各梯段的高度(含踏步高度)、进深尺寸;标出门洞顶部标高、楼地面标高、休息平台标高、室内外地坪标高;标出详图索引符号。

3. 楼梯详图可合成一个详图。主要表示栏杆、扶手形式、材料及尺寸;面层做法及栏杆与扶手、栏杆与梯段的连接等。

六、主要参考资料

1.《建筑构造与识图》教材。

2. 建筑设计资料集(3) 中国建筑工业出版社(第二版)。

标准图集:住宅建筑构造(03J930－1)、楼梯建筑构造(99SJ403)。

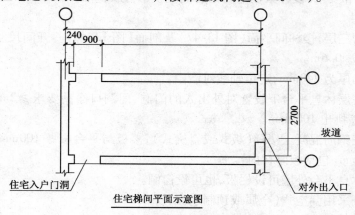

住宅梯间平面示意图

图 13-47　楼梯的平面

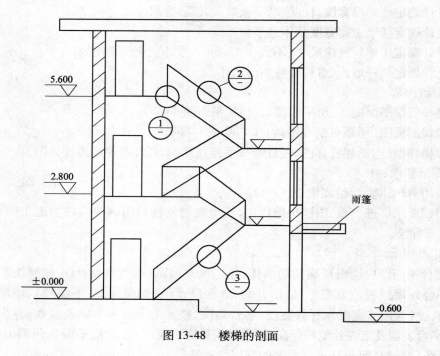

图 13-48　楼梯的剖面

第14章 门 窗

学习目标要求

1. 了解门窗的作用;
2. 掌握门窗的形式与尺度;
3. 掌握门窗的构造要求;
4. 了解各类门窗的特点。

学习重点和难点

本章学习重点:1.门窗的开启形式;2.门窗的尺度;3.各类门窗的构造要求;4.遮阳的措施。

本章学习难点:各类门窗的构造要求。

14.1 门窗的形式与尺度

14.1.1 门窗的作用

门在房屋建筑中的作用主要是交通联系,并兼采光和通风;窗的作用主要是采光、通风及眺望。在不同情况下,门和窗还有分隔、保温、隔声、防火、防辐射、防风沙等要求。

门窗在建筑立面构图中的影响也较大,它的尺度、比例、形状、组合、透光材料的类型等,都影响着建筑的艺术效果。

14.1.2 门的形式与尺度

14.1.2.1 门的形式

门按其开启方式通常有:平开门、弹簧门、推拉门、折叠门、转门等。门的开启形式见图14-1。

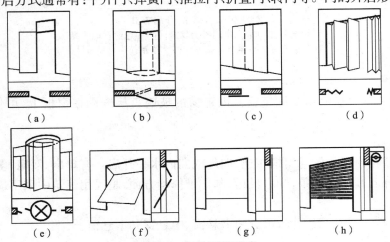

图 14-1 门的开启形式
(a)平开门;(b)弹簧门;(c)推拉门;(d)折叠门;(e)转门;
(f)上翻门;(g)升降门;(h)卷帘门

14.1.2.2　门的尺度

门的尺度通常是指门洞的高宽尺寸。门作为交通疏散通道,其尺度取决于人的通行要求,家具器械的搬运及与建筑物的比例关系等,并要符合现行《建筑模数协调统一标准》的规定。

1. 门的高度:不宜小于2100mm。如门设有亮子时,亮子高度一般为300～600mm,则门洞高度为2400～3000mm。公共建筑大门高度可视需要适当提高。

2. 门的宽度:单扇门为700～1000mm,双扇门为1200～1800mm。宽度在2100mm以上时,则做成三扇、四扇门或双扇带固定扇的门,因为门扇过宽易产生翘曲变形,同时也不利于开启。辅助房间(如浴厕、贮藏室等)门的宽度可窄些,一般为700～800mm。

14.1.3　窗的形式与尺度

14.1.3.1　窗的形式

窗的形式一般按开启方式定。而窗的开启方式主要取决于窗扇铰链安装的位置和转动方式。通常窗的开启方式有以下几种,见下图14-2。

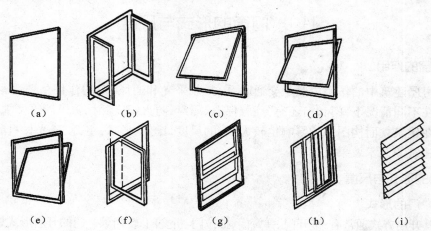

图14-2　窗的开启方式
(a)固定窗;(b)平开窗;(c)上悬窗;(d)中悬窗;(e)下悬窗;
(f)立转窗;(g)垂直推拉窗;(h)水平推拉窗;(i)百叶窗

1. 固定窗

无窗扇、不能开启的窗为固定窗。固定窗的玻璃直接嵌固在窗框上,可供采光和眺望之用。

2. 平开窗

铰链安装在窗扇一侧与窗框相连,向外或向内水平开启。有单扇、双扇、多扇,有向内开与向外开之分。其构造简单,开启灵活,制作维修均方便,是民用建筑中采用最广泛的窗。

3. 悬窗

因铰链和转轴的位置不同,可分为上悬窗、中悬窗和下悬窗。

4. 立转窗

引导风进入室内效果较好,防雨及密封性较差,多用于单层厂房的低侧窗。因密闭性较差,不宜用于寒冷和多风沙的地区。

5. 推拉窗

分垂直推拉窗和水平推拉窗两种。它们不多占使用空间,窗扇受力状态较好,适宜安装较大玻璃,但通风面积受到限制。

6. 百叶窗

主要用于遮阳、防雨及通风,但采光差。百叶窗可用金属、木材、钢筋混凝土等制作,有固定式和活动式两种形式。

14.1.3.2 窗的尺度

窗的尺度主要取决于房间的采光、通风、构造做法和建筑造型等要求,并要符合现行《建筑模数协调统一标准》的规定。为使窗坚固耐久,一般平开木窗的窗扇高度为 800 ~ 1200mm,宽度不宜大于 500mm;上下悬窗的窗扇高度为 300 ~ 600mm;中悬窗窗扇高不宜大于 1200mm,宽度不宜大于 1000mm;推拉窗高宽均不宜大于 1500mm。对一般民用建筑用窗,各地均有通用图,各类窗的高度与宽度尺寸通常采用扩大模数 3M 数列作为洞口的标志尺寸,需要时只要按所需类型及尺度大小直接选用即可。

14.2 木门窗构造

14.2.1 平开门的构造

14.2.1.1 平开门的组成

门一般由门框、门扇、亮子、五金零件及其附件组成。

门扇按其构造方式不同,有镶板门、夹板门、拼板门、玻璃门和纱门等类型。亮子又称腰头窗,在门上方,为辅助采光和通风之用,有平开、固定及上、中、下悬几种。门框是门扇、亮子与墙的联系构件。五金零件一般有铰链、插销、门锁、拉手、门碰头等。附件有贴脸板、筒子板等。木门的组成见图 14-3。

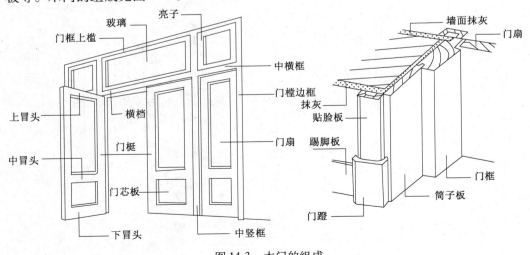

图 14-3 木门的组成

14.2.1.2 门框

一般由两根竖直的边框和上框组成。当门带有亮子时,还有中横框,多扇门则还有中竖框。

1. 门框断面

门框的断面形式与门的类型、层数有关,同时应利于门的安装,并应具有一定的密闭性,如图 14-4 所示。

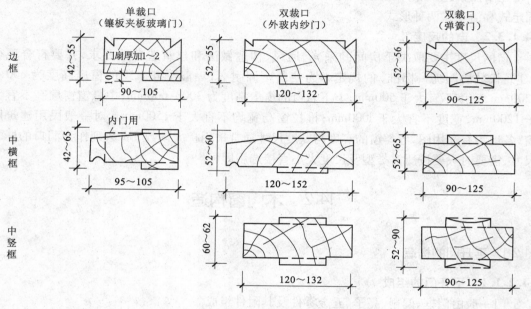

图 14-4　门框的断面形式与尺寸

2. 门框安装

门框的安装根据施工方式分后塞口和先立口两种,如图 14-5 所示。

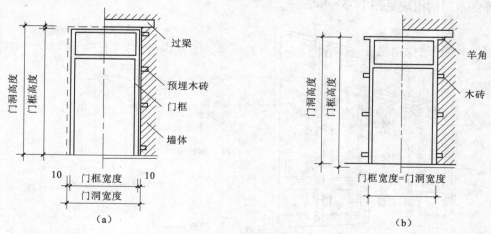

图 14-5　门框的安装方式
（a）塞口；（b）立口

3. 门框在墙中的位置

门框在墙中的位置,可在墙的中间或与墙一边平。一般多与开启方向一侧平齐,尽可能使门扇开启时贴近墙面,如图 14-6 所示。

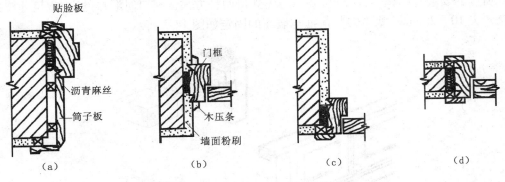

图 14-6　门框位置、门贴脸板及筒子板
(a)外平;(b)立中;(c)内平;(d)内外平

14.2.1.3　门扇

常用的木门门扇有夹板门、镶板门(包括玻璃门、纱门)和拼板门等。

1. 夹板门

是用断面较小的方木做成骨架,两面粘贴面板而成。门扇面板可用胶合板、塑料面板和硬质纤维板,面板不再是骨架的负担,而是和骨架形成一个整体,共同抵抗变形。夹板门的形式可以是全夹板门、带玻璃或带百叶夹板门。

由于夹板门构造简单,可利用小料、短料,自重轻,外形简洁,便于工业化生产,故在一般民用建筑中广泛应用。

2. 镶板门

采用镶装门芯板结构的木门,是广泛使用的一种门。门扇由边挺、上冒头、中冒头(可作数根)和下冒头组成骨架,内装门芯板而构成。镶板门一般也是全木结构,有时门芯板可以用硬质纤维板代替。而根据功能的需要还可装玻璃和百叶,作为外门时有时还可带有纱门。

镶板门构造简单,加工制作方便,适于一般民用建筑作内门和外门。

3. 拼板门

即门扇采用拼板结构的木门,门扇由骨架和条板组成。有骨架的拼板门称为拼板门,而无骨架的拼板门称为实拼门;有骨架的拼板门又分为单面直拼门、单面横拼门和双面保温拼板门三种。

14.2.2　推拉门的构造

推拉门由门扇、门轨、地槽、滑轮及门框组成。门扇可采用钢木门、钢板门、空腹薄壁钢门等,每个门扇宽度不大于 1.8m。推拉门的支承方式分为上挂式和下滑式两种,当门扇高度小于 4m 时,用上挂式,即门扇通过滑轮挂在门洞上方的导轨上。当门扇高度大于 4m 时,多用下滑式,在门洞上下均设导轨,门扇沿上下导轨推拉,下面的导轨承受门扇的重量。推拉门位于墙外时,门上方需设雨篷。

14.2.3 平开窗的构造

14.2.3.1 窗框安装

窗框的安装与门框一样,分后塞口与先立口两种方式。塞口时洞口的高、宽尺寸应比窗框尺寸大 10～20mm。塞口安装窗框与墙面的固定如图14-7所示。

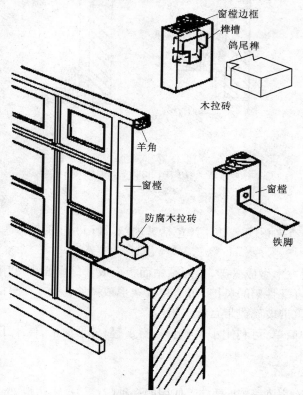

图 14-7 塞口安装窗框与墙面的连接

14.2.3.2 窗框在墙中的位置

窗框在墙中的位置,一般是与墙内表面平,安装时窗框突出砖面20mm,以便墙面粉刷后与抹灰面平。框与抹灰面交接处,应用贴脸板搭盖,以阻止由于抹灰干缩形成缝隙后风透入室内,同时可增加美观。贴脸板的形状及尺寸与门的贴脸板相同。

当窗框立于墙中时,应内设窗台板,外设窗台。窗框外平时,靠室内一面设窗台板。

14.3 金属门窗构造

14.3.1 钢门窗

钢门窗是用型钢或薄壁空腹型钢在工厂制作而成。它符合工业化、定型化与标准化的要求。在强度、刚度、防火、密闭等性能方面,均优于木门窗,但在潮湿环境下易锈蚀,耐久性差。

14.3.1.1 钢门窗材料

1. 实腹式

实腹式钢门窗料是最常用的一种,有各种断面形状和规格。一般门可选用 32 及 40 料,窗可选用 25 及 32 料(25、32、40 等表示断面高为 25mm,32mm,40mm)。

2. 空腹式

空腹式钢门窗与实腹式窗料比较,具有更大的刚度,外形美观,自重轻,可节约钢材 40% 左右。但由于壁薄,耐腐蚀性差,不宜用于湿度大、腐蚀性强的环境。

14.3.1.2 基本钢门窗

为了使用、运输方便,通常将钢门窗在工厂制作成标准化的门窗单元。这些标准化的单元,即是组成一樘门或窗的最小基本单元。设计者可根据需要,直接选用基本钢门窗,或用这些基本钢门窗组合出所需大小和形式的门窗。

钢门窗框的安装方法常采用塞框法。门窗框与洞口四周的连接方法主要有两种:①在砖墙洞口两侧预留孔洞,将钢门窗的燕尾形铁脚埋入洞中,用砂浆窝牢;②在钢筋混凝土过梁或混凝土墙体内则先预埋铁件,将钢窗的 Z 形铁脚焊在预埋钢板上。钢门窗与墙的连接见图 14-8。

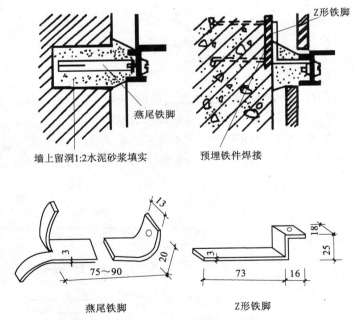

图 14-8 钢门窗与墙的连接

14.3.1.3 组合式钢门窗

当钢门窗的高、宽超过基本钢门窗尺寸时,就要用拼料将门窗进行组合。拼料起横梁与立柱的作用,承受门窗的水平荷载。

拼料与基本门窗之间一般用螺栓或焊接相连。当钢门窗很大时,特别是水平方向很长时,为避免大的伸缩变形引起门窗损坏,必须预留伸缩缝,一般是用两根 L 56×36×4 的角钢用螺栓组成拼件,角钢上穿螺栓的孔为椭圆形,使螺栓有伸缩余地。

14.3.2 卷帘门

卷帘门主要由帘板、导轨及传动装置组成。工业建筑中的帘板常来用页板式,页板可用镀锌钢板或合金铝板轧制而成,页板之间用铆钉连接。页板的下部采用钢板和角钢,用以增强卷帘门的刚度,并便于安设门钮。页板的上部与卷筒连接,开启时,页板沿着门洞两侧的导轨上升,卷在卷筒上。门洞的上部安设传动装置,传动装置分手动(图 14-9)和电动两种。

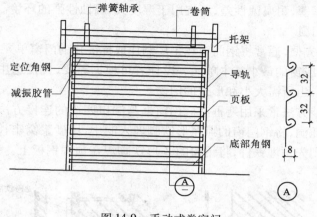

图 14-9　手动式卷帘门

14.3.3 彩板门窗

彩板钢门窗是以彩色镀锌钢板经机械加工而成的门窗。它具有自重轻、硬度高、采光面积大、防尘、隔声、保温密封性好、造型美观、色彩绚丽、耐腐蚀等特点。

彩板平开窗目前有两种类型,即带副框和不带副框的两种。当外墙面为花岗石、大理石等贴面材料时,常采用带副框的门窗。当外墙装修为普通粉刷时,常用不带副框的做法。安装构造见图 14-10 和图 14-11。

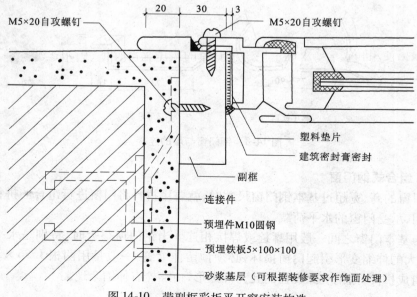

图 14-10　带副框彩板平开窗安装构造

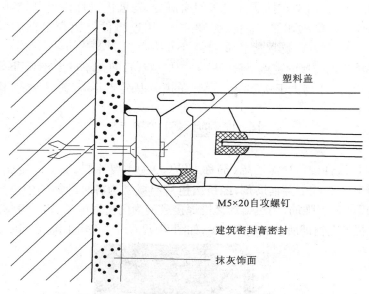

图 14-11　不带副框彩板平开窗安装构造

14.3.4　铝合金门窗

14. 3. 4. 1　铝合金门窗的特点

1. 自重轻。铝合金门窗用料省、自重轻,较钢门窗轻 50% 左右。

2. 性能好。密封性好,气密性、水密性、隔声性、隔热性都较钢、木门窗有显著的提高。

3. 耐腐蚀、坚固耐用。铝合金门窗不需要涂涂料,氧化层不褪色、不脱落,表面不需要维修。铝合金门窗强度高,刚性好,坚固耐用,开闭轻便灵活,无噪声,安装速度快。

4. 色泽美观。铝合金门窗框料型材表面经过氧化着色处理后,既可保持铝材的银白色,又可以制成各种柔和的颜色或带色的花纹,如古铜色、暗红色、黑色等。

14. 3. 4. 2　铝合金门窗的设计要求

1. 应根据使用和安全要求确定铝合金门窗的风压强度性能、雨水渗漏性能、空气渗透性能综合指标。

2. 组合门窗设计宜采用定型产品门窗作为组合单元。非定型产品的设计应考虑洞口最大尺寸和开启扇最大尺寸的选择和控制。

3. 外墙门窗的安装高度应有限制。

14. 3. 4. 3　铝合金门窗框料系列

系列名称是以铝合金门窗框的厚度构造尺寸来区别各种铝合金门窗的称谓,如:平开门门框厚度构造尺寸为 50mm 宽,即称为 50 系列铝合金平开门,推拉窗窗框厚度构造尺寸90mm 宽,即称为 90 系列铝合金推拉窗等。实际工程中,通常根据不同地区、不同性质的建筑物的使用要求选用相适应的门窗框。

14. 3. 4. 4　铝合金门窗安装

铝合金门窗是表面处理过的铝材经下料、打孔、铣槽、攻丝等加工,制作成门窗框料的构件,然后与连接件、密封件、开闭五金件一起组合装配成门窗。

门窗安装时,将门、窗框在抹灰前立于门窗洞处,与墙内预埋件对正,然后用木楔将三边固定。经检验确定门、窗框水平、垂直、无翘曲后,用连接件将铝合金框固定在墙(柱、梁)上,连接件固定可采用焊接、膨胀螺栓或射钉等方法。

门窗框与墙体等的连接固定点,每边不得少于二点,且间距不得大于0.7m。在基本风压大于等于0.7kPa的地区,不得大于0.5m;边框端部的第一固定点距端部的距离不得大于0.2m。

14.4　塑钢门窗

塑钢门窗是以改性硬质聚氯乙烯(简称 UPVC)为主要原料,加上一定比例的稳定剂、着色剂、填充剂、紫外线吸收剂等辅助剂,经挤出机挤出成型为各种断面的中空异型材。经切割后,在其内腔衬以型钢加强筋,用热熔焊接机焊接成型为门窗框扇,配装上橡胶密封条、压条、五金件等附件而制成的门窗即所谓的塑钢门窗,如图14-12所示。塑钢门窗断面图如图14-13所示。

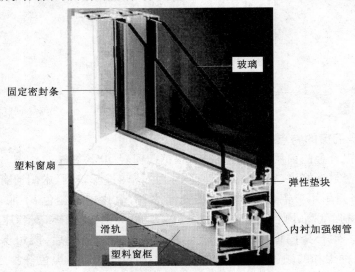

图 14-12　塑钢门窗构造

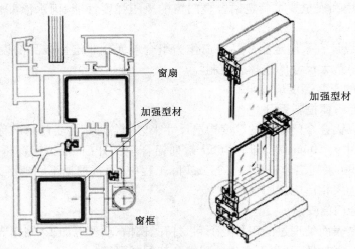

图 14-13　塑钢门窗断面图

塑钢门窗具有如下优点:

1. 强度好、耐冲击

2. 保温隔热、节约能源

3. 隔声好

4. 气密性、水密性好

5. 耐腐蚀性强

6. 防火

7. 耐老化、使用寿命长

8. 外观精美、清洗容易

塑钢塑钢窗框与墙体的连接方式如图 14-14 所示。

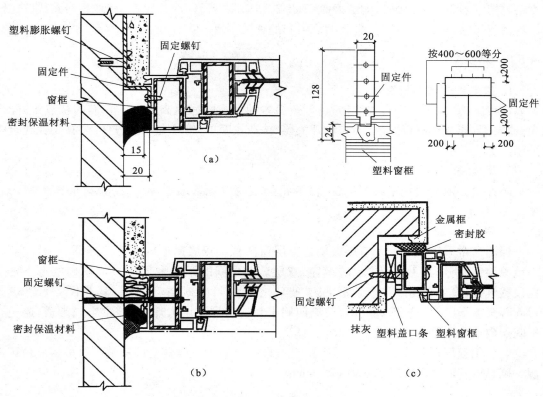

图 14-14　塑钢窗框与墙体的连接节点图
(a)连接件法;(b)直接固定法;(c)假框法

14.5　特殊门窗

14.5.1　特殊门

1. 防火门:防火门用于加工易燃品的车间或仓库。根据车间对防火门耐火等级的要求,门扇可以采用钢板、木板外贴石棉板再包以镀锌铁皮或木板外直接包镀锌铁皮等构造措施。考虑到木材受高温会炭化而放出大量气体,应在门扇上设泄气孔。防火门常采用自重下滑关闭门,它是将门上导轨做成5%～8%的坡度,火灾发生时,易熔合金片熔断后,重锤落地,门扇依靠自重下滑关闭。当洞口尺寸较大时,可做成两个门扇相对下滑。

2. 保温门、隔声门:保温门要求门扇具有一定热阻值和门缝密闭处理,故常在门扇两层面板间填以轻质、疏松的材料(如玻璃棉、矿棉等)。隔声门的隔声效果与门扇的材料及门缝的密闭有关,隔声门常采用多层复合结构,即在两层面板之间填吸声材料,如玻璃棉、玻璃纤维板等。

一般保温门和隔声门的面板常采用整体板材(如五层胶合板、硬质木纤维板等),不易发生变形。门缝密闭处理对门的隔声、保温以及防尘有很大影响,通常采用的措施是在门缝内粘贴填缝材料,如橡胶管、海绵橡胶条、泡沫塑料条等。还应注意裁口形式,斜面裁口比较容易关闭紧密,可避免由于门扇胀缩而引起的缝隙不密合。

14.5.2 特殊窗

1. 固定式通风高侧窗

在我国南方地区,结合气候特点,创造出多种形式的通风高侧窗。它们的特点是:能采光,能防雨,能常年进行通风,不需设开关器,构造较简单,管理和维修方便,多在工业建筑中采用。

2. 防火窗

防火窗必须采用钢窗或塑钢窗,镶嵌铅丝玻璃以免破裂后掉下,防止火焰窜入室内或窗外。

3. 保温窗、隔声窗

保温窗常采用双层窗及双层玻璃的单层窗两种。双层窗可内外开或内开、外开。双层玻璃单层窗又分为:①双层中空玻璃窗,双层玻璃之间的距离为3～5mm,窗扇的上下冒头应设透气孔;②双层密闭玻璃窗,两层玻璃之间为封闭式空气间层,其厚度一般为4～12mm,充以干燥空气或惰性气体,玻璃四周密封。这样可增大热阻、减少空气渗透,避免空气间层内产生凝结水。

若采用双层窗隔声,应采用不同厚度的玻璃,以减少吻合效应的影响。厚玻璃应位于声源一侧,玻璃间的距离一般为80～100mm。

14.6 遮阳设施

遮阳的作用是防止室内高热,防止眩光,保护室内物品。遮阳的措施有挑檐、外廊、花格、芦席、布篷、百叶、绿化、构件等。建筑中常用遮阳板的基本形式有水平式、垂直式、综合式、挡板式,分别适合于不同方向照射过来的阳光。常将基本形式组合成各种连续遮阳形式,同时构成立面装饰线条,如图14-15所示。

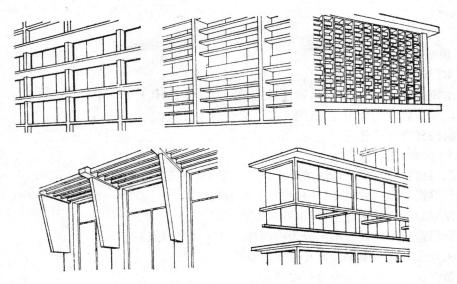

图 14-15　连续遮阳的形式

本 章 总 结

1. 门的作用主要是交通联系,并兼采光和通风;窗的作用主要是采光、通风及眺望。在不同情况下门窗还有分隔、保温、隔声、防火、防辐射、防风沙等要求,并影响着建筑的艺术效果。

2. 门的开启方式有:平开门、弹簧门、推拉门、折叠门、转门等;窗的开启方式有:固定窗、平开窗、悬窗、立转窗、推拉窗、百叶窗等。

3. 平开木门一般由门框、门扇、亮子、五金零件及其附件组成。门框一般由两根竖直的边框和上框组成,其断面形式与门的类型、层数有关。门框的安装根据施工方式分后塞口和先立口两种。木门门扇有夹板门、镶板门和拼板门。

4. 推拉门由门扇、门轨、地槽、滑轮及门框组成。门扇可采用钢木门、钢板门、空腹薄壁钢门等。

5. 钢门窗分为实腹式和空腹式,其窗框的安装方法常采用塞框法。

6. 卷帘门主要由帘板、导轨及传动装置组成。门洞上部安设传动装置,传动装置分手动和电动两种。彩板平开窗目前有两种类型,即带副框和不带副框的两种。

7. 铝合金门窗具有自重轻、性能好、色泽美观、耐腐蚀、坚固耐用等优点。

8. 塑钢门窗是塑料型材内腔衬以型钢加强筋,具有强度高、保温隔热性能好、密闭性好、耐腐蚀性强、外观精美等优点。塑钢窗框与墙体的连接有联接件、直接固定和假框等方法。

9. 特殊门窗包括防火门窗、保温门窗和隔声门窗。

10. 遮阳板的基本形式有水平式、垂直式、综合式、挡板式,建筑中常采用连续遮阳可装饰建筑立面造型。

习　　题

一、填空题

1. 木门窗的安装方法有_____和_____两种。

2. 木窗代号是_____,钢窗代号是_____,门的代号是 M。

3. 门按开启方式分为_____、_____、_____、_____、_____。

4. 窗按开启方式分为_____、_____、_____、_____、_____。

二、简答题

1. 门与窗在建筑中的作用是什么?

2. 举例说明门窗的尺度。(门窗洞口宽、高尺寸)

3. 简要绘图说明平开木、门窗的构造组成。

4. 钢门窗料按其断面不同分为哪两种? 各有何优缺点?

5. 铝合金门窗和塑钢门窗有哪些特点?

6. 塑钢窗框与墙体的连接有哪些?

7. 连续遮阳的形式有哪些?

第15章 变 形 缝

学习目标要求

1. 掌握变形缝的分类及设置原则；
2. 掌握变形缝在基础、墙面、楼地面及屋面的构造处理方法。

学习重点和难点

本章学习重点：变形缝的概念、设置原则及构造处理方法。
本章学习难点：变形缝的构造处理。

15.1 变形缝的作用和分类

一般房屋由于受外界温度的变化、地基的不均匀沉降和地震作用等因素的影响，使建筑结构产生附加应力和变形，会引起房屋的裂缝，影响房屋的正常使用和耐久性，造成房屋的破坏和倒塌。

解决此问题的办法有两种：①加强房屋的整体性，使其具有足够的强度和刚度来抵抗由以上因素引起的应力和变形；②在房屋的某些部位设置变形缝，使其具有足够的变形宽度来防止裂缝的产生和破坏。

变形缝按其作用的不同分为伸缩缝、沉降缝、防震缝三种。

15.2 伸 缩 缝

伸缩缝也叫温度缝，是房屋因受温度变化的影响而产生热胀冷缩，当房屋长度超过一定限度时，房屋会因热胀冷缩变形较大而产生开裂。因此，须把太长和太宽的建筑物设置伸缩缝分割成若干个区段，保证各段自由胀缩，从而避免墙体的开裂。

建筑中须设置伸缩缝的情况主要有三类：

1. 建筑物长度超过一定限度；
2. 建筑平面复杂，变化较多；
3. 建筑中结构类型变化较大。

15.2.1 伸缩缝的设置原则

伸缩缝是将基础以上的房屋构件全部分开，以保证伸缩缝两侧的房屋构件能在水平方向自由伸缩。基础部分因受温度变化影响较小，一般不须断开。

伸缩缝的宽度一般为 20～40mm，通常采用 30mm，内填弹性保温材料，或按照有关规范由单项工程设计确定。伸缩缝的最大间距与房屋的结构类型、屋盖或楼盖的类别以及使用环境条件等因素有关，砌体结构与钢筋混凝土结构伸缩缝的最大间距的设置根据《砌体结构设计规范》（GB 50003—2001），见表 15-1，《混凝土结构设计规范》（GB 50010—2010），见表 15-2。

表 15-1　砌体结构伸缩缝的最大间距（m）

屋盖或楼盖类别		间距
整体式或装配整体式钢筋混凝土结构	有保温层或隔热层的屋盖、楼盖	50
	无保温层或隔热层的屋盖	40
装配式无檩体系钢筋混凝土结构	有保温层或隔热层的屋盖、楼盖	60
	无保温层或隔热层的屋盖	50
装配式有檩体系钢筋混凝土结构	有保温层或隔热层的屋盖	75
	无保温层或隔热层的屋盖	60
瓦材屋盖、木屋盖或楼盖、轻钢屋盖		100

表 15-2　钢筋混凝土结构伸缩缝的最大间距（m）

结构类别		室内或土中	露天
排架结构	装配式	100	70
框架结构	装配式	75	50
	现浇式	55	35
剪力墙结构	装配式	65	40
	现浇式	45	30
挡土墙、地下室墙壁等类结构	装配式	40	30
	现浇式	30	20

15.2.2　伸缩缝构造

1. 墙体伸缩缝构造

墙体伸缩缝一般做成平缝形式，当墙体厚度在 240mm 以上时，也可以做成错口缝、企口缝等形式，如图 15-1 所示。

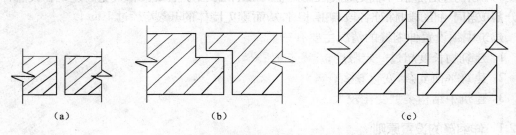

（a）　　　　　　　　（b）　　　　　　　　（c）

图 15-1　墙体伸缩缝的截面形式
（a）平缝；（b）错口缝；（c）企口缝

外墙变形缝常用麻丝沥青、泡沫塑料条、油膏等有弹性的防水材料填缝，缝口用镀锌铁皮、彩色薄钢板等材料进行盖缝处理；内墙变形缝一般结合室内装修用木板、各类金属板等盖缝处理。伸缩缝构造图如 15-2 所示。

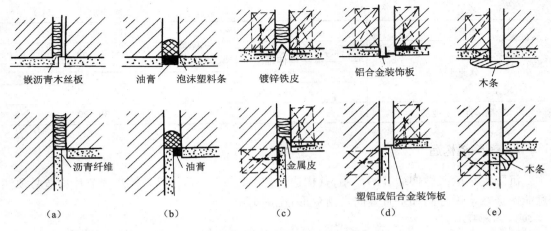

图 15-2 墙体伸缩缝构造
（a）、（b）、（c）外墙伸缩缝；（d）、（e）内墙伸缩缝

2. 顶棚伸缩缝构造

顶棚伸缩缝需结合室内装修进行，一般采用金属板、木板或橡塑板等盖缝，盖缝板只能固定于一侧，以保证缝的两侧构件能在水平方向自由伸缩变形。

15.3 沉 降 缝

为了防止同一房屋由于地质条件不同、各部分的高差和荷载差别较大以及结构形式不同时，产生不均匀沉降导致其产生裂缝。

15.3.1 沉降缝的设置

由于沉降缝是为了防止地基不均匀沉降设置的变形缝，故应从基础断开。凡符合下列情况之一者均应设置沉降缝：

（1）当房屋建造在不同的地基土壤上又难以保证不均匀沉降时；

（2）当同一房屋相邻各部分高度相差在两层以上或部分高差超过 10m 以上时；

（3）当同一房屋各部分相邻基础的结构体系、宽度和埋置深度相差悬殊时；

（4）当原有房屋和新建房屋紧相毗邻时；

（5）当房屋平面形状复杂，高度变化较多时，将房屋平面划分成几个简单的体型。

沉降缝的宽度一般为 30～120mm，随地基情况和房屋的高度不同而定，或根据有关规范由单项设计确定，见表 15-3。

表 15-3 沉降缝的宽度

地基性质	房屋高度（m）	沉降缝宽度（mm）
一般地基	$H < 5\text{m}$	30
	$H = 5\sim10\text{m}$	50
	$H = 10\sim15\text{m}$	70

续表

地基性质	房屋高度(m)	沉降缝宽度(mm)
软弱地基	2~3层	50~80
	4~5层	80~120
	6层及6层以上	>120
湿陷性黄土地基		30~70

15.3.2 沉降缝构造

沉降缝一般兼做伸缩缝的作用,其构造与伸缩缝基本相同,但盖板及调节片构造必须注意能保证在水平方向和垂直方向自由变形,见图15-3。

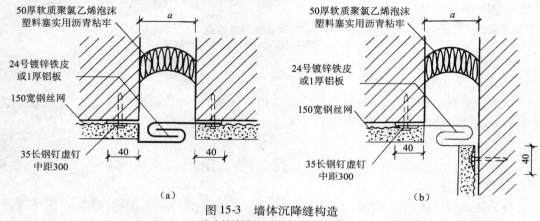

图15-3 墙体沉降缝构造
(a)外墙平缝;(b)外墙转角处

虽然设置沉降缝是解决建筑物由于变形引起破坏的好办法,但设缝也带来了很多麻烦,如必须做盖缝处理,易发生侵蚀、渗漏,影响美观等情况,因此应尽量避免。如在房屋的高层与低层之间,可采取以下一些措施将两部分连成整体而不必设沉降缝。

(1)裙房等低层部分不设基础,由高层伸出悬臂梁来支撑,以求得同步沉降;

(2)采用后浇带:近年来,许多建筑用后浇带代替沉降缝。其做法是:在高层和裙房之间留出800~1000mm的后浇带,待两部分主体施工完成一段时间,沉降均基本稳定后,再将后浇带浇注,使两部分连成整体;

(3)可采用桩基、加强基础整体性等方法将两部分连成整体。

15.4 防 震 缝

房屋在地震力作用下,会产生上下、左右、前后多方向的振动,从而导致房屋发生裂缝。

15.4.1 防震缝的设置

在地震区建造房屋,防震缝应沿房屋的全高设置。一般情况下基础可以不分开,但当平面较复杂时,也应将基础分开。

防震缝一般与伸缩缝、沉降缝协调布置,做到一缝多用或多缝合一,但当地震区需设置

伸缩缝和沉降缝时,须按防震缝构造要求处理。当设计烈度为 8 度和 9 度时,遇下列情况之一时应设置防震缝:

(1)房屋立面高差在 6m 以上;

(2)房屋有错层,且楼板高差较大;

(3)房屋各部分刚度、质量截然不同。

防震缝的宽度一般为 50～100mm,其宽度与地震设计烈度、房屋的高度有关,详见表 15-4。

表 15-4　防震缝的宽度

房屋高度 H	设计烈度	防震缝宽度(mm)
H≤15m	7	70
	8	70
	9	70
H>15m	7	高度每增加 4m 缝宽增加 20mm
	8	高度每增加 3m 缝宽增加 20mm
	9	高度每增加 2m 缝宽增加 20mm

15.4.2　防震缝构造

在防震缝两侧的承重墙或柱子应成双布置,防震缝在墙身、楼地面和屋顶各部分的构造基本与伸缩缝和沉降缝相同。另外要注意不应将防震缝做成错口、企口等形式,以致失去防震缝的作用。

1. 墙体防震缝构造:由于防震缝的宽度比较大,构造上应注意做好盖缝防护构造处理,以保证其牢固性和适应变形的需要。防震缝的墙体构造如图 15-4 所示。

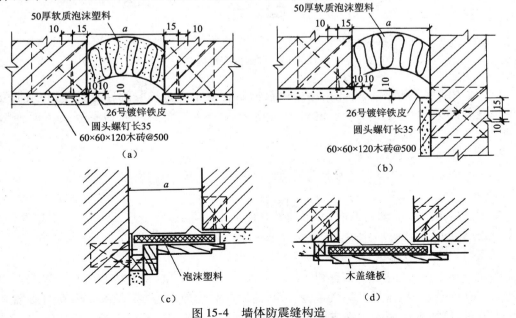

图 15-4　墙体防震缝构造
(a)外墙平缝处;(b)外墙转角处;(c)内墙转角处;(d)内墙平缝处

2. 楼地面和屋面变形缝的构造:伸缩缝、沉降缝、防震缝三缝在楼地面和屋面的构造处理是一样的,因此统称为楼地面和屋面变形缝构造。

(1)楼地面变形缝的设置与墙体变形缝一致,应贯通楼板层和地坪层。对于采用沥青类材料的整体楼地面和铺在砂、沥青胶体结合层上的板块楼地面,可只在楼板层、顶棚层或混凝土垫层设变形缝。

变形缝内一般采用有弹性的松软材料,如沥青玛琋脂、沥青麻丝、金属调节片等,上铺活动盖板或橡皮条等,以防灰尘、杂物下落,地面面层可采用加盖预制混凝土块面料、花岗岩和大理石等块面料,也可以采用塑料硬板、硬橡胶板、铝板、铝合金板和钢板等。其构造处理需满足地面平整、光洁、防水、卫生等使用要求。顶棚处应用木板、金属调节片等做盖缝处理,盖缝板应保证缝两侧结构构件能自由变形,其构造做法如图 15-5 所示。

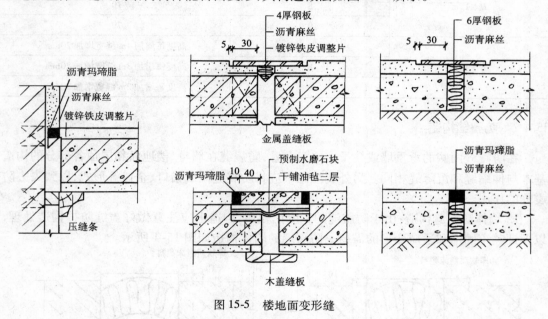

图 15-5 楼地面变形缝

(2)屋顶变形缝破坏了屋面防水层的整体性,留下了雨水渗漏的隐患,所以必须加强屋顶变形缝处的处理。屋顶在变形缝处的构造分为等高屋面变形缝和不等高屋面变形缝两种。

1)等高屋面变形缝

等高屋面变形缝的构造分为上人屋面做法和不上人屋面做法。

① 上人屋面变形缝

屋面上需考虑人活动的方便,变形缝处在保证不渗漏、满足变形需求时,应保证平整,以利于行走,如图 15-6(a)所示。

② 不上人屋面变形缝

屋面上不考虑人的活动,从有利于防水考虑,变形缝两侧应避免因积水导致渗漏。一般构造为:在缝两侧的屋面板上砌筑半砖矮墙,高度应高出屋面至少 250mm,屋面与矮墙之间按泛水处理,传统做法用镀锌铁皮或混凝土压顶盖缝,如图 15-6(b)所示。近年逐步流行用彩色薄钢板、铝板甚至不锈钢皮等盖缝。

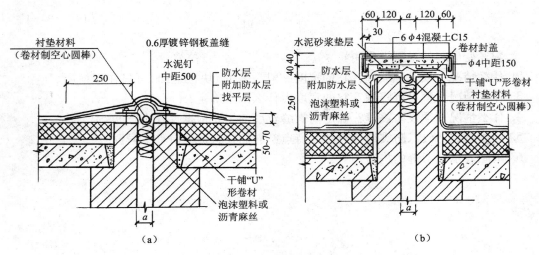

图 15-6　等高屋面变形缝
(a) 上人屋面变形缝；(b) 不上人屋面变形缝

2) 不等高屋面变形缝

不等高屋面变形缝,应在低侧屋面板上砌筑半砖矮墙,与高侧墙体之间留出变形缝。矮墙与低侧屋面之间做好泛水,变形缝上部用由高侧墙体挑出的钢筋混凝土板或在高侧墙体上固定镀锌钢板进行盖缝,如图 15-7 所示。

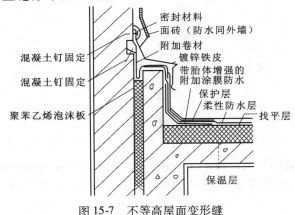

图 15-7　不等高屋面变形缝

本 章 总 结

一般房屋由于受外界温度的变化、地基的不均匀沉降和地震作用等因素的影响,使建筑结构产生附加应力和变形,会引起房屋的裂缝,影响房屋的正常使用和耐久性,造成房屋的破坏和倒塌。

解决此问题的办法有两种:①加强房屋的整体性,使其具有足够的强度和刚度来抵抗由以上因素引起的应力和变形;②在房屋的某些部位设置变形缝,使其具有足够的变形宽度来防止裂缝的产生和破坏。

变形缝按其作用的不同分为伸缩缝、沉降缝、防震缝三种。

习　　题

1. 叙述变形缝的类型及作用。
2. 什么情况下须设伸缩缝？它的宽度一般为多少？
3. 什么情况下须设沉降缝？它的宽度由什么因素确定？
4. 什么情况下须设防震缝？确定防震缝宽度的主要依据是什么？
5. 伸缩缝、沉降缝、防震缝各有什么特点？它们在构造上有什么异同？
6. 画图表示变形缝的构造。

第16章 单层工业厂房构造

学习目标要求

1. 掌握单层厂房的结构类型和组成；
2. 掌握单层厂房定位轴线的布置原则；
3. 了解单层厂房常用的起重运输设备；
4. 掌握屋面排水方案及主要节点构造；
5. 了解天窗类型及常用天窗组成及构造；
6. 掌握轻钢结构厂房的结构组成及构造要求。

学习重点和难点

本章学习重点：单层厂房的结构组成和类型；定位轴线的布置；屋面排水方案及主要节点构造；轻钢结构厂房的结构组成。

本章学习难点：构件之间的连接及构造要求。

16.1 工业建筑的特点与分类

16.1.1 工业建筑的特点

工业建筑主要是用来进行生产的，工业建筑以厂房为主，其他生产辅助房间为辅的建筑群体，跟民用建筑有较大的区别，同时具有自身独特的特点。

工业建筑的特点如下：

1. 生产工艺布置决定建筑面积布置和形状。工业建筑主要是为生产服务，受到生产的产品工艺的限制，例如炼钢的工业厂房与服装厂就有不同的布局和不同的形状，钢厂有高炉，建筑较高，多为单层，厂房布置按照炼钢的工艺流程布置厂房的平面。

2. 柱网尺寸、结构承载力大，空间大。工业建筑多生产比较大的产品，同时还要布置体形较大的生产设备，要求厂房的柱间距足够大，满足安放设备和堆放材料和成品的要求。

3. 屋顶面积大，构造复杂。由于厂房的空间大，就要求屋面有足够的面积，有些厂房由于生产工艺的要求，屋顶还开有天窗，屋面有些还设有檐沟，满足排水的要求，屋面构造相对复杂。

4. 技术管网多。工业厂房中有很多的管道，其中主要是为生产服务的，例如对水质有要求的生产车间，会布置很多的给水与排水的管道，有通风要求的车间有排风和送风的管道，同时还有很多的电气管道。

5. 需满足生产工艺的特殊要求。

16.1.2 工业建筑的分类

由于工业生产的产品不同,其工艺流程不同,工业厂房的类型也不同,分类标准不同,常将工业厂房按用途、层数、生产特征、承重骨架分类。

1. 按用途分类

(1)主要生产厂房。在这类厂房中主要进行产品生产和加工的主要工序,如铸造车间、装配车间等。

(2)辅助生产厂房。这类厂房是为主要生产厂房服务的,如维修间、工具车间等。

(3)动力厂房。这类厂房是为工业厂房提供动力的场所,如发电站、变电站、这些房间要具有足够的耐久性和安全性,对全厂的生产起到举足轻重的作用。

(4)储藏用房。这类厂房是用来储存各种原材料、成品和半成品的仓库等。

(5)运输工具用房。

(6)其他。

2. 按层数分类

(1)单层厂房,即只有一层的厂房,如图 16-1 所示。

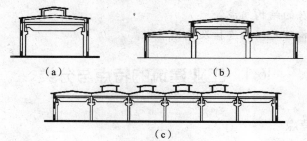

图 16-1 单层厂房
(a)单跨厂房;(b)高低跨厂房;(c)多跨厂房

(2)多层厂房,指两层及两层以上的厂房,如图 16-2 所示。

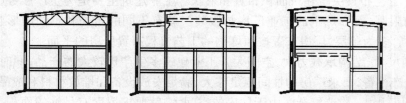

图 16-2 多层厂房

(3)层次混合的厂房,在同一厂房内既有单层又有多层。

3. 按内部生产特征分类

(1)冷加工车间;

(2)热加工车间;

(3)洁净车间;

(4)恒温、恒湿车间;

（5）特种状况车间。

4. 按承重骨架分类

（1）砖混结构；

（2）框架结构；

（3）排架结构；

（4）钢架结构。

16.2　单层工业厂房的结构组成与类型

单层厂房的骨架结构，主要由承受荷载的竖向承重构件和水平承重构件组成，厂房依靠各种结构构件合理地连接为一整体，组成一个完整的结构空间以保证厂房的坚固、耐久。我国广泛采用钢筋混凝土排架结构和刚架结构，通常由横向排架、纵向联系构件、支撑系统构件和围护结构等几部分组成，如图 16-3 所示。

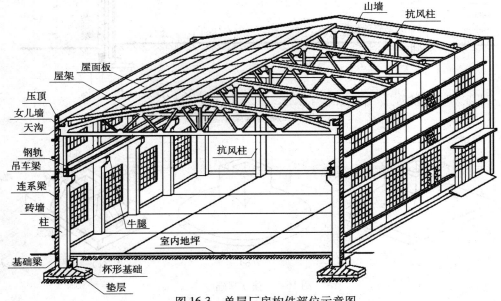

图 16-3　单层厂房构件部位示意图

16.2.1　单层厂房的结构组成

1. 横向排架：由基础、柱、屋架组成。厂房结构承受的纵向荷载（结构自重、屋面荷载、雪载和吊车竖向荷载等）及横向水平荷载（风载和吊车横向制动力、地震力）主要通过横向排架传至基础和地基，如图 16-4 所示。

（1）基础

基础支撑厂房上部的全部荷载，并将荷载传递到地基中去，因此，基础起着承上传下的作用，是厂房结构中的重要构件之一。

基础的类型主要取决于上部荷载的大小、性质及工程地质条件等。如图 16-5、图 16-6、图 16-7 所示。

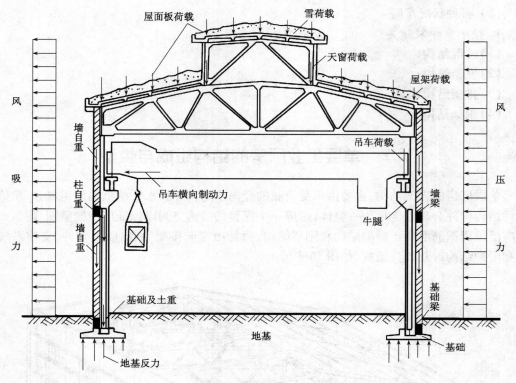

图 16-4　横向排架示意图

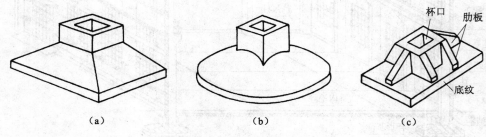

图 16-5　独立基础

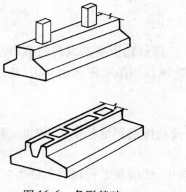

图 16-6　条形基础

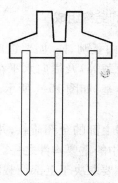

图 16-7　桩基础

1）当上部结构荷载不大,地基土质较均匀,承载力较大时,柱下多采用独立的杯形基础。若荷载轴向力大而弯矩小,且施工技术好,可采用薄壳基础和板肋基础。

2）当上部荷载较大,而地基承载力较小,柱下如采用上述独立基础,由于底面积过大使相邻基础之间的距离过小,此时可采用条形基础。这种基础刚度大,能调整纵向柱列的不均匀沉降。

3）当地基的持力层较深,地基表层土松软或为冻土,且上部荷载又较大,对地基的变形限制较严时,可考虑采用桩基础。

（2）柱

排架柱是厂房结构中的主要承重构件之一,它不仅承受屋盖、吊车梁等传来的竖向荷载,还承受吊车刹车时产生的纵向和横向荷载、风荷载等,这些荷载连同自重一起传递给基础。

1）厂房中的柱由柱身（又分为上柱和下柱）、牛腿及柱上预埋件组成。在柱顶上支承屋架,在牛腿上支承吊车梁。

2）柱的类型很多,按材料可分为钢筋混凝土柱、钢柱、砖柱等。按截面形式可分为单肢柱、双肢柱等。单肢柱的截面形式有矩形、工字形及空心管柱等;双肢柱的截面形式有平腹杆柱、斜腹杆柱、双肢管柱等。如图 16-8 所示。

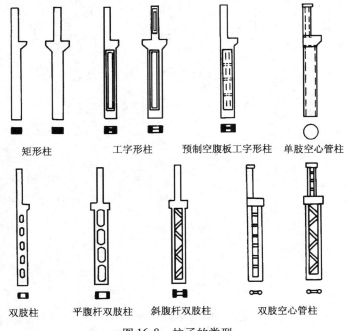

矩形柱　　工字形柱　　预制空腹板工字形柱　　单肢空心管柱

双肢柱　　平腹杆双肢柱　　斜腹杆双肢柱　　双肢空心管柱

图 16-8　柱子的类型

目前单层工业厂房多采用钢筋混凝土矩形柱和工字形柱。矩形柱外形简单,施工方便,两个方向受力性能均较好,但不能充分发挥混凝土的承载能力且用量多,体重大,主要适用于截面尺寸在 $400mm \times 600mm$ 以内及吊车较小的中小型厂房。工字形柱是将矩形柱受力较小的横截面中部的混凝土省去,一般可以节约 $30\% \sim 50\%$ 的混凝土和 $15\% \sim 20\%$ 的钢材,其特点是受力合理、质量轻、较经济,但生产制作较复杂,主要适用于截面及受力较大的厂房。双肢柱是由两根承受轴向力的肢柱和联系两根肢柱的腹杆组成,它比工字形柱受力更合理,也更经济,但施工也更复杂,主要适用于大型及重型厂房。

3)柱的预埋件是指预先埋设在柱身上与其他构件连接用的各种铁件(如钢板、螺栓及锚拉钢筋等),这些铁件的设置与柱的位置及柱与其他构件的连接方式有关,在进行柱的设计及施工时,应根据具体情况将这些铁件准确无误地埋在柱上。预埋件的位置及作用,如图16-9所示。

（3）屋架（或屋面梁）

屋架或屋面梁是单层厂房排架结构中的主要结构构件之一,它直接承受屋面荷载和安装在屋架上的悬挂吊车、管道及其他工艺设备的重量,以及天窗架等荷载。屋架和柱、屋面构件连接起来,使厂房组成一个整体的空间结构,对于保证厂房的整体刚度起着重要作用。

1)屋架的类型:按材料分为混凝土屋架和钢屋架两类;按钢筋的受力情况分为预应力和非预应力两种。其中钢筋混凝土屋架在单层工业厂房中采用较多。

当厂房跨度较大时采用桁架式屋架较经济,其外形有三角形、梯形、折线形和拱形四种形式。

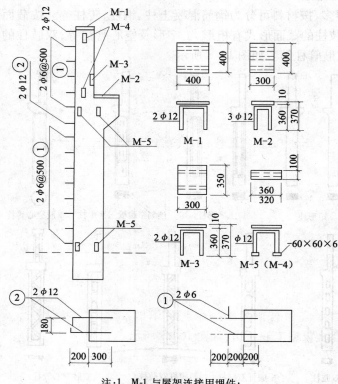

注:1. M-1 与屋架连接用埋件;
   2. M-2、M-3 与吊车梁连接用埋件;
   3. M-4、M-5 与柱间支撑连接用埋件。

图 16-9　柱的预埋件

① 三角形屋架

屋架的外形如等腰三角形,屋面坡度为 1/2～1/5,适用于跨度 9m、12m、15m 的中、轻型厂房,如图 16-10 所示。

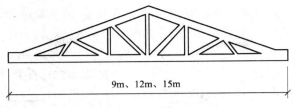

图 16-10　三角形屋架

② 梯形屋架

屋架的上弦杆件坡度一致,屋面坡度一般为 1/10 ~ 1/12,适用于跨度为 18m、24m、30m 的中型厂房,如图 16-11 所示。

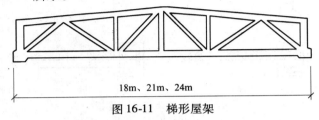

图 16-11　梯形屋架

③ 折型屋架

屋架上的弦杆件是由若干段折线形杆件组成。屋面坡度一般为 1/5 ~ 1/15,适用于 15m、18m、24m、36m 的中型和重型工业厂房,如图 16-12 所示。

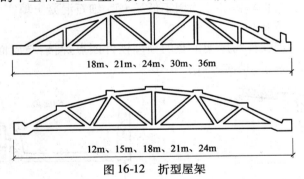

图 16-12　折型屋架

④ 拱形屋架

屋架上的弦杆件是由若干段曲线形杆件组成。屋面坡度一般为 1/3 ~ 1/30,适用于 18m、24m、36m 的中、重型工业厂房,如图 16-13 所示。

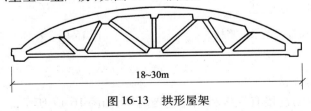

图 16-13　拱形屋架

2)屋架与柱的连接:屋架与柱的连接方法有焊接和螺栓连接两种。焊接,就是将屋架 (或屋面梁)端部支撑部位预埋铁件,吊装前先焊上一块垫板,就位后与柱顶预埋钢板通过 焊接连接在一起,如图 16-14(a)所示。螺栓连接是在柱顶伸出预埋螺栓,在屋架(或屋面梁)下弦端部预埋铁件,就位前焊上带有缺口的支撑钢板,吊装就位后,用螺母将屋架拧牢,为防止螺母松动,常将螺母与支撑钢板焊牢,如图 16-14(b)所示。

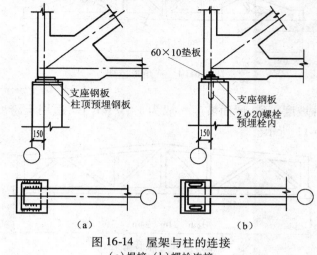

图 16-14　屋架与柱的连接
(a)焊接;(b)螺栓连接

3)屋架与屋面板的连接

每块屋面板的肋部底面均有预埋铁件与屋架(或屋面梁)上弦相应处预埋铁件相互焊接,其焊接点不少于三点,板与板缝隙均用不低于 C15 细石混凝土填实,如图 16-15 所示。

4)屋架与天沟板的连接

天沟板端底部的预埋铁件与屋架上弦的预埋铁件四点焊接,与屋面板间的缝隙加通长钢筋,再用不低于 C15 混凝土填实,如图 16-16 所示。

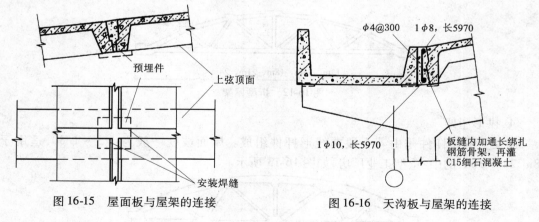

图 16-15　屋面板与屋架的连接

图 16-16　天沟板与屋架的连接

5)屋架与檩条的连接

檩条与屋架上弦的连接有焊接和螺栓连接两种,如图 16-17 所示。

6)钢筋混凝土屋面梁主要用于跨度较小的厂房,有单坡和双坡之分,单坡仅用于边跨;截面有 T 形和工字形两种,因腹板较薄故称其为薄腹梁。屋面梁的特点是形状相对简单,制作和安装较方便,重心低,稳定性好,但自重较大。

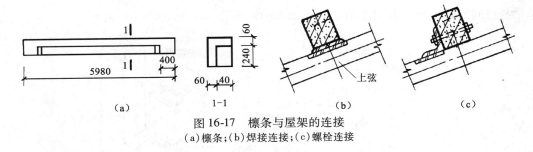

图 16-17 檩条与屋架的连接
(a)檩条；(b)焊接连接；(c)螺栓连接

2. 纵向联系构件

纵向联系构件是由吊车梁、基础梁、连系梁、圈梁等组成，与横向排架构成骨架，保证厂房的整体性和稳定性；纵向构件主要承受作用在山墙和天窗端壁并通过屋盖结构传来的纵向风载、吊车纵向水平荷载、纵向地震力，并将这些力传递给柱子。

1）吊车梁

根据生产工艺要求需布置吊车作为内部起重的运输设备时，沿厂房纵向布置吊车梁，以便安装吊车运行轨道。吊车梁搁置在牛腿柱上，承受吊车荷载（包括吊车起吊重物的荷载及启动或制动时产生的纵、横向水平荷载），并把它们传给柱子，同时也可增加厂房的纵向刚度。

吊车梁的类型很多，按截面形式分，有等截面的 T 形、I 字形、元宝式吊车梁、等截面鱼腹梁、空腹鱼腹式吊车梁等；按生产制作方式分有非预应力钢筋混凝土与预应力钢筋混凝土；按材料分有钢筋混凝土吊车梁和钢吊车梁等，如图 16-18 所示。

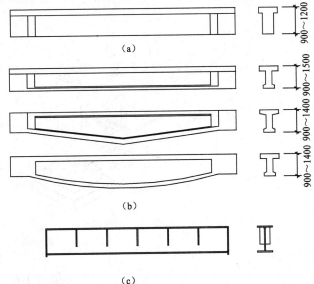

图 16-18 吊车梁
(a) 钢筋混凝土吊车梁；(b) 预应力钢筋混凝土吊车梁；(c) 钢吊车梁

吊车梁与柱的连接多采用焊接连接的方法。安装前先在吊车梁底焊一块垫板，安装就位后再将垫板与柱子牛腿顶面的预埋件焊牢，以承受吊车的竖向荷载。吊车梁翼缘与上柱内缘的预埋件用角钢或钢板连接牢固，以承受吊车横向水平刹车力。吊车梁的对头空隙、吊车梁与柱间空隙用细石混凝土填实。如图 16-19 所示。

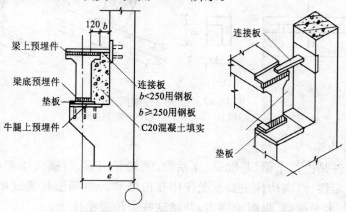

图 16-19　吊车梁与柱的连接

2）基础梁

单层厂房采用钢筋混凝土排架结构时,外墙和内墙仅起围护或分隔作用。此时如果设墙下基础则会由于墙下基础所承受的荷载比柱基础小得多,而产生不均匀沉降,导致墙体开裂。因此一般厂房将外墙或内墙砌筑在基础梁上,基础梁两端架设在相邻独立基础的顶面,这样可使内、外墙和柱一起沉降,墙面不易开裂,截面形式多采用上宽下窄的梯形截面,如图 16-20 所示。

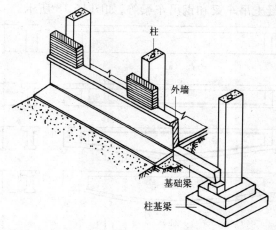

图 16-20　基础梁与基础的连接

基础梁搁置的构造要求:

① 基础梁顶面标高应至少低于室内地坪 50mm,高于室外地坪 100mm。

② 基础梁一般直接搁置在基础顶面上,当基础较深时,可采用加垫块、设置高杯口基础或在柱的下部分加设牛腿等措施。

③ 当基础产生沉降时,基础梁底的坚实土将对梁产生反拱作用;寒冻地区土壤冻胀也将对基础梁产生反拱作用,因此在基础梁底部应留有 50～100 mm 的空隙,寒冻地区基础梁底铺设厚度≥300 mm 的松散材料,如矿渣、干砂,如图 16-21 所示。

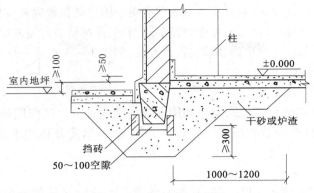

图 16-21　基础梁防冻措施

3）连系梁

连系梁是厂房纵向柱列的水平联系构件，主要用来增强厂房的纵向刚度，并传递风荷载至纵向柱列。有设在墙内与墙外两种，设在墙内的连系梁也称墙梁，有承重和非承重之分。当墙体高度超过一定限度时，砖砌体强度不足以承受其自重，可在墙体上设置连系梁，以承受其上部墙体的重量，并将该部分墙重通过连系梁传给柱子，这种连系梁称为承重连系梁（或墙梁），它与柱的连接需要有可靠的传力性能。承重连系梁一般为预制，搁置在牛腿柱上，采用螺栓连接或焊接连接。非承重连系梁的主要作用是减少砖墙的计算高度，以满足其允许高厚比，同时承受墙上的水平荷载。非承重墙连系梁一般采用现浇，它与柱之间用钢筋拉接，只传递水平力而不传递竖向力，它将上部墙体的重量传给下部墙体，由墙下基础梁承受，如图 16-22 所示。

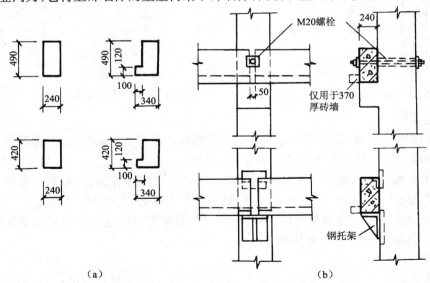

图 16-22　连系梁与柱连接
（a）连系梁截面形式及尺寸；（b）连系梁与柱的连接

4）圈梁

圈梁是沿厂房外纵墙、山墙在墙内设置的连续封闭梁。它将墙体与厂房排架柱、抗风柱连在一起，以加强厂房的整体刚度及墙的稳定性。

圈梁的数量与厂房高度、荷载以及地基状况有关。圈梁的位置通常在柱顶设一道,吊车梁附近增设一道,如果厂房高度过高可考虑增设多道圈梁,并尽量兼做窗过梁。圈梁截面一般为矩形或 L 形。圈梁应与柱子伸出的预埋筋进行连接,如图 16-23 所示。

3. 支撑系统与抗风柱

（1）支撑系统

单层厂房的支撑系统包括柱间支撑和屋盖支撑两大部分。其作用是加强厂房结构的空间刚度,保证结构构件在安装和使用阶段的稳定和安全;承受并传递水平风荷载、纵向地震力以及吊车制动时的冲击力。

1）柱间支撑

一般设在厂房变形缝的区段中部,其作用是承受山墙抗风柱传来的水平荷载和吊车产生的水平制动力,并传递给基础,以加强纵向柱列的整体刚性和稳定性,是必须设置的一种支撑。

柱间支撑宜采用型钢制成钢构件,如图 16-24 所示。

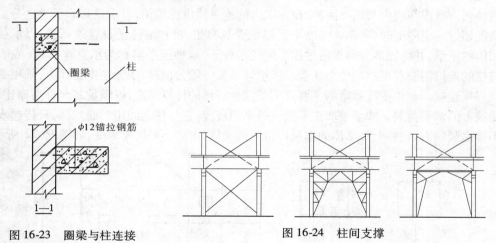

图 16-23　圈梁与柱连接　　　　　　图 16-24　柱间支撑

2）屋盖支撑

一般设在屋盖之间,其作用是保证屋架上下弦杆件在受力后的稳定,并保证将山墙传来的风荷载传递。它包括水平支撑和垂直支撑两部分。

① 水平支撑一般布置在房架的上下弦杆之间,沿厂房横向或纵向布置。水平支撑有屋架上弦支撑、屋架下弦支撑、纵向水平支撑、纵向水平系杆等,如图 16-25 所示。

② 垂直支撑是设置在屋架间的一种竖向支撑,它主要是保证屋架或屋面梁安装和使用的侧向稳定,并能提高厂房的整体刚度。

（2）抗风柱

由于单层工业厂房山墙一般比较高大,需承受较大的水平风荷载的作用,为保证山墙的稳定性,应在单层工业厂房的山墙处设置抗风柱以增加端部墙体的整体刚度和稳定性。抗风柱所承受的荷载一部分由抗风柱上端通过屋盖系统传递到纵向柱列,另一部分由抗风柱直接传给基础。

抗风柱的布置原则有两点:一是在柱的选型上一般与排架柱同类型;二是在不影响厂房端部开门的情况下,抗风柱的间距取 4.5 ~ 6m。

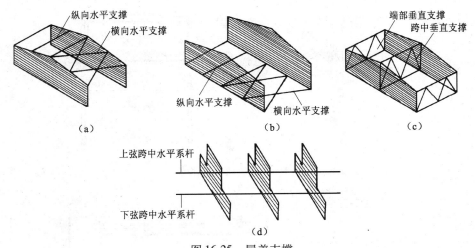

图 16-25　屋盖支撑
(a)屋架上弦支撑；(b)屋架下弦支撑；(c)纵向水平支撑；(d)纵向水平系杆

抗风柱截面形式常为矩形，尺寸常为 400mm×600mm 或 400mm×800mm。抗风柱与屋架的连接多为铰接，在构造处理上必须满足以下要求：一是水平方向应有可靠的连接，以保证有效地传递风荷载；二是在竖向应使屋架与抗风柱之间有一定的相对竖向位移的可能性，以防抗风柱与厂房沉降不均匀时屋盖的竖向荷载传给抗风柱，对屋盖结构产生不利影响。因此屋架与抗风柱之间一般采用弹簧钢板连接。

4. 围护结构

(1)外墙

单层厂房的外墙由于本身的高度与跨度都比较大，要承受自重和较大的风荷载，还要受到起重设备和生产设备的震动，因而必须具有足够的刚度和稳定性。

单层厂房外墙按承重方式不同分为承重墙、承自重墙和框架墙。承重墙一般用于中、小型厂房，其构造与民用建筑构造相似；当厂房跨度和高度较大，或厂房内起重运输设备吨位较大时，通常由钢筋混凝土排架柱来承受屋盖和起重运输荷载，外墙只承受自重，起围护作用，这种墙称为承自重墙；某些高大厂房的墙体往往分成几段砌筑在墙梁上，墙梁支承在排架柱上，这种墙称为框架墙。承自重墙和框架墙是厂房外墙的主要形式。根据墙体材料不同，厂房外墙又可分为砌块墙、板材墙和轻质板材墙。

(2)屋盖结构

屋盖结构分为有檩体系和无檩体系两种。有檩屋盖由小型屋面板、槽板、檩条、屋架或屋面梁、屋盖支撑系统组成。其整体刚度较差，只适用于一般中、小型的厂房。无檩屋盖由大型屋面板、屋面梁或屋架等组成，其整体刚度较大，适用于各种类型的厂房。一般屋盖的组成有：屋面板、屋面架(屋面梁)、屋架支撑、天窗架、檐沟板等组成。

5. 厂房内部的起重运输设备

(1)单轨悬挂吊车

由电葫芦(即滑轮组)和工字形钢轨组成，如图 16-26 所示。

(2)梁式吊车

由梁架和电葫芦组成。有悬挂式和支承式两种类型，如图 16-27 所示。

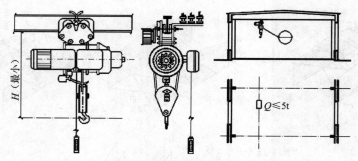

图 16-26　单轨悬挂吊车

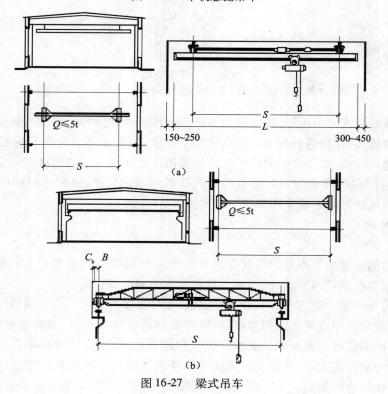

图 16-27　梁式吊车

（3）桥式吊车

由桥架和起重行车（或称小车）组成，如图 16-28 所示。

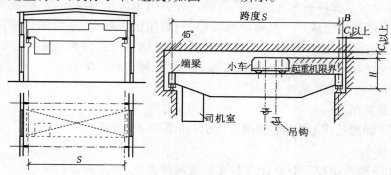

图 16-28　桥式吊车

16.2.2 单层厂房的结构类型

单层厂房根据构件的受力情况与传力情况,分为排架结构和刚架结构。

1. 排架结构

排架结构是目前单层厂房中最基本的、最普遍的结构形式,柱与屋架(屋面梁)铰接,柱与基础刚接,如图 16-29 所示。屋架、柱子、基础组成了厂房的横向排架,连系梁、吊车梁、基础梁等均为纵向连系构件,它们和支承构件将横向排架联成一体,组成坚固的骨架结构系统,如图 16-30 所示。依其所用材料不同分为钢筋混凝土排架结构、钢筋混凝土柱与钢屋架组成的排架结构和砖架结构。

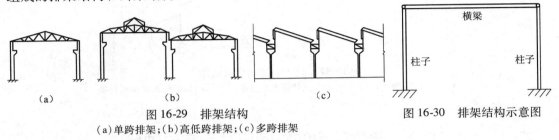

图 16-29 排架结构
(a)单跨排架;(b)高低跨排架;(c)多跨排架

图 16-30 排架结构示意图

2. 刚架结构

刚架结构是将屋架(或屋面梁)与柱子合并为一个构件,柱子与屋架(或屋面梁)的连接处为刚性节点,柱子与基础一般做成铰接。刚架结构的优点是梁柱合一,构件种类较少,结构轻巧,空间宽敞,但刚度较差,适用于屋盖较轻的无桥式吊车或吊车吨位不大、跨度和高度较小的厂房和仓库。常用的刚架结构是装配式门式刚架。门式刚架顶节点做成铰接的称为三铰门架。也可以做成两铰门式刚架。为了便于施工吊装,两铰门式刚架通常做成三段,常在横梁中弯矩为零(或弯短较小)的截面处设置接头,用焊接或螺栓连接成整体。常用的两铰和三铰刚架形式如图 16-31、16-32 所示。

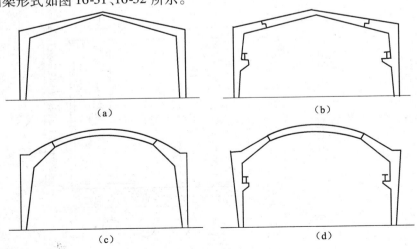

(a)

(b)

(c)

(d)

图 16-31 门式刚架结构
(a)人字形刚架;(b)带吊车人字形刚架;(c)弧形拱刚架;(d)带吊车弧形刚架

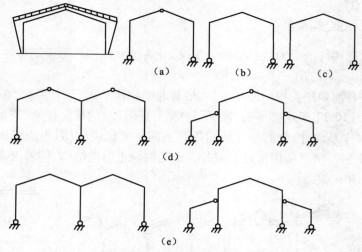

图 16-32　门式刚架结构示意图

(a)三铰;(b)两铰;(c)无铰;(d)三铰体系的多跨门架;(e)两铰体系的多跨门架

16.3　单层厂房的柱网尺寸和定位轴线

　　单层厂房的定位轴线是确定厂房主要承重构件标志尺寸及相互位置的基准线,同时也是厂房设备安装及施工放线的依据。定位轴线的划分是在柱网布置的基础上进行的。

　　柱网是厂房承重柱的定位轴线在平面上排列所形成的网格。柱网尺寸的确定实际上就是确定厂房的跨度和柱距,跨度是柱子纵向定位轴线间的距离,柱距是相邻柱子横向定位轴线间的距离。通常把与横向排架平行的轴线称为横向定位轴线;与横向排架平面垂直的轴线称为纵向定位轴线。纵、横向定位轴线在平面上形成有规律的网格,如图16-33 所示。

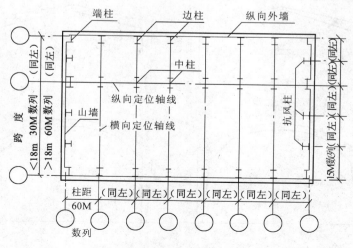

图 16-33　单层厂房定位轴线

柱网的选择与生产工艺、建筑结构、材料等因素密切相关,并符合《厂房建筑模数协调标准》(GBJ 6—1986)中的规定。

1. 跨度

两纵向定位轴线间的距离称为跨度。单层厂房的跨度在18m及18m以下时,取扩大模数30M数列,如9m、12m、15m、18m;在18m以上时取扩大模数60M数列,如24m、30m、36m等。

2. 柱距

两横向定位轴线的距离称为柱距。单层厂房的柱距应采用扩大模数60M数列,如6 m、12 m,一般情况下均采用6 m。抗风柱柱距宜采用扩大模数15M数列,如4.5m、6m、7.5m。

3. 横向定位轴线

厂房横向定位轴线主要用来标定纵向构件的标志端部,如屋面板、吊车梁、连系梁、基础梁、墙板、纵向支撑等。

(1)中间柱与横向定位轴线的定位

除了靠山墙的端部柱及横向变形缝两侧的柱以外,一般中间柱的中心线与横向定位轴线相重合,且横向定位轴线通过柱基础、屋架中心线及各纵向连系构件的接缝中心,如图16-34 所示。

(2)山墙处横向定位轴线的定位

山墙为非承重墙时,墙内缘与横向定位轴线相重合,且端部柱的中心线应自定位轴线向内移600mm,如图16-35 所示。

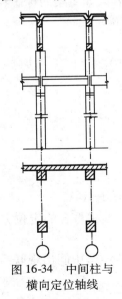

图 16-34　中间柱与
横向定位轴线

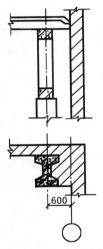

图 16-35　非承重山墙与横向
定位轴线的定位

山墙为砌体承重时,墙内缘与横向定位轴线间的距离应按砌体块材类别分别为半块或半块的倍数或墙厚的一半,以保证伸入山墙内的屋面板与砌体之间有足够的搭接长度,如图16-36 所示。

(3)横向变形缝处柱与横向定位轴线的定位

横向伸缩缝、防震缝处的柱应采用双柱及两条横向定位轴线。此定位方法,既保证了双柱间有一定的距离且有各自的基础杯口,以便于柱的安装,同时又保证了厂房结构不致因设有伸缩缝或防震缝而改变屋面板、吊车梁等纵向构件的规格,施工简单,如图 16-37 所示。

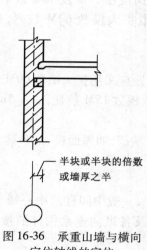

图 16-36　承重山墙与横向
定位轴线的定位

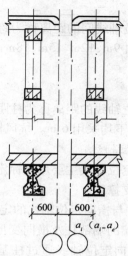

图 16-37　变形缝与横向
定位轴线的定位

4. 纵向定位轴线

纵向定位轴线主要用来标定厂房横向构件的标志端部,如屋架的标志尺寸以及大型屋面板的边缘。厂房纵向定位轴线应视其位置不同而具体确定。

(1)外墙、边柱与纵向定位轴线的定位

在有吊车的厂房中,为使吊车规格与厂房结构相协调,如图 16-38 所示,确定二者的关系如下:

$$S = L - 2e$$

式中　L——厂房跨度,即纵向定位轴线间的距离;

　　　S——吊车跨度,即吊车轨道中心线间的距离;

　　　e——吊车轨道中心线至定位轴线间的距离。

外墙和边柱与横向定位轴线有封闭结合式和非封闭结合式。

封闭结合:指纵向定位轴线与边柱外缘、外墙内缘三者相重合的定位方法,如图 16-39(a)所示。这样确定的轴线称为"封闭轴线"。

非封闭结合:指纵向定位轴线与柱外缘、墙内缘不相重合,中间出现联系尺寸的定位方法,如图 16-39(b)所示。

(2)中柱与纵向定位轴线的定位

无变形缝时的等高跨中柱。

等高厂房的中柱宜设单柱和一条纵向定位轴线,柱的中心线宜与纵向定位轴线相重合,如图 16-40(a)所示。等高厂房的中柱,由于相邻跨内的桥式吊车起重量在30t以上,厂房柱距较大或有其他构造要求时需设置插入距。中柱可采用单柱,并设两条纵向定位轴线,如图 16-40(b)所示。

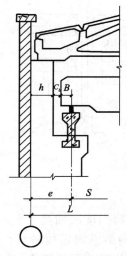

图 16-38　吊车梁跨度与厂房
跨度的关系

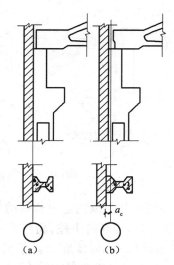

图 16-39　外墙和边柱与横向定位轴线

（a）封闭结合；（b）非封闭结合

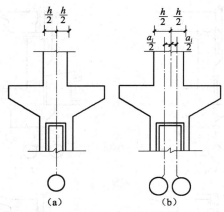

图 16-40　无变形缝时等高跨中柱与纵向定位轴线

（a）一条定位轴线；（b）两条定位轴线

（3）设变形缝时的等高跨中柱

当等高跨厂房设有纵向伸缩缝时,可采用单柱并设两条纵向定位轴线。如图 16-41 所示,高跨厂房需设置纵向防震缝时,应采用双柱及两条纵向定位轴线,如图 16-42 所示。

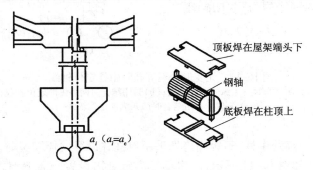

顶板焊在屋架端头下

钢轴

底板焊在柱顶上

图 16-41　等高跨中柱单柱定位轴线

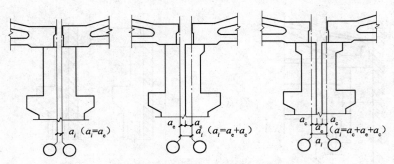

图 16-42　等高跨中柱双柱定位轴线

（4）不等高跨中柱与纵向定位轴线的定位

无变形缝时的不等高跨中柱，高跨采用封闭结合，且高跨封墙底面高于低跨屋面，宜采用一条纵向定位轴线，若封墙底面低于低跨屋面，宜采用两条纵向定位轴线。如图 16-43（a）（b）所示。当高跨采用非封闭结合，上柱外缘与纵向定位轴线不能重合，应采用两条纵向定位轴线，如图 16-43（c）（d）所示。

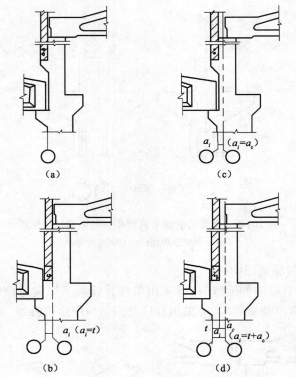

图 16-43　无变形缝不等高跨中柱定位轴线
（a）封闭结合时一条纵向定位轴线；（b）封闭结合时两条纵向定位轴线；
（c）、（d）非封闭结合时两条纵向定位轴线

有变形缝时的不等高跨中柱，不等高跨处采用单柱并设纵向伸缩缝时，应采用两条纵向定位轴线，并设插入距。如图 16-44 所示，厂房不等高跨处需设置防震缝时，应采用双柱和两条

纵向定位轴线的定位方法,柱与纵向定位轴线的定位规定与边柱相同,如图 16-45 所示。

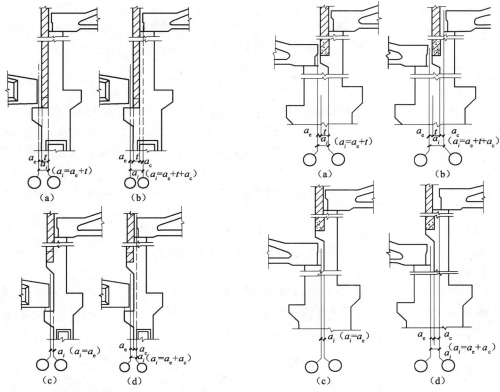

图 16-44 不等高中柱单柱定位轴线　　　　图 16-45 不等高中柱双柱定位轴线

16.4　单层厂房屋面与天窗

单层工业厂房屋面的功能、构造与民用建筑屋面基本相同,但由于面积大同时承受振动、高温、腐蚀、积灰等内部生产工艺条件的影响,也存在一定差异,单层工业厂房屋面具有以下特点:

1. 单层厂房屋面除了承受自重、风、雪等荷载外,还要承受起重设备冲击荷载和机械振动的影响,因此要求其刚度、强度较大。

2. 单层厂房体积巨大,屋面面积大,多跨成片的厂房各跨间有的还有高差,使排水路径长,接缝多,排水、防水构造复杂,并影响整个厂房的造价。

3. 单层厂房屋面上常设有天窗,以便于采光与通风。设置各种采光通风天窗,不仅导致屋面荷载的增加,还使结构、构造复杂化。

4. 恒温恒湿的精密车间要求屋面具有较高的保温隔热性能,有爆炸危险的厂房屋面要求防爆泄压,有腐蚀介质的车间屋面要求防腐等。

16.4.1　单层厂房的屋面

在工业厂房的屋面构造中解决好屋面的排水和防水是厂房屋面构造的主要问题,较一般民用建筑构造复杂,同时应力求减轻自重,降低造价。

1. **屋面排水**

单层厂房屋面排水方式和民用建筑一样,分无组织排水和有组织排水两种。按屋面部位不同,可分屋面排水和檐口排水两部分,其排水方式应根据气候条件、厂房高度、生产工艺特点、屋面积大小等因素综合考虑。

（1）无组织排水

条件允许时,应优先选用无组织排水,如在少雨地区、屋面坡度较小和等级较低的厂房,多采用无组织排水方式。有一些特殊要求的厂房,在生产过程中会散发大量粉尘的屋面或散发腐蚀性介质的车间,容易造成管道堵塞而渗漏,宜采用无组织排水。无组织排水有檐口排水、缓长坡排水等方式。

高低跨厂房的高低跨相交处若高跨为无组织排水时,在低跨屋面的滴水范围内要加铺一层滴水板作保护层。

（2）有组织排水

单层工业厂房有组织排水形式可具体归纳为以下几种:

① 挑檐沟外排水

屋面雨水汇集到悬挑在墙外的檐沟内,再从雨水管排下。当厂房为高低跨时,可先将高跨的雨水排至低跨屋面,然后从低跨挑檐沟引入地下,见图16-46（a）。采用该方案时,水流路线的水平距离不应超过20米,以免造成屋面渗水。

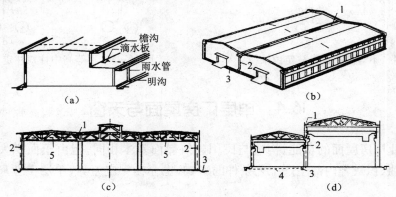

图16-46　单层厂房屋面有组织排水形式
（a）挑檐沟外排水;（b）长天沟外排水;（c）内排水;（d）内落外排水
1—天沟;2—立管;3—明（暗）沟;4—地下雨水管;5—悬吊管

② 长天沟外排水

在多跨厂房中,为了解决中间跨的排水,可沿纵向天沟向厂房两端山墙外部排水,形成长天沟外排水,见图16-46（b）。长天沟板端部作溢流口,以防止在暴雨时因竖管来不及泄水而使天沟浸水。

该排水形式避免了在室内设雨水管,构造简单,排水简捷。

③ 内排水

严寒地区多跨厂房宜选用内排水方案。中间天沟内排水将屋面汇集的雨水引向中间跨及边跨天沟处,再经雨水斗引入厂房内的雨水竖管及地下雨水管网,见图16-46（c）。

内排水优点是不受厂房高度限制,屋面排水较灵活,适用于多跨厂房。严寒地区采用可防止因结冻胀裂引起屋檐和外部雨水管的破坏。缺点是铸铁雨水管等金属材料消耗大,室内须设天沟,有时会妨碍工艺设备的布置,构造复杂,造价高。

④ 内落外排水

当厂房跨度不多或地下管线铺设复杂时,可用悬吊式水平雨水管将中间天沟的雨水引至两边跨的雨水管中,构成所谓内落外排水,见图 16-46(d)。

内落外排水优点是可以简化室内排水设施,生产工艺的布置不受地下排水管道的影响,但水平雨水管易被灰尘堵塞,有大量粉尘积于屋面的厂房不宜采用。

2. 屋面防水

单层厂房的屋面防水主要有卷材防水、构件自防水等类型。应根据厂房的使用要求和防水、排水的有机关系,结合屋盖形式、屋面坡度、材料供应、地区气候条件及当地施工经验等因素来选择合适的防水形式。

(1)卷材防水

卷材防水在单层工业厂房中应用较为广泛,可分为保温和不保温两种。其构造做法与民用建筑基本相同,但厂房屋面往往承受冲击荷载、振动荷载,变形可能性大,易引起拉裂而渗漏。下面仅就几个特殊部位的构造处理加以介绍。

① 接缝

大型屋面板相接处的缝隙,必须用细石混凝土灌缝填实。在无保温层的屋面上,屋面板短边端肋的交接缝处的卷材被拉裂的可能性较大,应加以处理。一般采用在交接缝上加铺一层干铺卷材延伸层(300mm)的做法,效果较好。屋面板长边的交接缝处变形较小,一般不必特别处理。

② 挑檐

屋面为无组织排水时,可用外伸的檐口板或利用顶部圈梁挑出挑檐板。挑檐处应处理好卷材的收头,以防止卷材起翘、翻裂。通常可采用卷材自然收头和附加镀锌铁皮收头的方法。如图 16-47 所示。

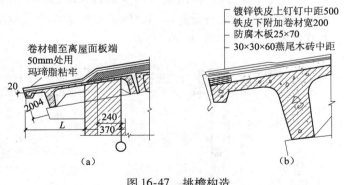

图 16-47　挑檐构造
(a)卷材自然收头;(b)附加镀锌铁皮收头

③ 纵墙外天沟

南方地区较多采用外天沟外排水的形式,其槽形天沟板一般支承在钢筋混凝土屋架端部挑出的水平挑梁上或钢屋架、钢筋混凝土屋面大梁端部的钢牛腿上。如图 16-48 所示。

④ 中间天沟

中间天沟设于等高多跨厂房的两坡屋面之间,一般用两块槽形板作天沟或去掉屋面板上的保温层而形成的自然中间天沟。如图 16-49 所示。

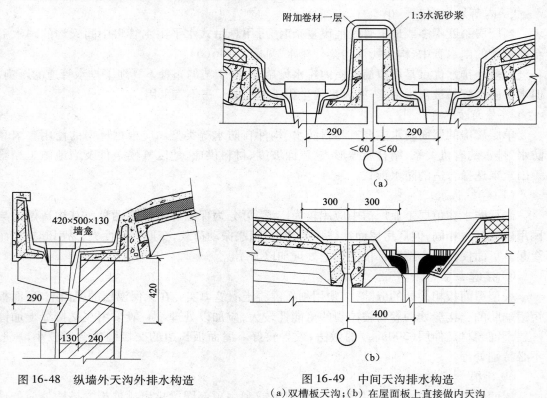

图 16-48　纵墙外天沟外排水构造

图 16-49　中间天沟排水构造
(a)双槽板天沟;(b)在屋面板上直接做内天沟

⑤ 高低跨处泛水

如在厂房平行高低跨方向无变形缝,而由墙梁承受高跨侧墙墙体荷载时,墙梁下需设牛腿。因牛腿有一定高度,因此高跨墙梁与低跨屋面之间必然形成一个大空隙,这段空隙应采用较薄的墙来填充,并作泛水处理。如图 16-50 所示。

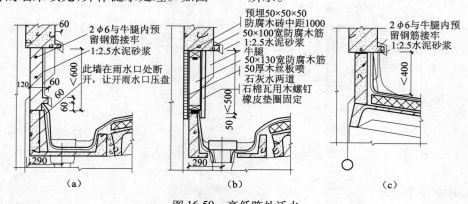

图 16-50　高低跨处泛水
(a)有天沟高低跨泛水;(b)有天沟高低跨泛水;(c)无天沟高低跨泛水

（2）构件自防水

常用的是钢筋混凝土构件自防水屋面板，利用屋面板本身的密实性和抗渗性，对板缝进行局部处理而形成防水的屋面。构件自防水屋面具有省工、省料、造价低和维修方便的优点，但也存在容易引起风化、碳化，板面后期出现裂缝，油膏和涂料易老化等缺点。

钢筋混凝土构件自放水屋面板缝的处理方法归纳起来有嵌缝式、脊带式和搭盖式。

① 嵌缝式、脊带式

嵌缝式构件自防水屋面是利用大型屋面板作防水构件，板缝嵌油膏防水。若在嵌缝上面再粘贴一层卷材作防水层，则成为脊带式防水，其防水性能更好。

② 搭盖式防水

搭盖式构件自防水屋面的构造原理和瓦材相似，如用 F 型屋面板作防水构件，板的纵缝上下搭接，横缝和脊缝用盖瓦覆盖。这种屋面安装简便，但板形复杂，不便生产，在运输过程中易损坏。

3. 屋面的保温与隔热

（1）屋面的保温有保温层铺在屋面板上部、保温层设在屋面板下部和保温层与承重基层相结合等三种做法。保温层铺在屋面板上部与民用建筑做法相同；保温层设在屋面板下部有直接喷涂保温层和吊挂保温层两种做法；保温层与承重基层相结合即把屋面板和保温层结合起来，甚至将承重、保温、防水功能三者合一，目前常用的有配筋加气混凝土屋面板和夹心钢筋混凝土屋面板。

（2）屋面隔热。当厂房高度在 9m 以上可不考虑隔热，主要用加强通风来达到降温的目的；当厂房高度小于 9m 或小于等于跨度的二分之一时宜作隔热处理，具体做法就是在屋面上架空混凝土板或预制水泥隔热拱。

16.4.2　厂房的天窗

在大跨度和多跨度的单层工业厂房中，由于面积大，仅靠侧窗不能满足自然采光和自然通风的要求，常在屋面上设置各种类型的天窗。

天窗按其在屋面的位置不同分为上凸式天窗、下沉式天窗和平天窗。

1. 上凸式天窗

上凸式天窗包括矩形天窗、M 型天窗、梯形天窗等，这几种天窗构造均沿厂房纵向布置，双侧采光，是我国单层工业厂房采用最多的一种，但增加了厂房的体积和屋顶重量，结构复杂，造价高，抗震性能差。现就矩形天窗为例介绍上凸式天窗的构造。

矩形天窗主要由天窗架、天窗扇、天窗屋面板、天窗端壁、天窗侧板组成。如图 16-51 所示。

2. 下沉式天窗

下沉式天窗是在拟设天窗的部位把屋面板下移，铺在屋架的下弦上，利用屋架上、下弦之间的空间做成采光口或通风口。与矩形天窗相比可省去天窗架及其附件，从而降低了厂房的高度，减轻了天窗自重。根据下沉部位的不同可分为横向下沉式、纵向下沉式、井式天窗。以井式天窗为例介绍下沉式天窗的构造。

（1）井式天窗的布置方式有单侧布置、两侧对称布置、两侧错开布置和跨中布置。

（2）井式天窗构造组成有屋架、檩条、井底板、井口板、挡风侧墙、挡雨设施和排水装置等，如图 16-52 所示。

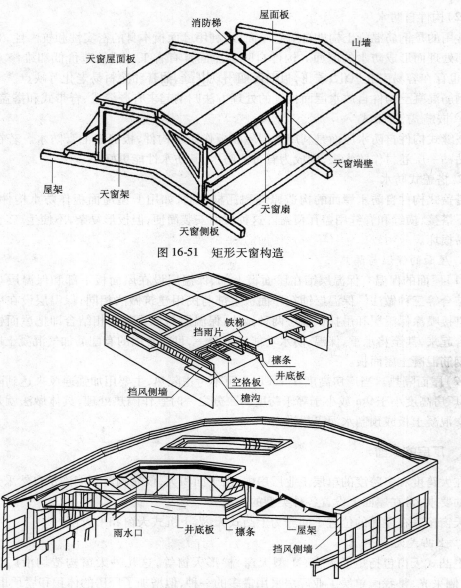

图 16-51　矩形天窗构造

图 16-52　井式天窗的构造组成示例

　　（3）井底板铺设有横向和纵向铺设两种方式。横向铺设是井底板平行于屋架摆设,铺板前应先在屋架下弦上搁置檩条;纵向铺设是把井底板直接放在屋架下弦上,可省去檩条,增加天窗垂直净空高度。

　　3. 平天窗

　　平天窗是根据采光需要设置带空洞的屋面板,在空洞上安装透光材料所形成的天窗。它具有采光效率高,不设天窗架,构造简单,屋面荷载小,布置灵活等优点,但易造成太阳直接热辐射和眩光,防雨、防雹较差,易产生冷凝水和积灰。主要有以下三种类型:采光板、采光罩、采光带。

　　（1）采光板是在屋面板上留孔,装平板式透光材料。

（2）采光罩是在屋面板上留孔，装弧形采光材料，有固定和开启两种。

（3）采光带指在屋面的纵向或横向开设 6 米以上采光口，装平板式透光材料。

16.5　轻钢结构工业厂房构造简介

轻型钢结构是在普通钢结构的基础上发展起来的一种新型结构形式，它包括所有轻型屋盖下采用的钢结构。

16.5.1　概述

轻钢结构与普通钢结构相比，有较好的经济指标。轻型钢结构不仅自重轻、钢材用量省、施工速度快，而且它本身具有较强的抗震能力，并能提高整个房屋的综合抗震性能。是目前工业厂房应用较广泛且很有发展前途的一种结构。如图 16-53 所示。

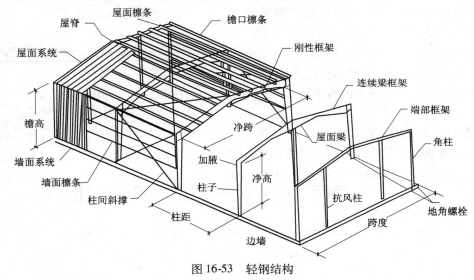

图 16-53　轻钢结构

轻型钢屋盖的用钢量一般为 $8 \sim 15 \mathrm{kg/m^2}$ ，与同条件下钢筋混凝土结构接近，且能节约大量的木材、水泥及其他建筑材料，将结构自重减轻为普通钢结构的 70% ~ 80% ，总的造价较低，也为改革笨重的结构体系创造了条件。

单层轻型房屋一般采用门式刚架为承重结构，其上设檩条、屋面板（或板檩合一的轻质大型屋面板），柱外侧有轻质墙面系统，柱内侧可设吊车梁。

16.5.2　轻钢结构工业厂房的构造

1. 门式刚架

刚架结构是梁、柱单元构成的组合体，其形式种类多样，在单层工业厂房中应用较多的为单跨、双跨或多跨的单、双坡门式刚架。根据通风、采光的需要，这种厂房可设置通风口、采光带和天窗架等。

门式刚架结构有以下特点：

① 采用轻型屋面，不仅可减小梁柱截面尺寸，基础也相应减小。

② 在多跨建筑中可做成一个屋脊的大双坡屋面,为长坡面屋顶创造了条件。

③ 刚架的侧向刚度有檩条的支撑保证,省去纵向刚性构件,并减小翼缘宽度。

④ 刚架可采用变截面,截面与弯矩成正比;变截面时根据需要可改变腹板的高度和厚度及翼缘的宽度,做到才尽其用。

⑤ 刚架的腹板可按有效宽度设计,即允许部分腹板失稳,并可利用其屈曲后强度。

⑥ 竖向荷载通常是设计的控制荷载,但当风荷载较大或房屋较高时,风荷载的作用不容忽视。在轻屋面门式刚架中,地震作用不起控制作用。

⑦ 支撑可做的较轻便,将其直接或用水平节点板连接在腹板上。

⑧ 结构构件可全部在工厂制作,工业化程度高。

2. 屋架

屋架的结构形式主要取决于所采用的屋面材料及房屋的使用要求。主要以三角形屋架、三角拱屋架和梭形屋架、平坡梯形钢屋架为主,如图 16-54 所示。轻型钢屋架与普通钢屋架在本质上无多大差别,两者的设计方法原则相同,只是轻型钢屋架的杆件截面尺寸较小,连接构造和使用条件稍有不同。

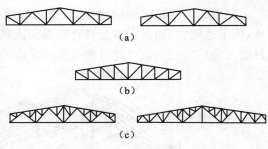

图 16-54　轻型梯形钢屋架
(a)人字式;(b)豪氏式;(c)再分式

3. 檩条

檩条宜优先采用实腹式构件,也可采用空腹式或格构式构件。檩条一般为单跨简支构件,实腹式檩条也可是连续构件。檩条的形式如下:

① 实腹式檩条,其截面形式如图 16-55 所示。

图 16-55　实腹式檩条

② 空腹式檩条由角钢的上、下弦和缀板焊接组成,其主要特点是用钢量较少,能合理地利用小角钢和薄钢板,因缀板间距较密,拼装和焊接的工作量较大,故应用较少。

③ 格构式檩条:格构式檩条可采用平面桁架式、空间桁架式及下撑式檩条。

4. 轻型围护结构

轻型钢结构常采用的墙面和屋面材料有:压型钢板、太空板、加气混凝土屋面板、石棉水泥瓦和瓦楞铁等几种。

压型钢板墙面和屋面节点构造:

1)墙面节点构造

压型钢板墙面的构造主要解决的问题是:固定点要牢靠、连接点要密封、门窗洞口要做防排水处理。

① 单块墙板的构造,如图 16-56 所示。

② 墙面板的连接构造,如图 16-57 所示。

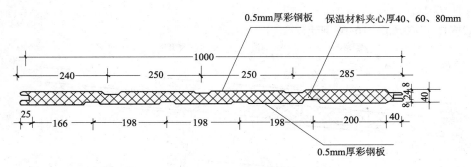

图 16-56　TRQB 墙板

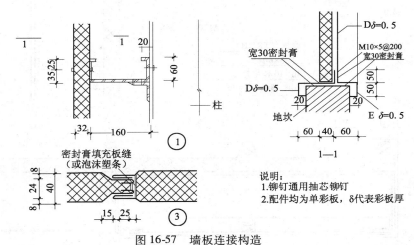

图 16-57　墙板连接构造

③ 墙面板的转角构造,如图 16-58 所示。

④ 墙身的窗洞口构造,如图 16-59 所示。

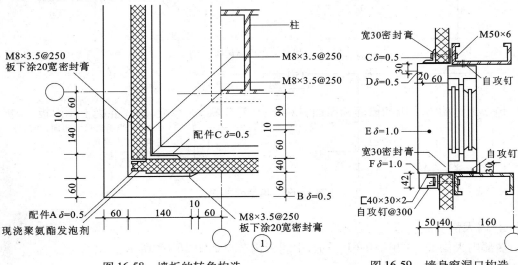

图 16-58　墙板的转角构造　　　　　图 16-59　墙身窗洞口构造

2）屋面节点构造

① 挑檐檐口节点，如图 16-60 所示。

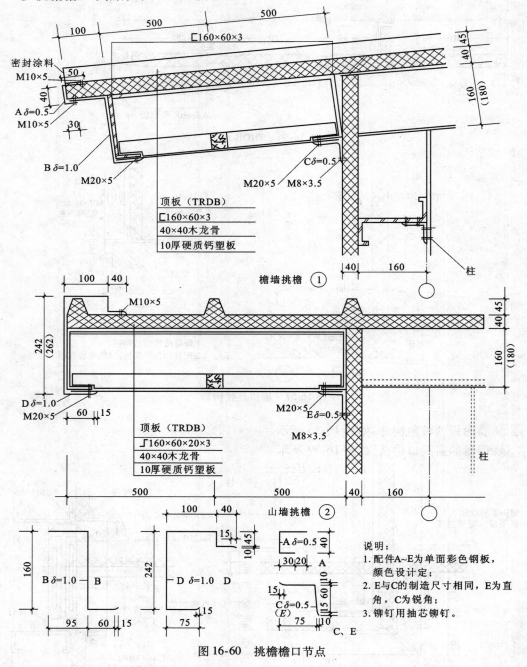

图 16-60 挑檐檐口节点

② 内天沟节点

端部内天沟节点如图 16-61 所示，中间天沟节点如图 16-62 所示。

③ 屋脊节点，如图 16-63 所示。

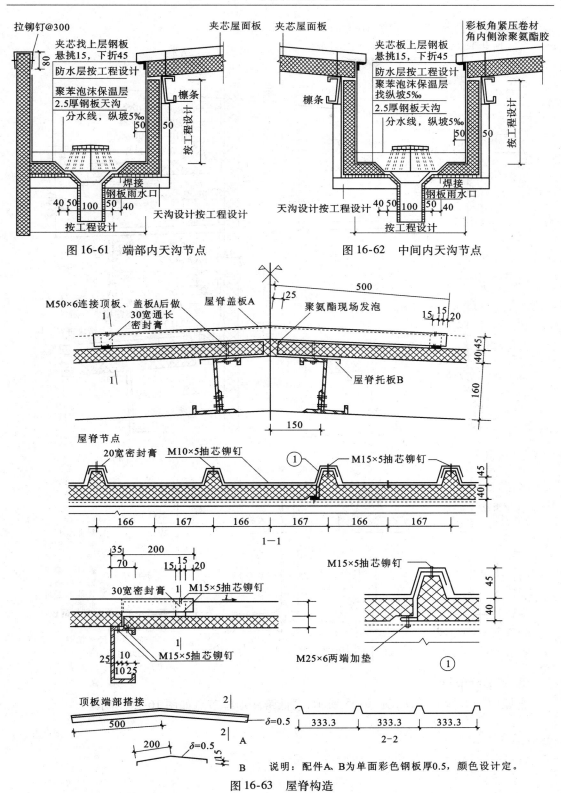

图 16-61　端部内天沟节点

图 16-62　中间内天沟节点

屋脊节点

1—1

顶板端部搭接

说明：配件A、B为单面彩色钢板厚0.5，颜色设计定。

图 16-63　屋脊构造

④ 女儿墙泛水节点,如图 16-64 所示。

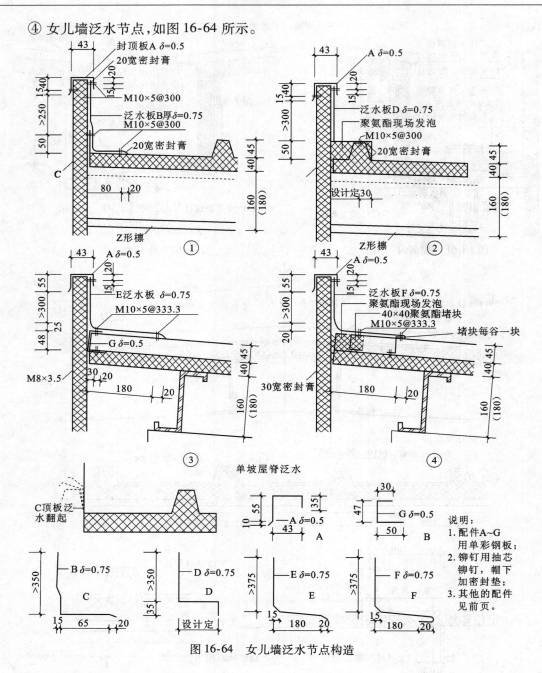

图 16-64 女儿墙泛水节点构造

⑤ 变形缝节点

平屋面变形缝节点,如图 16-65 所示,高低跨变形缝节点如图 16-66 所示。

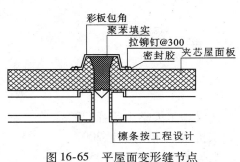

图 16-65　平屋面变形缝节点

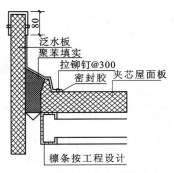

图 16-66　高低跨变形缝节点

本 章 总 结

1. 单层厂房的结构类型有钢筋混凝土排架结构和刚架结构。通常由横向排架、纵向联系构件、支撑系统组成了厂房的 承重骨架;围护结构包括外墙、屋面、天窗等。

2. 单层厂房的定位轴线分为横向定位轴线和纵向定位轴线。纵、横向定位轴线在平面上形成有规律的网格称为柱网,柱网尺寸的确定实际上就是确定厂房的跨度和柱距,定位轴线的定位是以柱网布置为基础,是设备安装及施工放线的依据。

3. 单层厂房的屋面与民用建筑相比,面积大,开设有天窗,并且要满足不同生产条件的要求。厂房屋面的排水和防水是厂房屋面构造的主要问题;在大跨度和多跨度单层厂房中,仅靠侧窗不能满足自然采光和通风的要求,常在屋面上设置天窗,按其在屋面的位置不同分为上凸式天窗、下沉式天窗和平天窗。

4. 轻钢结构是在普通钢结构的基础上发展起来的一种新型结构形式,它包括所有轻型屋盖下采用的钢结构。单层轻钢结构厂房一般采用门式刚架为承重结构,其上设檩条、轻型屋面板,柱外侧有轻质墙架,柱内侧可设吊车梁。

习 题

1. 工业建筑有哪些特点?

2. 单层工业厂房的结构组成有哪些? 简述其作用。

3. 单层厂房的支撑系统有哪几种? 各起什么作用?

4. 定位轴线的含义和作用是什么?

5. 单层厂房屋面的外排水方案有哪几种? 各有什么特点?

6. 单层厂房卷材防水屋面的接缝、纵墙外檐沟、高低跨处泛水、横向变形缝的节点构造。

7. 什么叫构件自防水屋面? 有何特点?

8. 单层厂房为什么要设天窗? 天窗有哪些类型? 试分析它们的优缺点。

9. 单层轻型钢结构厂房的主要承重结构有哪些?

10. 轻钢结构的轻型屋面主要有哪几类?

参 考 文 献

[1] 张小平.建筑识图与房屋构造[M].武汉:武汉理工大学出版社,2005.

[2] 季敏.建筑制图与构造基础[M].北京:北京机械工业出版社,2007.

[3] 毛家华.建筑工程制图与识图[M].北京:高等教育出版社,2005.

[4] 魏明.建筑构造与识图[M].北京:机械工业出版社,2008.

[5] 山西建筑工程(集团)总公司.屋面工程质量验收规范[M].北京:中国建筑工业出版社,2002.

[6] 王鹏.建筑识图与构造[M].北京:机械工业出版社,2010.

[7] 李必瑜.房屋建筑学[M].武汉:武汉理工大学出版社,2000.

[8] 袁雪峰.房屋建筑学[M].北京:科学出版社,2006.

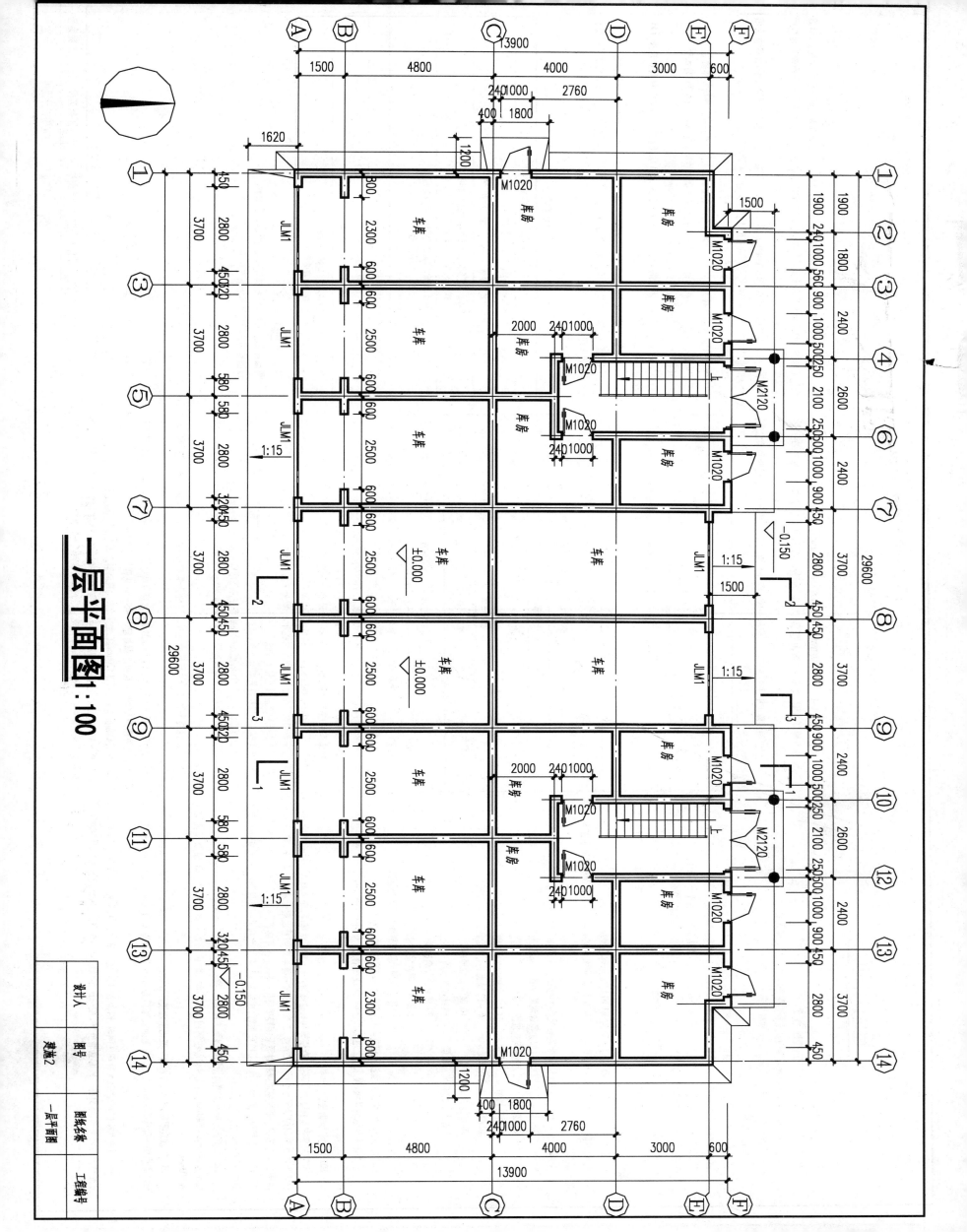

一层平面图 1:100

建筑设计说明

1. 本工程设计依据为：
   (1) 国家现行的有关设计规范、规程、标准。
   (2) 建设单位认可的设计方案。
   (3) 工程地质勘察报告及主管领导审批认定的建筑方案。

2. 本工程概况：
   建筑面积：2604 平方米
   古地面积：605 平方米
   主要结构类型：砖混
   建筑层数（主体）：六层
   建筑耐火等级：二级
   抗震设防烈度：七度
   屋面防水等级：Ⅲ级
   建筑物合理使用年限：50 年
   屋面防水使用年限：十年

3. 图中标注的尺寸除标高和总平面图以米（m）为单位外，其他尺寸均以毫米（mm）为单位。

4. 本工程室内地面设计标高±0.000 相对于绝对标高，施工时要求及验收规则则等有关的工程应施工及验收规范执行。

5. 本工程所用建筑材料的规格、施工要求及验收规则则均应按国家有关的工程应施工及验收规范执行。

6. 墙体除注明外，采用 M5 混合砂浆砌筑 MU10 混凝土空心砌块。

7. 墙身防潮：在室内地坪下 60mm 处用 1：2 防水砂浆粉刷（下有钢筋混凝土梁板的可不做）。
   在墙靠土一侧加做防潮层（1：2 水泥砂浆掺 5% 防水粉），形成封闭封的防潮层。

8. 室内装修：洋见面图所注，如无特殊说明，用以下做法施工：
   外墙涂料饰面
   10 厚抗裂修修砂浆
   20 厚复合保温砂浆
   5 厚界面剂砂浆刮糙层
   (1) 涂料涂面：
     6~12 厚面砖（背面刷界面处理剂）
     10 厚抗裂修修砂浆
     热镀锌钢丝网一层
     20 厚复合保温砂浆
     5 厚界面剂砂浆刮糙层
     (2) 面砖保温墙面
     1：1 水泥砂浆（细砂）勾缝

9. 本工程须按《屋面工程技术规范》(GB 50207—2002) 的规定施工。
   屋面防水等级为Ⅲ级，除注明水设防，除注明水设按二道水设防，屋面均须按 98J5—1，2 的规定施工。

10. 室内装饰做法：
    本建筑室内装修除公共部位（首楼梯间）进行二次装修外，二次装修所采用墙体质材材料，柱、板、不准在外立面上凿洞。要做室内凿洞墙时必须在二次装修或地面或墙面落水处处做一。

11. 户应在管管理的的指导号进行二次装修（首楼梯间及过道等）外装修地基层、交工验收收后付使用后，住面应 > 20mm。

12. 出屋顶管道用 UPVC 水管，雨水用墙墙质材质材料，不准用砖砌。
    截面为 240mm × 240mm，内配 4φ12 柱筋用 φ6 @ 150 箍，柱筋伸入钢筋混凝土结构梁内不小于 4.2m，构造柱凡从人钢筋混凝土梁，雨水管伸入钢筋混凝土压顶及屋面梁。

13. 开敞式阳台、露台、外走廊一般比室内楼地面底 50mm；厕所、浴室有能积水的房间一般比室内楼地面底 20mm 以上部位地面或楼面须做水处处或有能形成成倒泛水。

14. 门窗立整位置：图纸无特别注明时，铝合金门窗、钢门窗立墙中，木门立墙里平，木内门立墙中、门窗在一砖半墙立墙平，在一砖墙立墙立墙平。门窗头图中未注明者，均为半砖。

15. 所有面积大于 1.5m 的窗玻璃或玻璃底边离装修面小于 500mm 的落地窗均须做栏杆。

16. 所有檐口窗口、女儿墙压顶、雨篷及其他做滴水处，均需做滴水槽 5号（防水剂）。要求置平、光洁。

17. 油漆：
    (1) 门窗油漆除图中注明者外，木门窗窗、钢门窗均刷防锈、钢门窗刷防锈漆二度。

装修做法一览表

房间名称	地面	楼面	踢脚	内墙面	顶棚
车库	细石混凝土地面 98J7-1 $\frac{2}{6}$	水泥楼面 98J7-1 $\frac{4}{12}$	水泥踢脚 98J7-1 $\frac{3}{27}$	乳胶漆墙面 98J7-1 $\frac{1}{33}$	乳胶漆顶 98J7-3 $\frac{3}{14}$
起居室 餐厅		地砖楼面 98J7-1 $\frac{2}{16}$	地砖踢脚 98J7-1 $\frac{4}{26}$	乳胶漆墙面 98J7-1 $\frac{1}{33}$	乳胶漆顶 98J7-3 $\frac{3}{14}$
卧室		水泥楼面 98J7-1 $\frac{4}{12}$	水泥踢脚 98J7-1 $\frac{3}{27}$	乳胶漆墙面 98J7-1 $\frac{1}{33}$	乳胶漆顶 98J7-3 $\frac{3}{14}$
厨房、卫生间	细石混凝土地面 98J7-1 $\frac{2}{6}$	水泥楼面 98J7-1 $\frac{4}{12}$	水泥踢脚 98J7-1 $\frac{3}{27}$	乳胶漆墙面 98J7-1 $\frac{1}{33}$	乳胶漆顶 98J7-3 $\frac{3}{14}$
楼梯				乳胶漆墙面 98J7-1 $\frac{1}{33}$	乳胶漆顶 98J7-3 $\frac{3}{14}$

(2) 凡露明铁件均须刷防锈一度；水粘油一度，不露明铁件刷防锈油膜。

(3) 凡伸入墙内或与墙面面的木料均须涂水粘油防腐；
    铝合金门窗；室内门：铝合金门，白色烤漆铝合金窗。

(4) 油漆额色：室内门窗：木门，白色烤漆铝合金窗。

18. 房屋四周做混凝土散水坡道不应大于 0.11m。

19. 室外踏步和坡道不见平面图。

20. 当楼梯水平段栏杆长度大于 0.5m 时，其扶手高度不应小于 1.05m，楼梯栏杆垂直杆件净空不应大于 0.11m，楼梯栏杆垂直杆件竖直杆件净空不应大于 300mm × 300mm × 100mm 混凝土承台，混凝土强度等级为 C25。

21. 凡从人高屋面落水至低面面须做 300mm × 300mm × 100mm 混凝土承台，混凝土强度为 C25。

22. 钢筋混凝土墙、柱、梁与砖墙连接部位外表面位一层钢丝网，搭接宽度为 300mm，共 600mm。

23. 所有窗户低于 900mm 的窗户反封阳台合窗台高度低于 1050mm 均设护窗栏杆，护窗栏杆高 1050mm（可踏面 <450mm 从地面算起，宽同端部现现浇钢筋混凝土盆下盆带起；凡踏面现现浇 120mm 高同端部现现浇钢筋混凝土盆下盆带）。

24. 凡踏面现现浇台起高度低于 1050mm 均设护窗栏杆，护窗栏杆高度低于 0.5h 的不燃烧体。

25. 建筑物内的管道井、电线井应每隔 2~3 层在楼板处用耐火极限不低于 0.5h 的不燃烧体，门采用乙级防火门。
    分隔，井座应采用耐火极限不低于 1h 的不燃烧体，门采用乙级防火门。

26. 所有铝合金门窗、幕墙及屋顶铝板包钢构构架由有资质承包商负责设计施工，但要求施工图经过主建设单位认人和建设设计单位审定。

27. 所有铝合金门窗、幕墙及屋顶铝板包钢构构架由有资质承包商负责设计施工，但要求施工图经过主建设单位认人和建设设计单位审定。玻璃幕墙每每层楼面处应采用不燃烧材料严密填实。
    与屋面相交处用 250mm 高半砖厚钢筋混凝土挡水坎竖边入雨水管。

28. 空调外机组的排水立管用 φ30PVC 管接入雨水管。

29. 所有外装修材料的材色和色彩须经设计有主建设设计人员与建建设计单位审定，并经现场取样严。

30. 所有电表箱看背面及箱口左右左右两端底部分，均需做滴水坎 5号，要求置置看重竖平、光洁。

31. 所有楼地面开洞空处均须做 100mm × 100mm 素混凝土挡土柱竖立。

32. 本工程为Ⅰ类民用建筑工程，在施工中必须采用 A 类无机非金属建建装修材料，严禁选用Ⅰ类无机非金属装修材料和装修材料。
    室内装修采用：
    Ⅰ类人造木板及板面内入人造木板、工程完工后必须对室内环境污染进行检测。
    达到《民用建建工程室内环境污染控制规范》(GB 50325—2001) 规定的污染物浓度限量值后，才能投入使用。

33. 建筑节能：

简能做法

体型系数：S = A总/V总 = 0.292

1	斜屋面	20厚挤塑保温板	$R_0 = 1.236 > 1.09$
2	露台	20厚挤塑保温板	$R_0 = 1.156 > 1.09$
3	外墙	外墙面采用复合保温砂浆粉刷，做法见说明	$R = 0.82 M^2 \cdot K/W$ $D = 4.10$
4	冷桥	阳台栏板、圈梁、过梁部位内外均刷 20 厚 GTN 保温隔热砂浆（分两道做法）	$R_0 = 0.546 > 0.52$
5	楼梯间隔墙		$R_0 = 0.60 > 0.45$
6	窗墙比	南向:$A_c/A_q = 0.345 < 0.35$ 北向:$A_c/A_q = 0.239 < 0.25$	
7	玻璃	所有单框中空玻璃窗	

34. 单项工程内未充说明：
    外墙面复合保温砂浆粉刷外涂彩色乳胶外墙涂料。
    墙面粉刷内用塑料凹槽条嵌缝条。

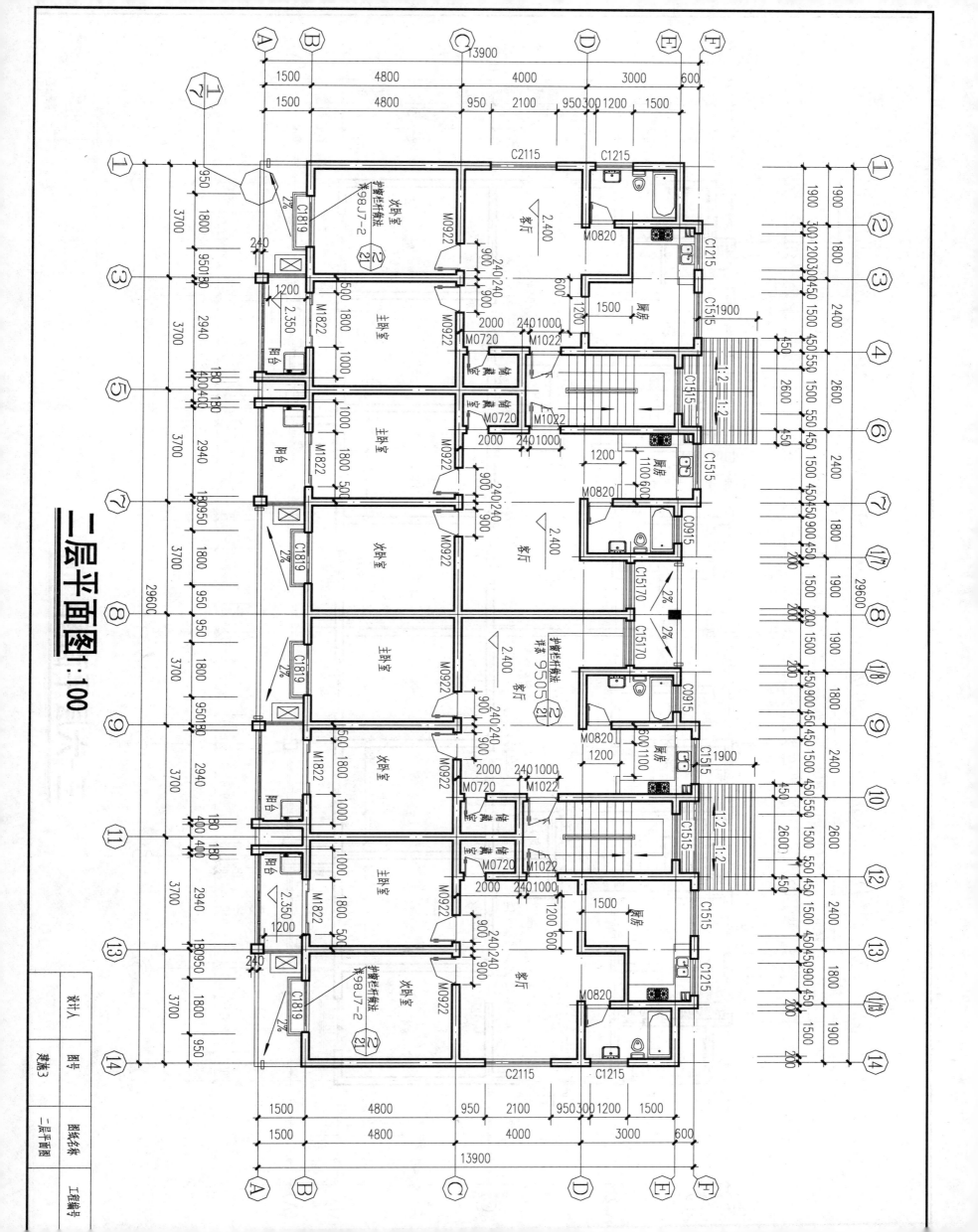

二层平面图 1:100

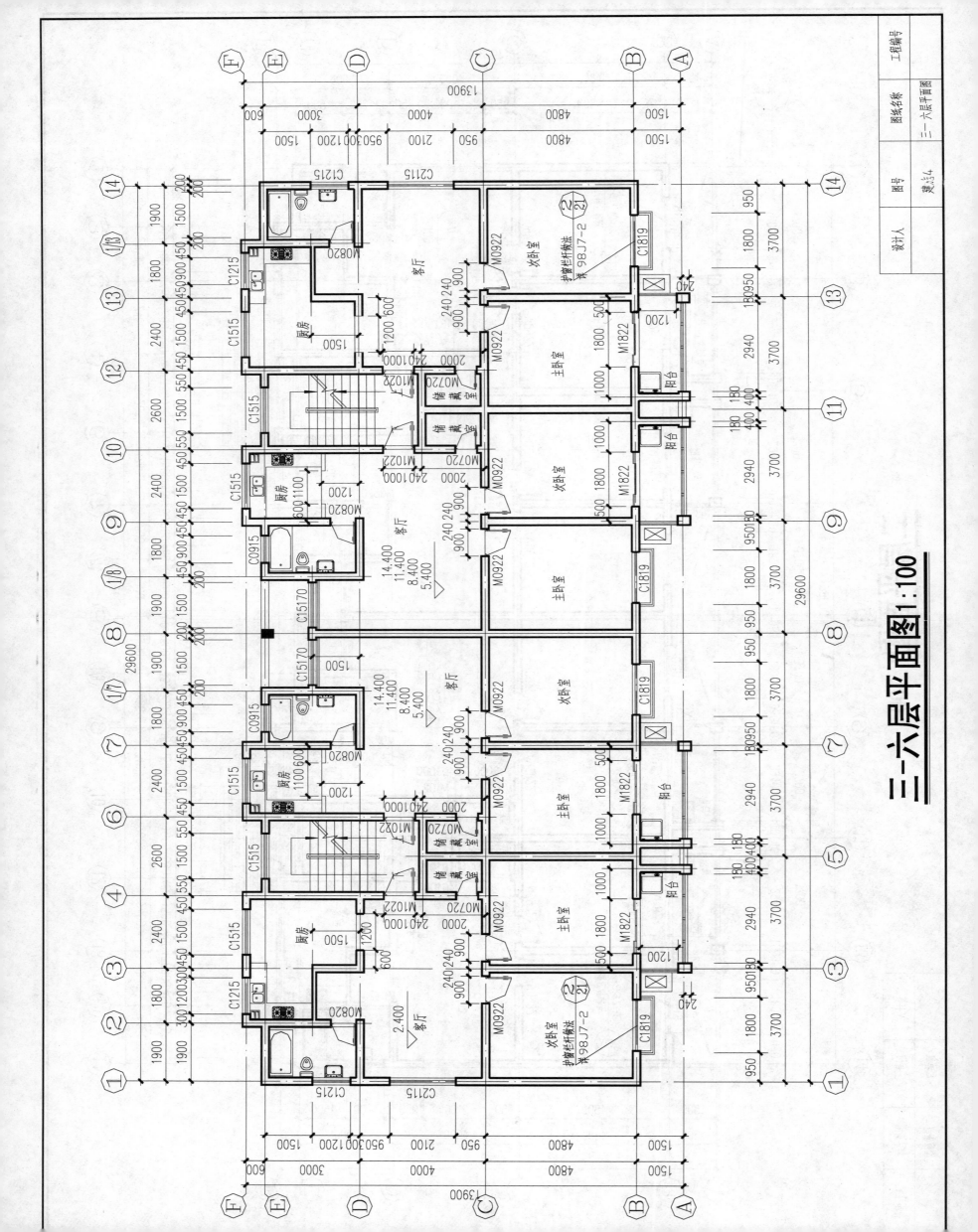

三—六层平面图 1:100

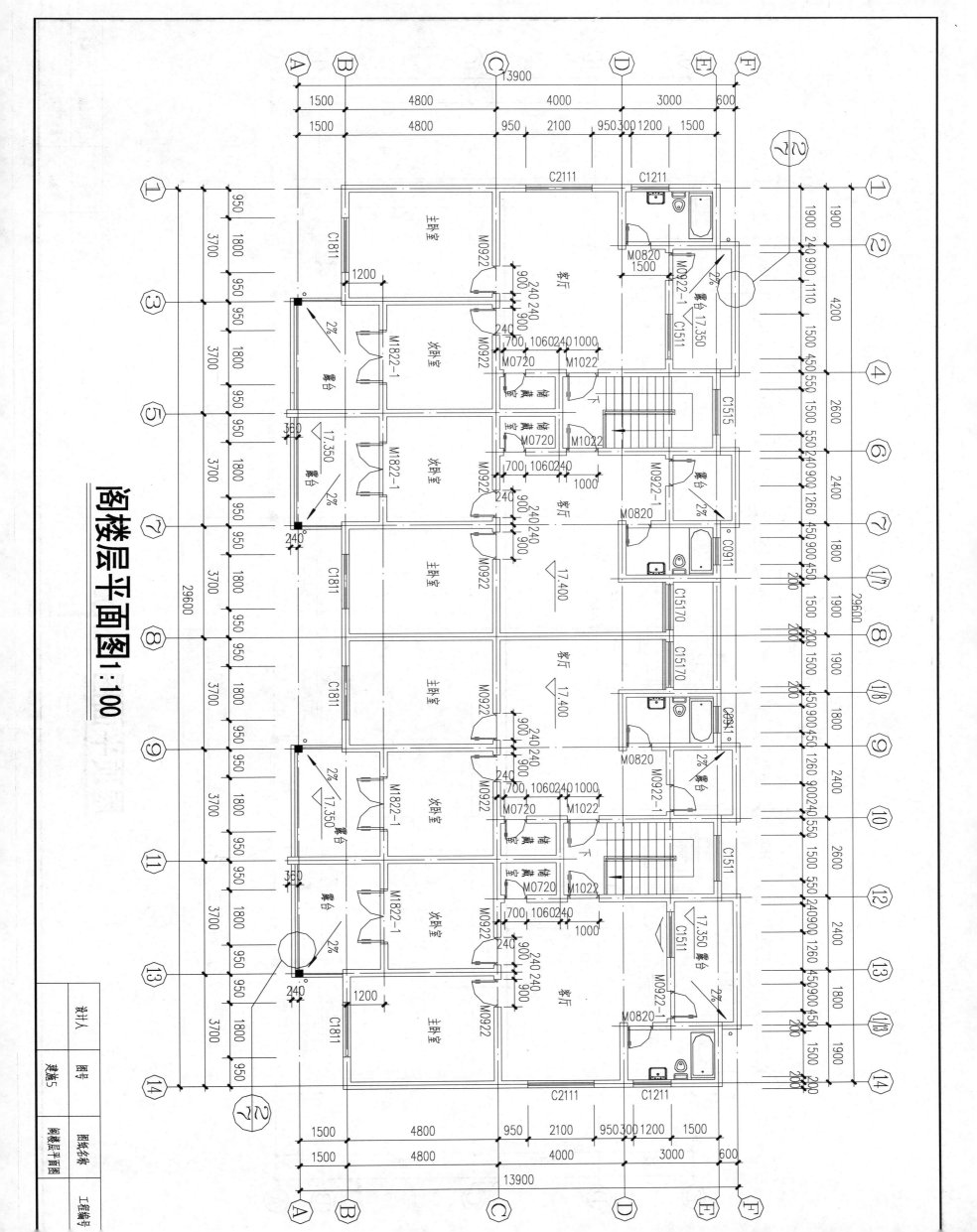

阁楼层平面图 1:100

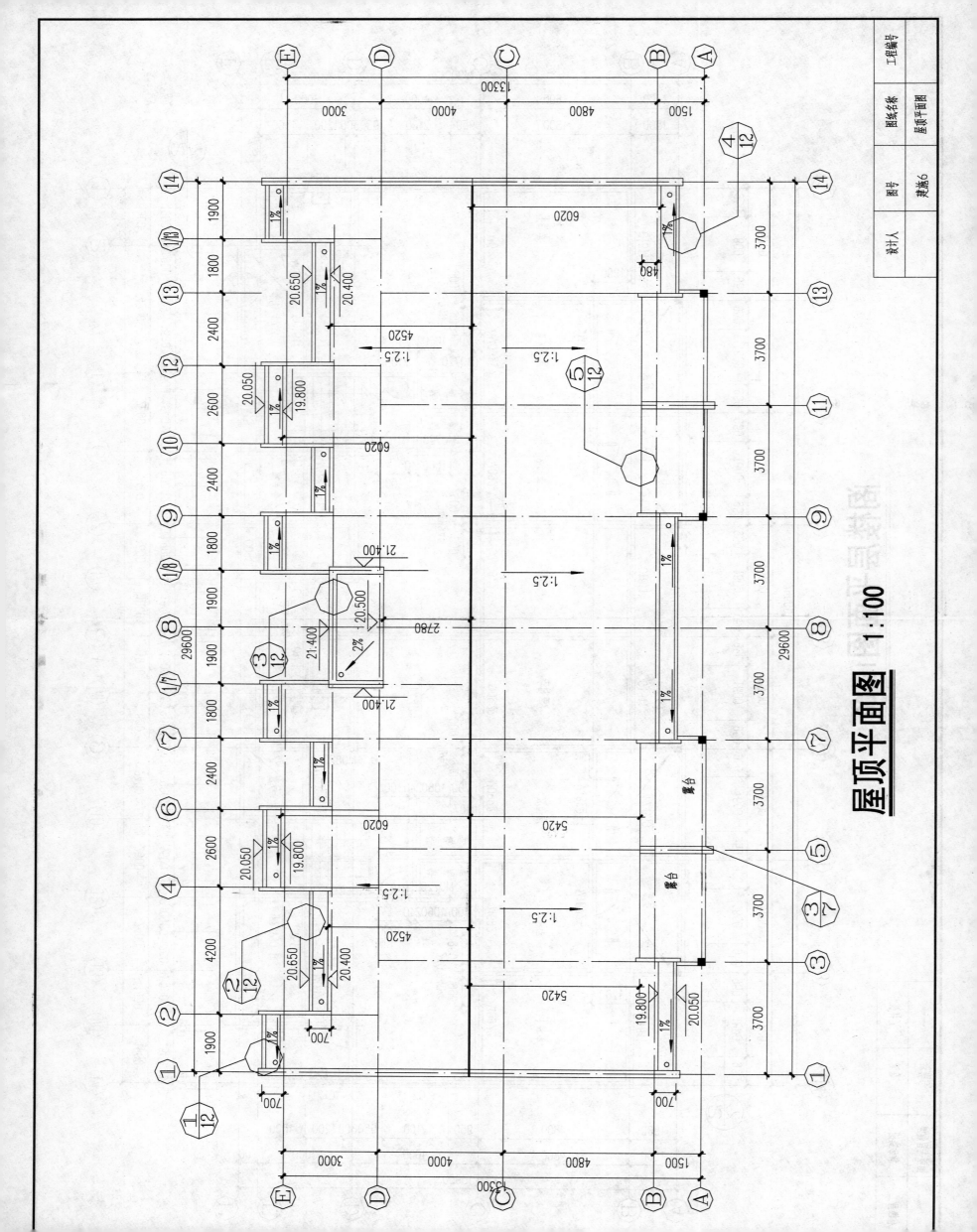

屋顶平面图 1:100

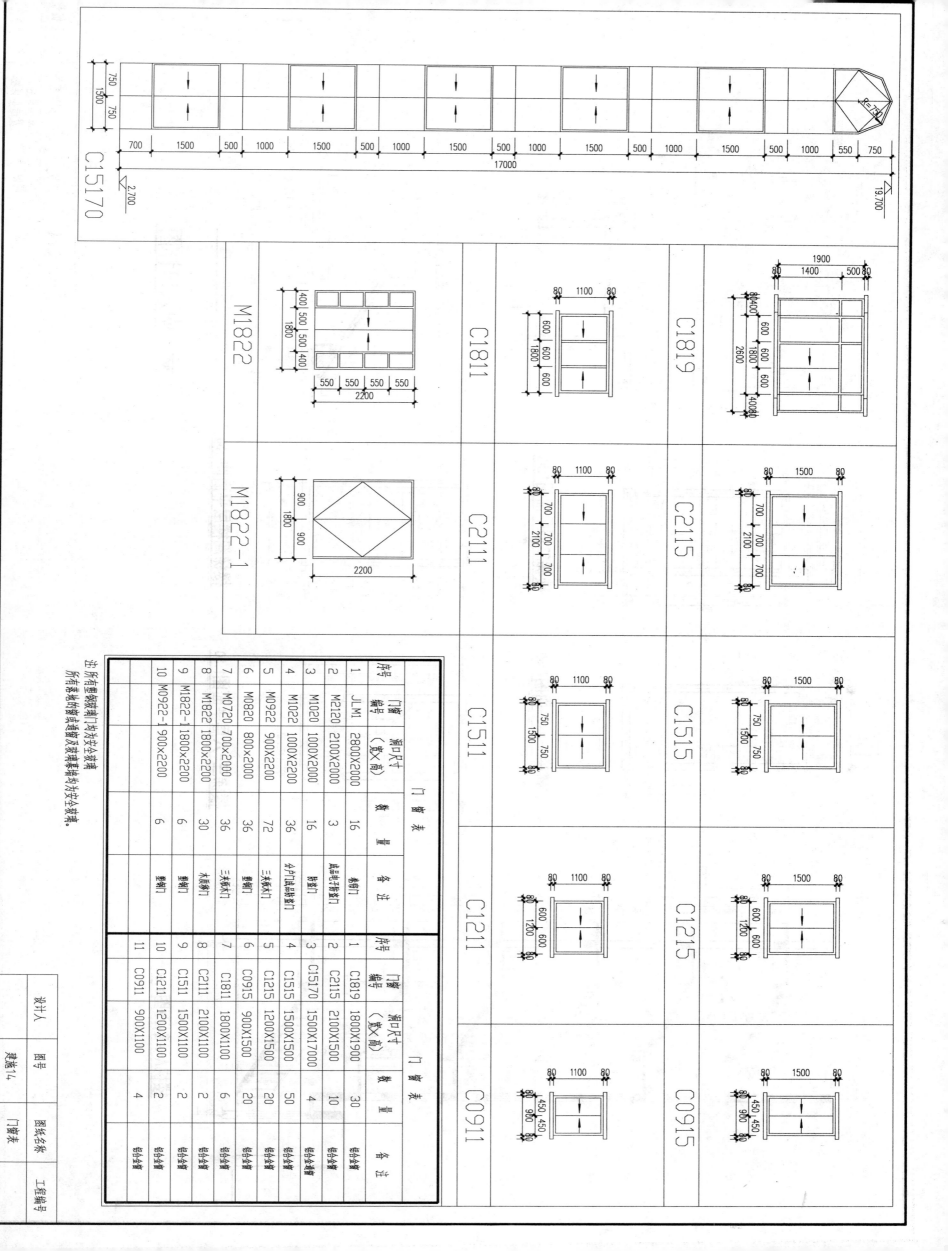

门窗表

序号	门窗编号	洞口尺寸(宽×高)	数量	备注
1	JLM1	2800X2000	16	卷帘门
2	M2120	2100X2000	3	感应电子铝移门
3	M1020	1000X2000	16	铝移门
4	M1022	1000X2200	36	分户门(甲级防盗门)
5	M0922	900X2200	72	三夹板门
6	M0820	800X2000	36	塑钢门
7	M0720	700X2000	36	三夹板门
8	M1822	1800x2200	30	木质推拉门
9	M1822-1	1800x2200	6	塑钢门
10	M0922-1	900x2200	6	塑钢门

门窗表

序号	门窗编号	洞口尺寸(宽×高)	数量	备注
1	C1819	1800X1900	30	铝合金窗
2	C2115	2100X1500	10	铝合金窗
3	C15170	1500X17000	4	铝合金窗
4	C1215	1200X1500	50	铝合金窗
5	C1515	1500X1500	50	铝合金窗
6	C0915	900X1500	20	铝合金窗
7	C1811	1800X1100	6	铝合金窗
8	C2111	2100X1100	2	铝合金窗
9	C1511	1500X1100	2	铝合金窗
10	C1211	1200X1100	2	铝合金窗
11	C0911	900X1100	4	铝合金窗

注：所有推拉钢窗门均为安全玻璃。
所有落地窗户及玻璃幕墙均为安全玻璃。

C15170　C1819　C2115　C1515　C1215　C0915
C1811　C2111　C1511　C1211
M1822　M1822-1

设计人	图号	图纸名称	工程编号
	建施14	门窗表	

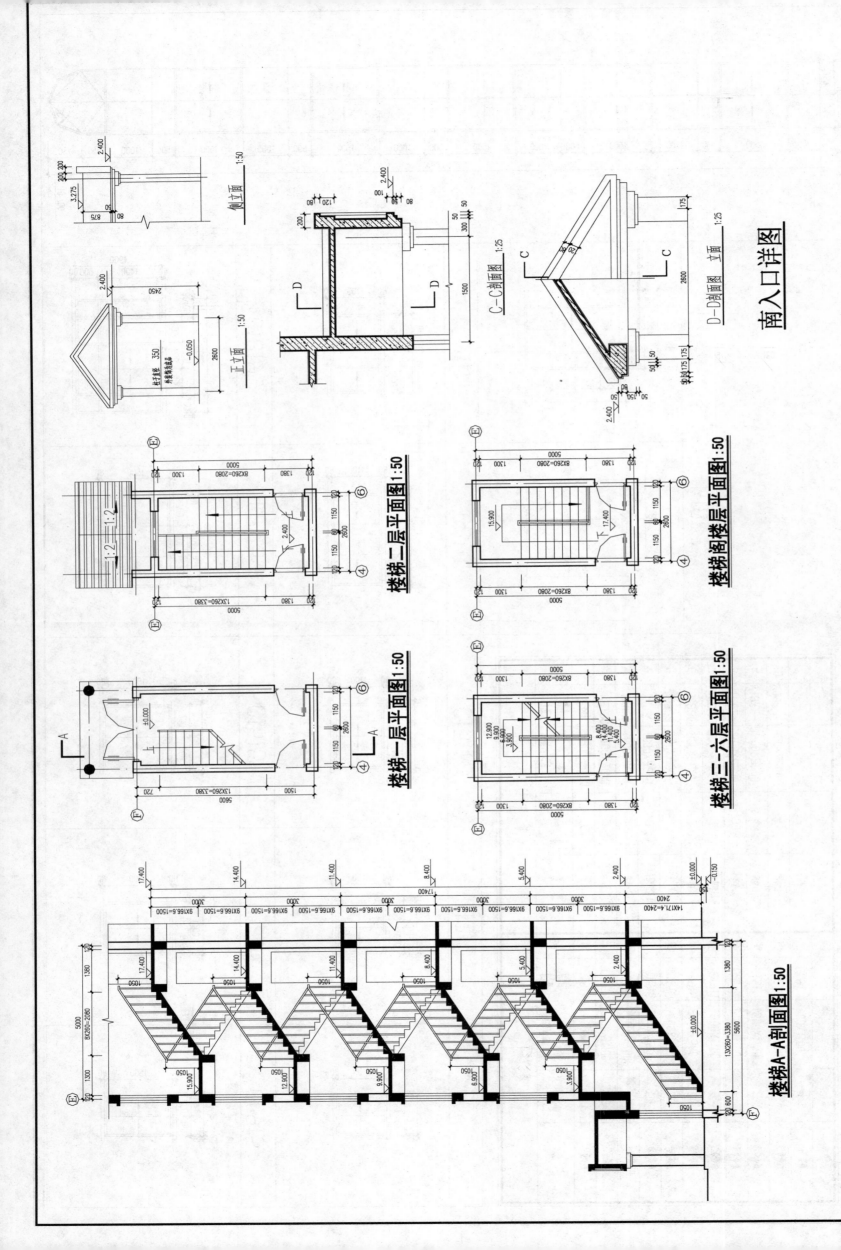

南入口详图

楼梯二层平面图 1:50

楼梯阁楼层平面图 1:50

楼梯一层平面图 1:50

楼梯三～六层平面图 1:50

楼梯A—A剖面图 1:50

工程编号

图纸名称　楼梯详图

图号　及造型详图

　　　建施13

设计人

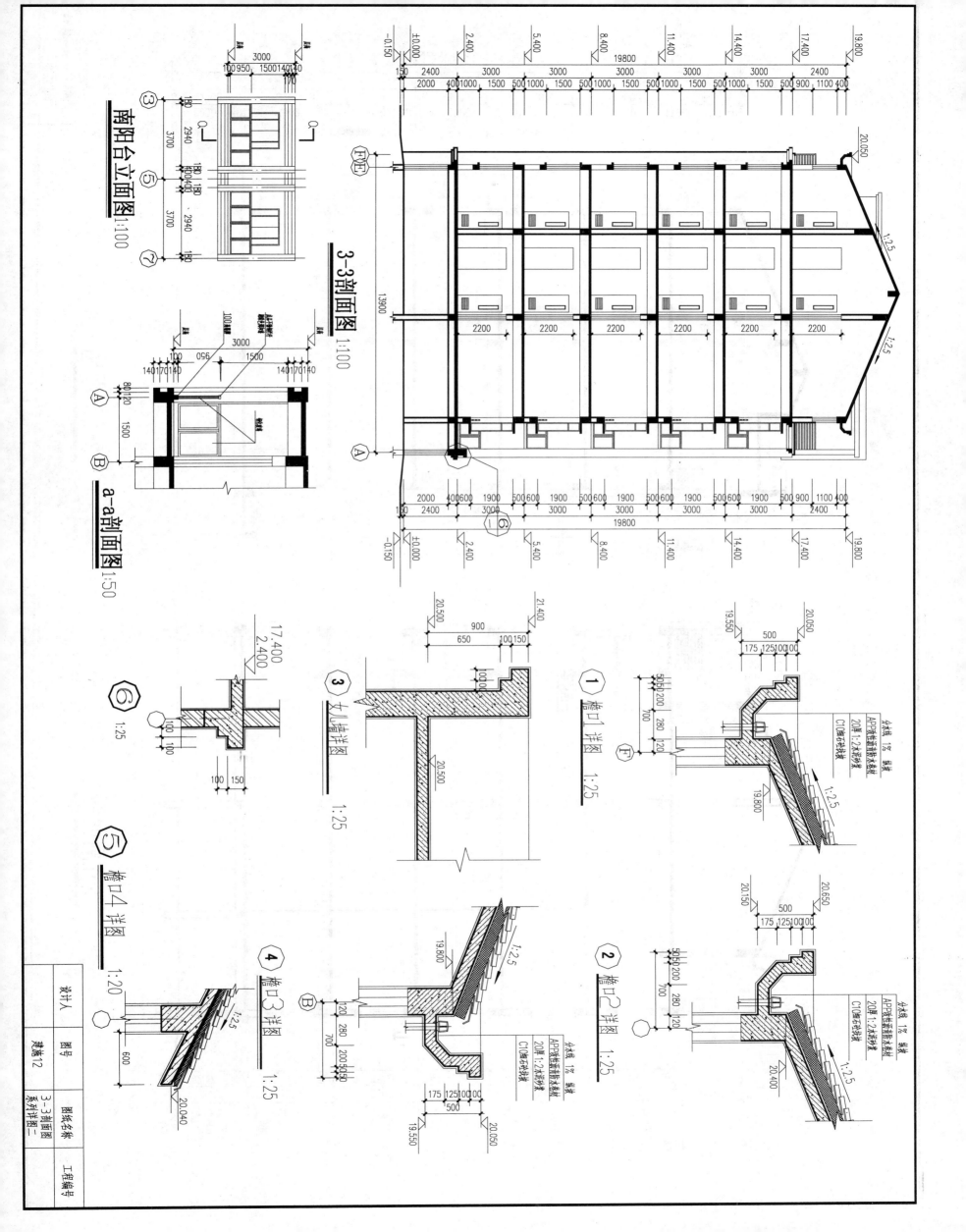

南阳台立面图 1:100

3-3剖面图 1:100

a-a剖面图 1:50

女儿墙详图 1:25

檐口1详图 1:25

檐口2详图 1:25

檐口3详图 1:25

檐口4详图 1:20

设计人

图号 建施12

图纸名称 3-3剖面图 系列详图二

工程编号

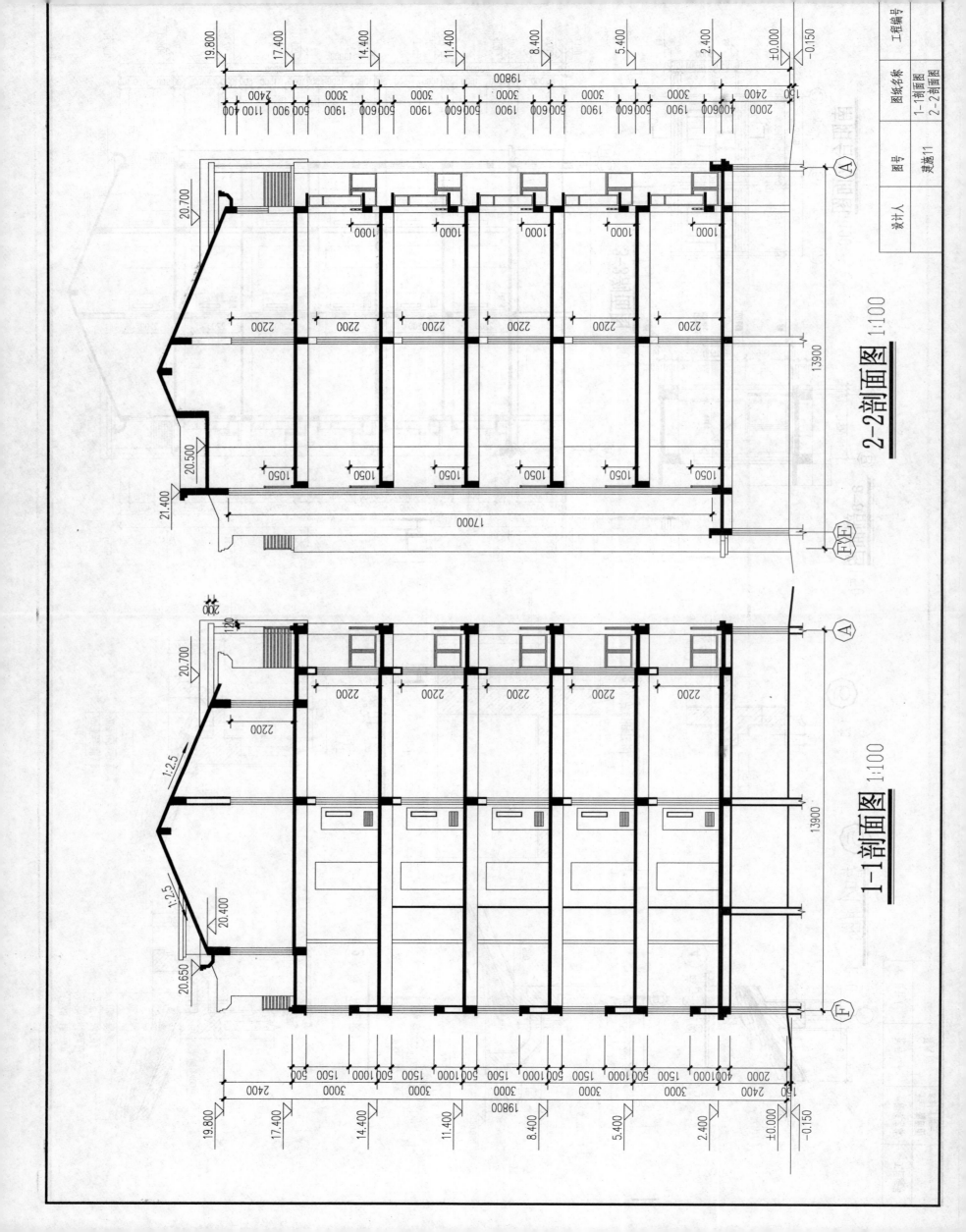

2-2剖面图 1:100

1-1剖面图 1:100

工程编号		
图纸名称	图号	设计人
建施11	1-1剖面图 2-2剖面图	

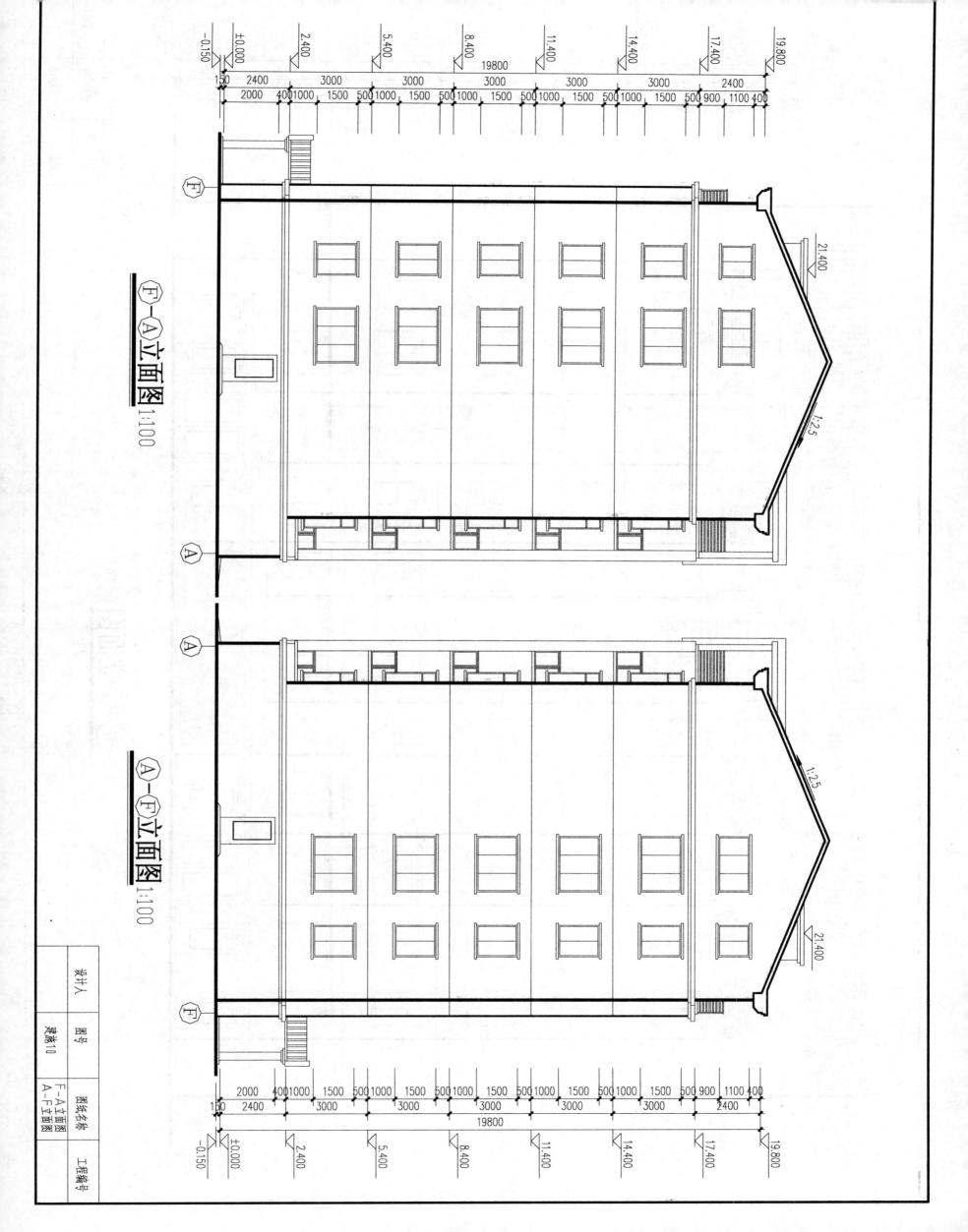

Ⓕ—Ⓐ立面图 1:100

Ⓐ—Ⓕ立面图 1:100

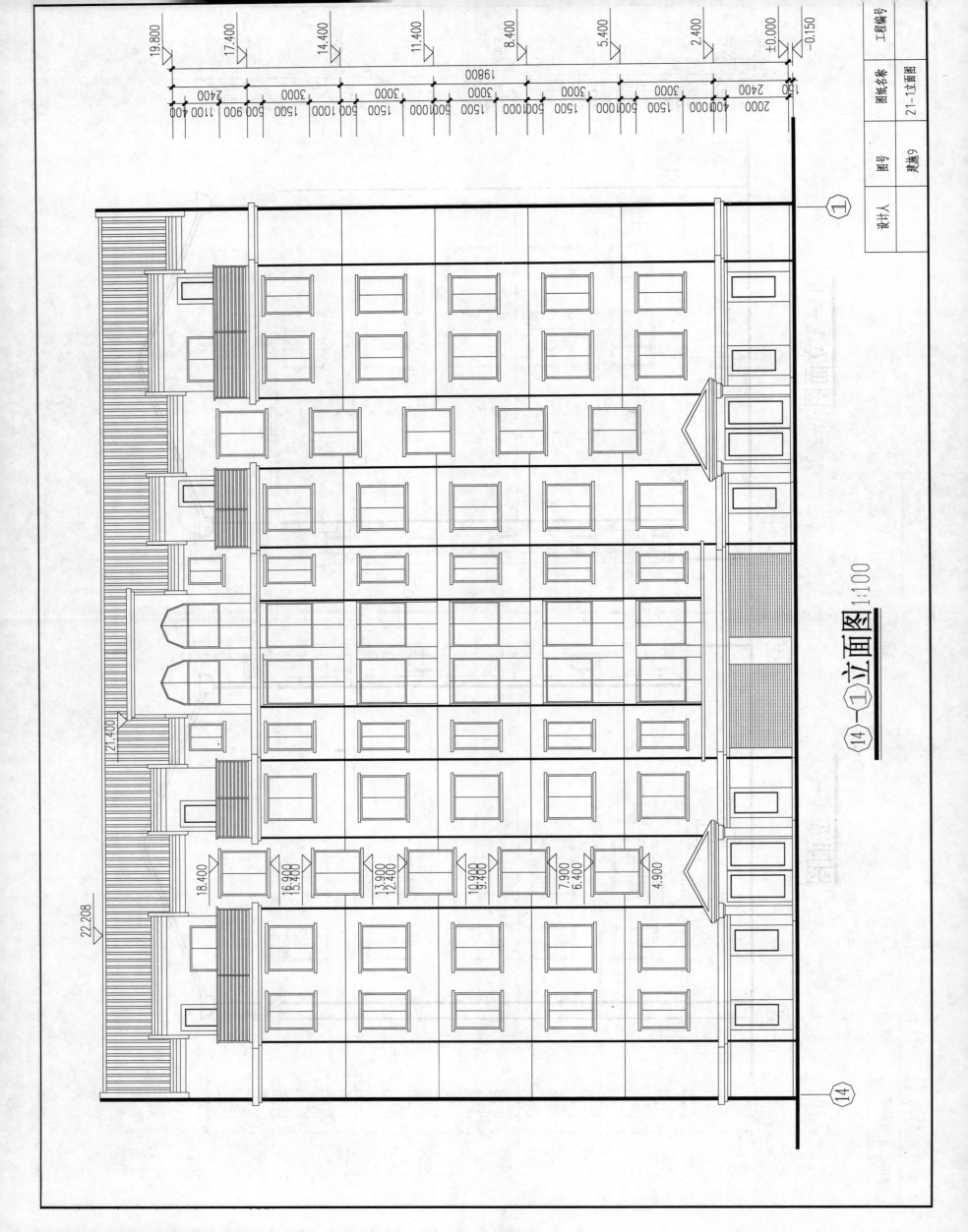

①—⑭立面图 1:100

①—⑭立面图 1:100

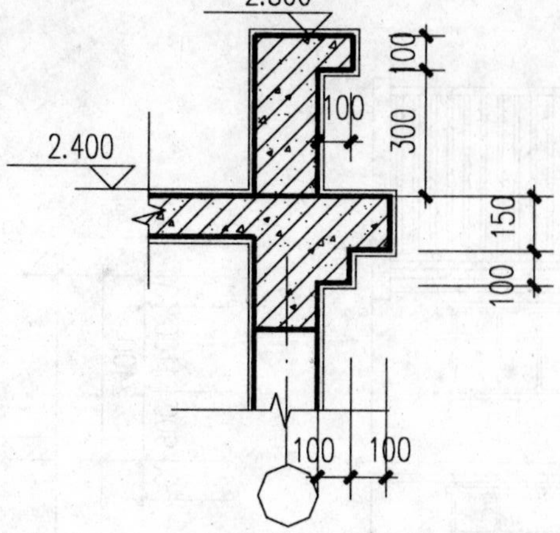

工程编号		
图纸名称		系列详图一
图号		建施7
设计人		

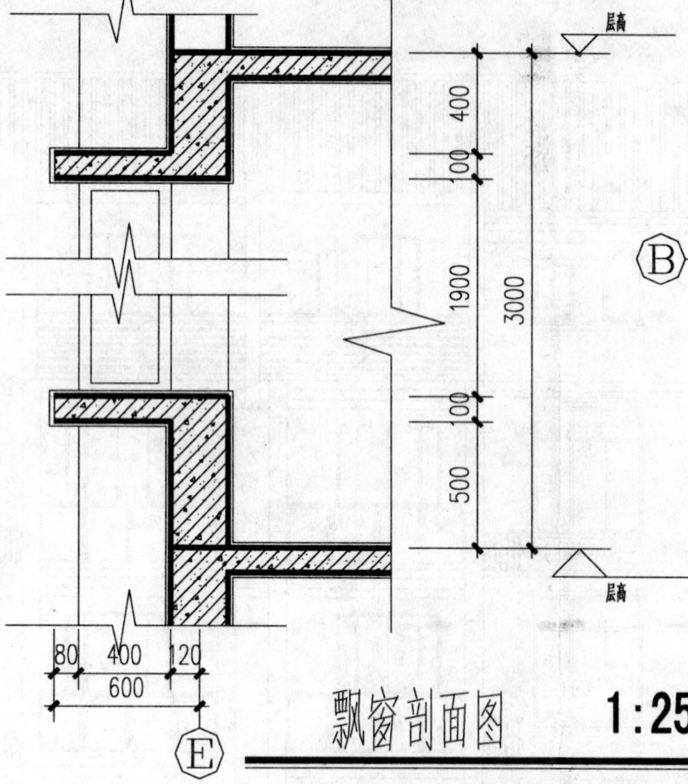

飘窗平面图 1:25

飘窗剖面图 1:25

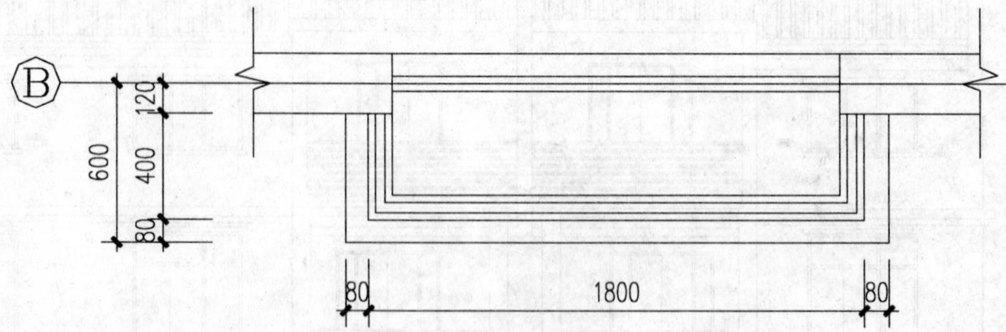

$\dfrac{1}{3}$ 1:25

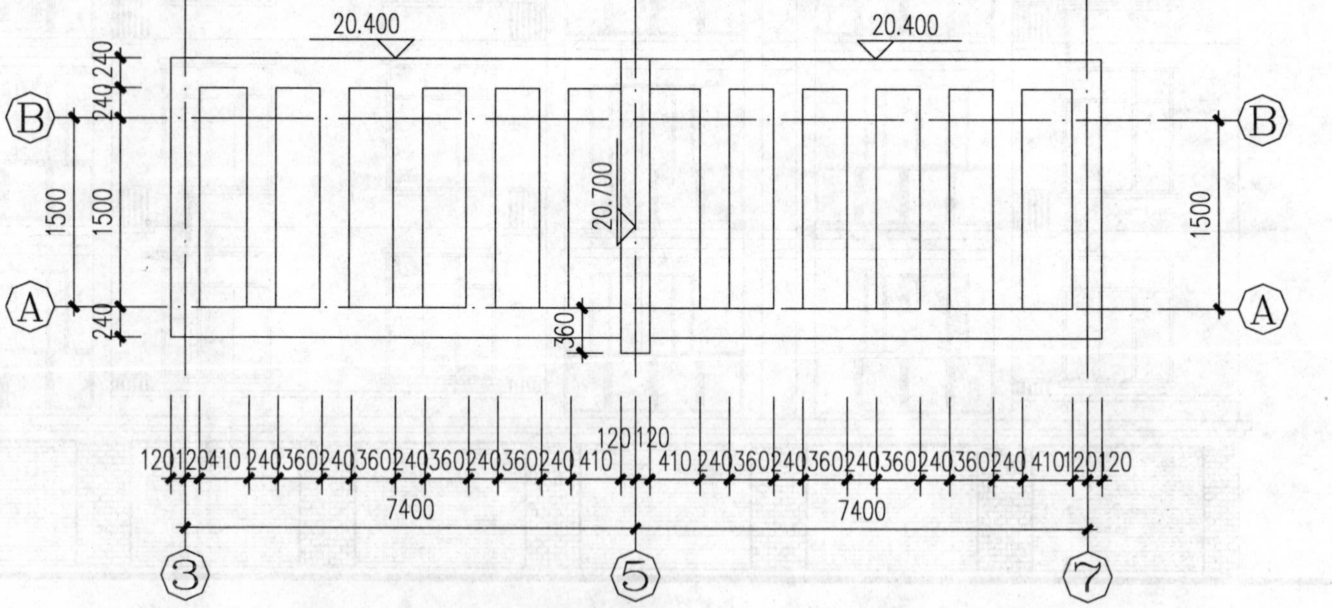

$\dfrac{3}{6}$ 屋顶构架图1:50

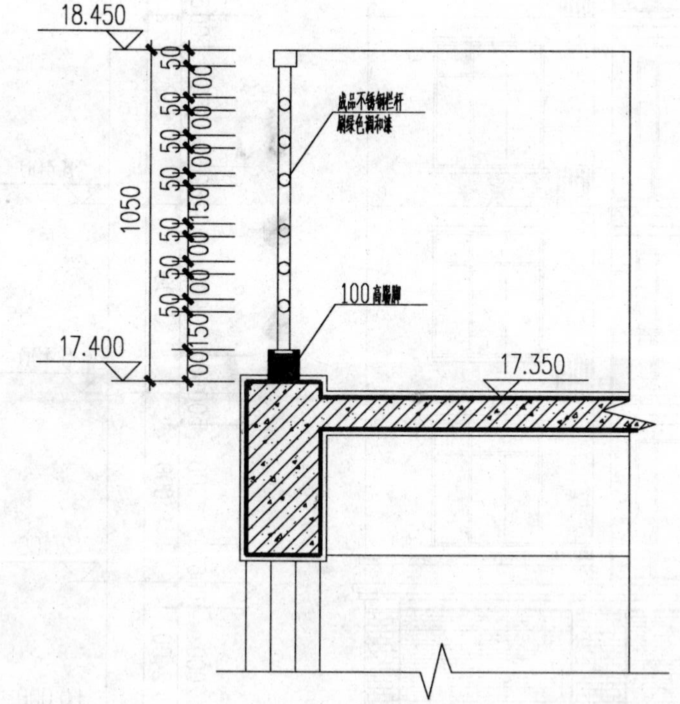

$\dfrac{2}{5}$ 露台栏杆详图1:20